涡声理论

〔美〕迈克尔·豪　著

李亚　张楠　译

哈爾濱工業大學出版社

黑版贸登字 08－2025－044 号

内容简介

本书是介绍流体发声理论的导论性著作。本书从回顾基础声学理论入手，进而用紧致格林函数统一处理低马赫数下涡与物面相互作用噪声。书中每一章末尾都配有习题，其中许多问题可以用作学生扩展研究计划，全书专辟一章详述实例分析。

本书是为高年级本科生或研究生的一学期入门课程而设计的教材。书中非常细致地解释了基本的力学和声学概念，并尽可能完整地描述了复杂推导中的各个步骤。

图书在版编目（CIP）数据

涡声理论／（美）迈克尔·豪（Michael Howe）著；李亚，张楠译．— 哈尔滨：哈尔滨工业大学出版社，2025.8. — ISBN 978－7－5767－2305－2

Ⅰ．O427

中国国家版本馆 CIP 数据核字第 20252JZ304 号

策划编辑　薛　力
责任编辑　薛　力
封面设计　博鑫设计
出版发行　哈尔滨工业大学出版社
社　　址　哈尔滨市南岗区复华四道街 10 号　邮编 150006
传　　真　0451－86414749
网　　址　http://hitpress.hit.edu.cn
印　　刷　哈尔滨市石桥印务有限公司
开　　本　787 mm×1 092 mm　1/16　印张 11.75　字数 248 千字
版　　次　2025 年 8 月第 1 版　2025 年 8 月第 1 次印刷
书　　号　ISBN 978－7－5767－2305－2
定　　价　80.00 元

译　者　序

涡是流体中普遍存在的一种流动形态，涡运动的研究渊源有自。经过长期的发展，国内外都出现了涡动力学的专著。涡运动诱发的噪声简称涡声，它是涡运动的衍生物。涡声的声能比涡运动的流体能低几个数量级。一般来讲，涡运动是非定常的和非线性的，所以直接求解涡声比较困难，一般结合量阶分析并采用一些近似与简化方法求解。近年来已出现计算流体动力学(CFD)结合涡声方程的数值模拟研究。

自 1964 年 Powell 推导出涡声方程以来，涡声理论历经数十年的发展和完善，在空气动力学与水动力学领域中的飞机、船舶、汽车和火车等运载器噪声预报与抑制问题中都获得了广泛的应用，目前已成为一门独立的学科。迈克尔 · 豪(Michael Howe)撰写的《涡声理论》是国外流动辐射噪声领域的教材，书中采用紧致格林函数，重点分析旋涡与圆柱、叶片等典型物体相互作用时的发声。

本书物理概念清晰、公式推导细致，其中，为了便于理解 δ 函数相关运算，将其看成是通常函数序列的极限，采用阶跃函数表征控制面；在求解涡运动时使用了复势。本书内容安排由浅入深，所给出的研究对象比较典型，相关论述严谨，且每章最后都有一定数量和难度的习题，便于读者深入学习，最后一章给出了一些复杂涡声问题的解法。对致力于涡声方面研究的人来说，本书是一本入门的佳作和进阶的基石。国内目前尚未有关于涡声理论的专著，译者翻译本书的目的是让读者更好地理解涡声理论，并对它产生兴趣进而为自身所从事的相关工作服务。本书可作为流体力学与声学专业研究生或高年级本科生教材，亦可供相关科研人员参考。

原文中有一些情况需加以说明：原文中表示矢量叉乘的符号为“∧”，而没有采用常用的“×”；原文中的每一幅图都仅有编号，没有图题；原文中涉及除号“/”的公式，往往对“/”后的表达式未加括号，译者加上括号以避免歧义；“compact”依照声学领域惯例，统一译为“紧致”；“vortex”依照行文具体情况，翻译为“旋涡”或简称“涡”；“perturbation”在天体动力学领域常翻译为“摄动”，本书中统一译为“微扰”；“wavefront”统一译为“波前”。

限于译者的水平，虽几次修改、润色，译文中仍难免存在不足，尚祈读者不吝指正！

在译文完成之后，许影博博士、吴江海博士参与了校对工作。在翻译过程中，译者所在单位领导给予了大力支持。在此一并深表感谢。

李亚　张楠
中国船舶科学研究中心
2025 年 1 月

前　　言

涡声是流体力学的一个分支，主要研究流体动力(旋转)动能如何转化为我们称之为声的纵向扰动。这门学科本身是气动声学理论的一个分支范畴，而后者涵盖范围更广，还涉及燃烧声源、"熵"声源等诸多声学问题。这本书是基于一门入门性的且在波士顿大学多次讲授过的一学期研究生课程来编写的。这一水平的大多数学生尚未掌握足够的基本原理以领会水动力场和声场的微妙耦合，而且很多人不具备使用为研究这种耦合关系而开发出的新型分析技术的能力。因此，书中非常细致地讨论了基础的力学和声学概念，并尽可能完整地解释复杂推导中的步骤。

相当多的实际问题发生在低马赫数下(比如约小于 0.4)，因此，将介绍性的讨论限制在低马赫数流动是合理的，这样就可以研究许多涉及固体边界附近涡量基本分布下的理想流体动力流动，并详细分析这些涡－面相互作用所产生的声音。对于广泛的此类问题和相应的工业应用中遇到的大量的噪声问题，已证明有效声源局限于一个或多个与声波波长相比较小的区域。这使得我们能够基于紧致格林函数建立涡－面相互作用发声的统一理论，最终形成一套计算声音的常规流程，同时能够轻松识别结构中哪些部位可能成为重要声源。书中讨论了大量此类案例，它们简单易懂，便于学生形成对求解方法和基础物理原理的直观认识。通过这些方式，可激励读者(学生)研究简单流动的水动力和其产生的声音。经验表明，成功地完成这类研究计划，包括运行广泛适用的标准程序预报低马赫数下产生的声波，可以帮助学生理解理论中看似难懂的部分。后面一些章节中附加的一个或多个问题可以构成研究计划的基础。最后一章包含了波士顿大学学生研究过的一组范例详解。我想感谢我以前的学生 H. Abou－Hussein、A. DeBenedictis、N. Harrison、M. Kim、M. A. Rodrigues 和 F. Zagadou，他们为编写该章提供了大量帮助。

本书读者的数学能力应大致相当于"工程数学"高年级本科课程的水平。读者尤其需要掌握向量微分与积分的基础知识，并熟悉笛卡尔张量的重复下标求和约定(但不需要张量微积分的深入知识)。读者需要对狄拉克 δ 函数的性质有基本的理解(Lighthill, 1958),包括将其理解为某一 ϵ 序列的形式极限,例如

$$\delta(x)=\frac{\epsilon}{\pi(x^2+\epsilon^2)},\quad \epsilon\to+0$$

下述公式在文中大量使用

$$\delta(f(x))=\sum_n\frac{\delta(x-x_n)}{|f'(x_n)|}$$

该式是在 $f(x)=0$ 时的所有实单根上求和。

迈克尔·豪

目　录

第1章 导言

1.1 什么是涡声

涡声是伴随着非定常流体运动而产生的一种声音(图 1.1.1),它是气动声学问题的一部分。现代气动声学理论是詹姆斯·莱特希尔(James Lighthill)在 20 世纪 50 年代早期开创的。Lighthill(1952)希望了解当时即将投入使用的新型喷气式客机的喷气发动机产生噪声的机制。然而,现在人们普遍认识到,任何产生声音的机制实际上都可以表述为气动声学问题。因此,除了高速湍流射流可以看作是一种强烈湍流速度脉动,通

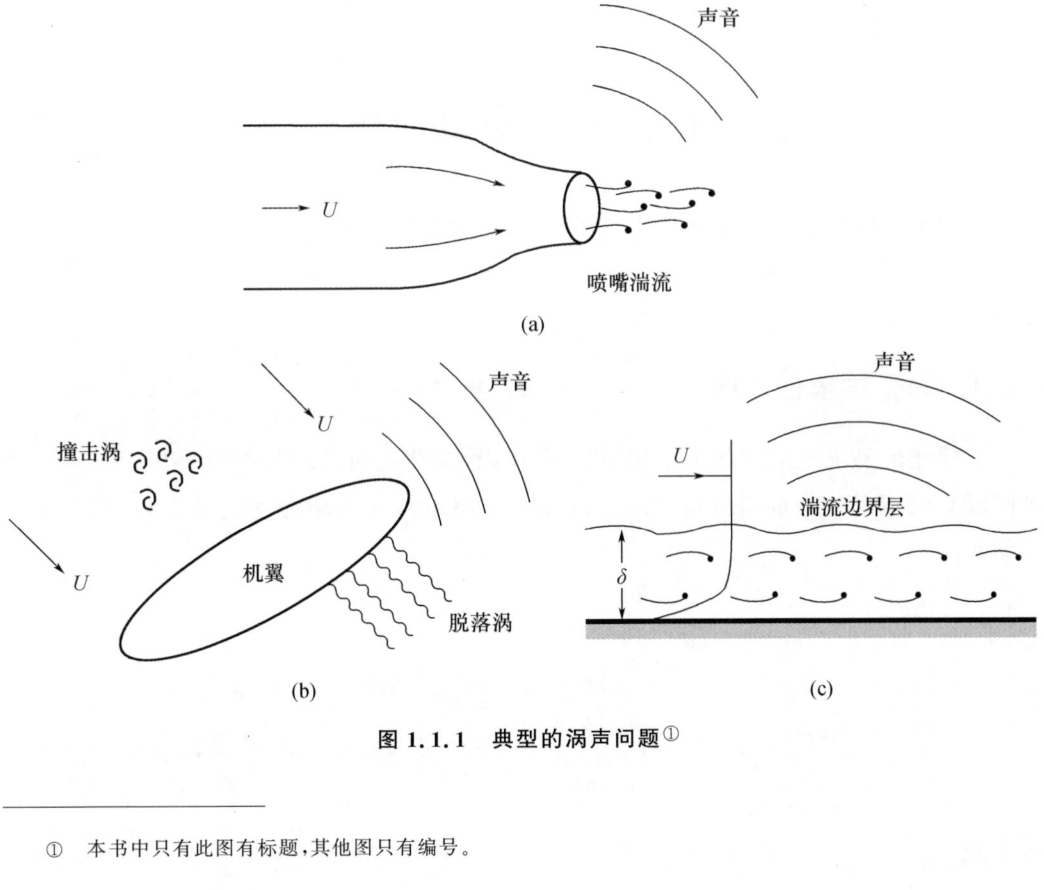

图 1.1.1 典型的涡声问题①

① 本书中只有此图有标题,其他图只有编号。

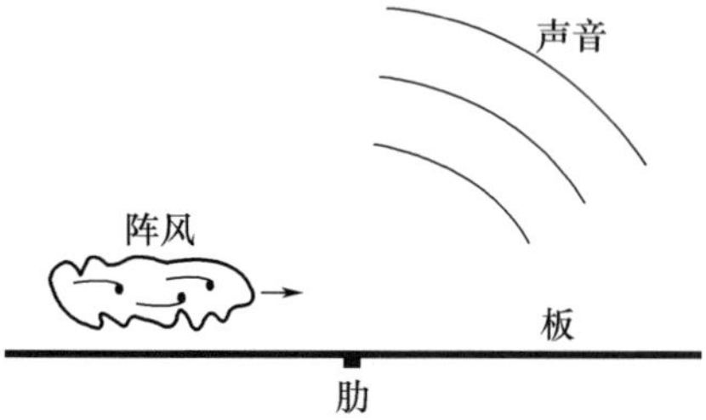

(d)

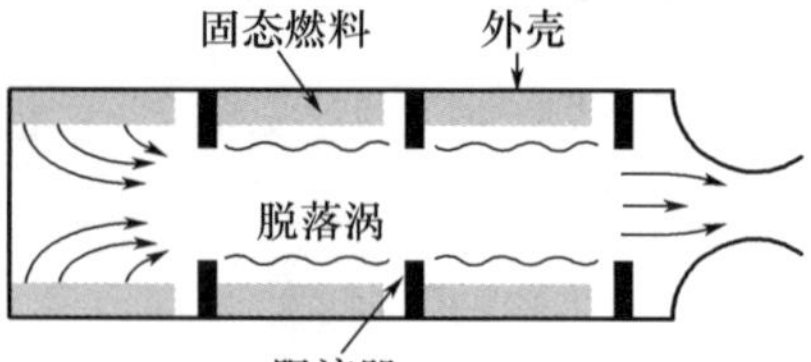

(e)

图 1.1.1(续)

过将射流旋转动能的一小部分转化为构成声音的纵波而产生声音以外，碰撞固体、航空发动机转子叶片、振动表面、喉部复杂的流—固耦合作用(致使发声)、乐器、传统扬声器、噼啪作响的纸张、爆炸、火箭中的燃料燃烧及其不稳定性都属于最广义的气动声学理论。

在本书中，我们主要考虑流体非定常运动产生的声音。任何具有内禀动能的流体，即能量不直接归因于运动边界，必然具有涡量(如果是边界运动引起的动能，当边界运动停止时，动能也大部分从流体中抽离)。我们会看到，在某种意义上，对于大多数的流体，涡量可以认为是流动产生声音的最终来源。因此，我们的目标是简化一般的气动声学问题，以彻底了解声音是如何发生的，以及如何定量地预报声音。

1.2　流体运动方程

当指定了速度 $\boldsymbol{v}$ 和任意两个热力学变量时，即可定义在时间 t 和位置 $\boldsymbol{x}=(x_1,x_2,x_3)$处的流体状态。因此需要 5 个标量方程来确定运动。这些方程是质量、动量和能量守恒的表述。

1.2.1　连续性方程

质量守恒要求在空间的一个固定区域 V 内，流体质量的增加率应等于由于对流穿过区域 V 边界的流体的净流量。因此，速度 $\boldsymbol{v}$ 和密度 ρ 必须满足连续性方程，其等价形式如下：

$$\left.\begin{aligned}&\frac{\partial\rho}{\partial t}+\operatorname{div}(\rho\boldsymbol{v})=0\\&\frac{1}{\rho}\frac{\mathrm{D}\rho}{\mathrm{D}t}+\operatorname{div}\boldsymbol{v}=0\\&\operatorname{div}\boldsymbol{v}=\rho\frac{\mathrm{D}}{\mathrm{D}t}\left(\frac{1}{\rho}\right)\end{aligned}\right\}\tag{1.2.1}$$

其中

$$\frac{\mathrm{D}}{\mathrm{D}t}=\frac{\partial}{\partial t}+\boldsymbol{v}\cdot\nabla\equiv\frac{\partial}{\partial t}+v_j\frac{\partial}{\partial x_j} \tag{1.2.2}$$

是物质导数[①]；重复出现的下标 j 意味着在 $j=1,2,3$ 上求和。式(1.2.1)中的最后一个方程表示，随着流体运动，散度 div $\boldsymbol{v}$ 等于每单位体积内的流体体积变化率。对于不可压缩流体，此值为零，即 div $\boldsymbol{v}=0$。

1.2.2　动量方程

动量方程也称为 Navier-Stokes（纳维尔—斯托克斯）方程，它用压力 p、**黏性**或摩擦力和单位体积力 $\boldsymbol{F}$ 来表示流体微团动量的变化率。我们只考虑斯托克斯流体（大多数液体和单原子气体都是，在计算固体边界摩擦阻力时，空气也可很好地近似为斯托克斯流体），对于这些流体，主要摩擦力用黏性剪切系数 η[②] 表示，我们总假定它是常数。则动量方程是

$$\rho\frac{\mathrm{D}\boldsymbol{v}}{\mathrm{D}t}=-\nabla p+\eta\left(\nabla^2\boldsymbol{v}+\frac{1}{3}\nabla(\mathrm{div}\ \boldsymbol{v})\right)+\boldsymbol{F} \tag{1.2.3}$$

在 10 ℃和一个标准大气压下，空气和水的 ρ、η 以及 $\nu=\eta/\rho$（“运动”黏性）的值见表 1.2.1。

表 1.2.1　密度和黏性系数

	$\rho/(\mathrm{kg\cdot m^{-3}})$	$\eta/(\mathrm{kg\cdot ms^{-1}})$	$\nu/(\mathrm{m^2\cdot s^{-1}})$
空气	1.23	1.764×10^{-5}	1.433×10^{-5}
水	1 000	1.284×10^{-3}	1.284×10^{-6}

1.2.3　能量方程

在能量通过热传导传递的问题中，在声音发生摩擦耗散的情况下，或高度非线性运动形成激波时或当声音由燃烧和其他热源产生时，由于能量方程的普适性，必须使用此方程。就我们的研究目的而言，通常假设流动为等熵就足够了，即在全部流体中，流体的**比熵** s 是均匀且恒定的，因此能量方程变为

$$s=\text{常数} \tag{1.2.4}$$

我们可以假定压强和密度是由如下形式的方程联系起来的：

$$p=p(\rho,s),\quad s=\text{常数} \tag{1.2.5}$$

流体的平均量（未扰动量）和非定常分量都将满足方程(1.2.5)。因此，对于理想

① 物质导数也叫随体导数。

② 原书中使用“η”，而流体力学中一般用“μ”表示，且称为动力黏性系数。

气体：

$$p=\text{常数}\times\rho^{\gamma},\quad \gamma=\text{比热比} \tag{1.2.6}$$

1.3 线性声学方程

空气中声压 p 的强度通常用分贝(dB)表示，即

$$20\times\log_{10}\left(\frac{|p|}{p_{\text{ref}}}\right)$$

式中，参考压力 $p_{\text{ref}}=2\times10^{-5}\ \text{N/m}^2$。因此，$p=p_0\equiv$一个标准大气压($10^5\ \text{N/m}^2$)相当于 194 dB。非常大的声音(～120 dB)对应于

$$\frac{p}{p_0}\approx\frac{2\times10^{-5}}{10^5}\times10^{\left(\frac{120}{20}\right)}=2\times10^{-4}\ll1$$

类似地，对于 160 dB 的"震耳欲聋"的声音，$p/p_0\sim0.02$。这相当于大约 0.3 $\text{lbf/in}^2$①的压力，由于足够响，此时非线性效应开始变得重要。

当然，声波以压力脉动的形式通过时，会伴随着流体以声质点速度 v 的来回运动。我们以后会看到

$$\text{声质点速度}\approx\frac{\text{声压}}{\text{平均密度}\times\text{声速}}$$

在空气中声速约为 340 m/s。因此，在 120 dB 时 $v\sim5$ cm/s，在 160 dB 时 $v\sim5$m/s。

在大多数应用中，声压幅值相对于平均压力 p_0 是较小的，可以通过线性化方程来研究声传播。为了做到这一点，我们考虑声音在一个静止的无黏流体介质中传播，其平均压强为 p_0，密度为 ρ_0；压强和密度与这些平均值之差用 p'、ρ'表示，其中 $p'/p_0\ll1$，$\rho'/\rho_0\ll1$。动量方程式(1.2.3)经线性化后变为

$$\rho_0\frac{\partial\boldsymbol{v}}{\partial t}+\nabla p'=\boldsymbol{F} \tag{1.3.1}$$

在线性化连续性方程(1.2.1)之前，我们引入了一个人为推广，即在右侧插入一个体积源分布 $q(\boldsymbol{x},t)$，即

$$\frac{1}{\rho}\frac{\mathrm{D}\rho}{\mathrm{D}t}+\operatorname{div}\boldsymbol{v}=q \tag{1.3.2}$$

式中，q 是每单位体积流体的体积增加率，比如它可以表示流体内一个小物体的体积脉动的影响。线性化的方程是

$$\frac{1}{\rho_0}\frac{\partial\rho'}{\partial t}+\operatorname{div}\boldsymbol{v}=q \tag{1.3.3}$$

现在消除方程(1.3.1)和方程(1.3.3)中的 $\boldsymbol{v}$ 可得

---

① lbf/in^2 为磅力/英寸^2，$\text{lbf/in}^2=6\ 894.8$ Pa。

$$\frac{\partial^2 \rho'}{\partial t^2} - \nabla^2 p' = \rho_0 \frac{\partial q}{\partial t} - \operatorname{div} \boldsymbol{F} \tag{1.3.4}$$

通过调用等熵关系式(1.2.5),可以得到一个仅用 q 和 $\boldsymbol{F}$ 来确定压力 p' 的方程。在无干扰和有干扰的状态下有

$$p_0 = p(\rho_0, s), \quad p_0 + p' = p(\rho_0 + \rho', s) \approx p(\rho_0, s) + \left(\frac{\partial p}{\partial \rho}(\rho, s)\right)_0 \rho', \quad s = 常数 \tag{1.3.5}$$

式中,导数是在压力和密度的未扰动值(p_0,ρ_0)下计算的。它的量纲是速度的平方,它的平方根定义为声速

$$c_0 = \sqrt{\left(\frac{\partial p}{\partial \rho}\right)_s} \tag{1.3.6}$$

导数是在熵 s 保持恒定且等于未扰动流体中的熵值时求取的。这意味着,在声波传输过程中,由于相邻流体微团之间的黏性和热扩散而产生的热传递损失被忽略(即流体微团的运动是绝热的)。

由式(1.3.5)可得 $\rho' = p'/c_0^2$。因此,在式(1.3.4)中将 ρ' 进行代换,我们得到

$$\left(\frac{1}{c_0^2}\frac{\partial^2}{\partial t^2} - \nabla^2\right) p = \rho_0 \frac{\partial q}{\partial t} - \operatorname{div} \boldsymbol{F} \tag{1.3.7}$$

式中,声压上的撇号(′)已被省略。这个方程通过体积源 q 和力 $\boldsymbol{F}$ 来控制声波的产生。当没有这些项时,方程描述的是流体边界上源引起的声传播,如扬声器的振动圆锥体。

体积源 q 和体积力 $\boldsymbol{F}$ 将不会出现在描述流体中声音产生的完整公式中。只有当我们要理解如何根据体积源和力来模拟真正的声源时,才会引入它们。一般来说,这可能是有风险的过程,因为正如我们将看到的,在指定流体中的源时,微小的错误可能导致声音预报误差非常大。这是因为在一个振动的流体或结构的可用能量中,实际上只有一小部分是以声音的形式辐射出去的。

当 $\boldsymbol{F} = \boldsymbol{0}$ 时,式(1.3.1)隐含速度势 φ 存在,$\boldsymbol{v} = \nabla \varphi$,压力脉动可据此表示为

$$p = -\rho_0 \frac{\partial \varphi}{\partial t} \tag{1.3.8}$$

由此和式(1.3.7)(式中 $\boldsymbol{F} = \boldsymbol{0}$)联立,可得出速度势是如下方程的解:

$$\left(\frac{1}{c_0^2}\frac{\partial^2}{\partial t^2} - \nabla^2\right) \varphi = -q(\boldsymbol{x}, t) \tag{1.3.9}$$

这是经典声学的波动方程。

为供以后参考,表 1.3.1 列出了声音在空气和水中的近似速度,以及在 1 kHz 频率下对应的声波波长 λ(频率为 f 的声音具有波长 $\lambda = c_0/f$)。

表 1.3.1 声速和声波波长

	c_0				1 kHz 处的 λ	
	m/s	ft/s	km/h	mi/h	m	ft
空气	340	1 100	1 225	750	0.3	1
水	1 500	5 000	5 400	3 400	1.5	5

注：1 ft(英尺)＝0.304 8 m；1 mi(英里)＝1 609.344 m。

1.4 不可压缩流体的特例

小的(绝热)压强 δp 和密度扰动 $\delta\rho$ 满足

$$\frac{\delta p}{\delta\rho} \approx c_0^2$$

在不可压缩流体中，压力可以通过外力(移动边界等)的作用而改变，但密度必须保持不变。因此，$c_0=\infty$，式(1.3.9)简化为

$$\nabla^2\varphi = q(\boldsymbol{x},t) \tag{1.4.1}$$

1.4.1 脉动球体

考虑平均半径为 a 的球面的径向小振幅脉动所产生的运动，设球心在原点，令它的法向速度为 $v_n(t)$。在流体中没有源，所以 $q\equiv 0$。因此

$$\left.\begin{array}{ll}\nabla^2\varphi = 0, & r > a \\ \partial\varphi/\partial r = v_n(t), & r = a\end{array}\right\}, \quad 其中\ r = |\boldsymbol{x}|$$

运动显然是径向对称的，所以

$$\nabla^2\varphi = \frac{1}{r^2}\frac{\partial}{\partial r}\left(r^2\frac{\partial}{\partial r}\right)\varphi = 0, \quad r > a$$

因此

$$\varphi = \frac{A}{r} + B$$

其中，$A\equiv A(t)$和 $B\equiv B(t)$是 t 的函数。$B(t)$可以忽略，是因为压力脉动($\sim -\rho_0\partial\varphi/\partial t$)当 $r\to\infty$时必定消失。在 $r=a$ 处应用条件$\partial\varphi/\partial r = v_n$，我们将得到

$$\varphi = -\frac{a^2 v_n(t)}{r}, \quad r > a \tag{1.4.2}$$

因此，压力为

$$p = -\rho_0\frac{\partial\varphi}{\partial t} = \rho_0\frac{a^2}{r}\frac{\mathrm{d}v_n(t)}{\mathrm{d}t}$$

它随着至球体的距离而按 $1/r$ 规律衰减，当 $\mathrm{d}v_n/\mathrm{d}t$ 的值改变时，到处都表现出瞬时变

化的非物理特性。在任何时间 t，穿过任意围住球体表面的流体体积流量 $q(t)$ 是相同的。对任一半径 $r>a$ 的球面 S 进行计算，如图 1.4.1 所示，可得

$$q(t)=\oint_S \nabla\varphi \cdot \mathrm{d}\boldsymbol{S}=4\pi a^2 v_{\mathrm{n}}(t)$$

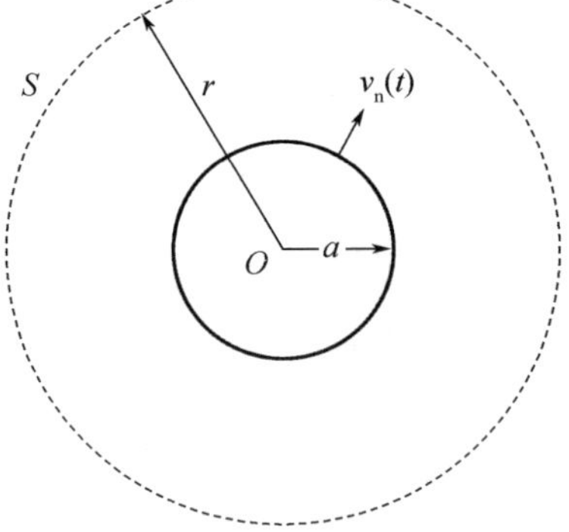

图 1.4.1

我们也可以写成

$$\varphi=\frac{-q(t)}{4\pi r},\quad r>a \tag{1.4.3}$$

1.4.2　点源

由原点处强度为 $q(t)$ 的体积点源产生的不可压缩运动是下列方程的解：

$$\nabla^2\varphi=q(t)\delta(\boldsymbol{x}),\quad 其中\ \delta(\boldsymbol{x})=\delta(x_1)\delta(x_2)\delta(x_3) \tag{1.4.4}$$

解必须是径向对称的，并由下式给出：

$$\varphi=\frac{A}{r},\quad r>0 \tag{1.4.5}$$

为了求解 A，我们在半径为 $r=R>0$ 的球的内部对式(1.4.4)进行积分，并使用散度定理 $\int_{r<R}\nabla^2\varphi\,\mathrm{d}^3\boldsymbol{x}=\oint_S \nabla\varphi\cdot\mathrm{d}\boldsymbol{S}$，其中 S 是球体的表面积。则有

$$\oint_S \nabla\varphi\cdot\mathrm{d}\boldsymbol{S}\equiv\left(\frac{-A}{R^2}\right)\times(4\pi R^2)=q(t)$$

因此，$A=-q(t)/4\pi$，$\varphi=-q(t)/4\pi r$，这与在 $r>a$（a 为球半径）的区域内具有相同体积流出量的球体解式(1.4.3)是一致的。这表明，当我们对模拟大距离（$r\gg a$）脉动球体的效应感兴趣时，可以用强度 $q(t)$＝球体体积变化率的点源（单极子）来代替球体。这个结论对任何脉动体都是有效的，而不仅仅是球体。然而，在存在绕球体的平均流动的情况下，它不一定是一个好的模型（尤其是当我们用其研究脉动体的发声时）。

点源的解式(1.4.5)只在 $r>0$ 时严格适用，它满足方程 $\nabla^2\varphi=0$。当 $r\to 0$ 时，它的

值实际上是否有定义呢？为了回答这个问题，我们将解写成如下形式：

$$\varphi = \lim_{\varepsilon \to 0} \frac{-q(t)}{4\pi(r^2 + \epsilon^2)^{\frac{1}{2}}}, \quad \epsilon > 0$$

在这种情况下

$$\nabla^2 \varphi = \lim_{\epsilon \to 0} \frac{3\epsilon^2 q(t)}{4\pi(r^2 + \epsilon^2)^{\frac{5}{2}}}$$

最后一个极限正好等于 $q(t)\delta(\boldsymbol{x})$。事实上，当 ϵ 较小时，$3\epsilon^2/(4\pi(r^2+\epsilon^2)^{\frac{5}{2}})$ 也较小，除了在接近 $r=0$ 时，在那里它达到了一个很大的极值 $\sim 3/(4\pi\epsilon^3)$。因此，对于任何平稳变化的测试函数 $f(\boldsymbol{x})$ 和任何包围原点的体积 V 有

$$\lim_{\epsilon \to 0} \int_V \frac{3\epsilon^2 f(\boldsymbol{x}) \mathrm{d}^3 \boldsymbol{x}}{4\pi(r^2 + \epsilon^2)^{\frac{5}{2}}} = f(\boldsymbol{0}) \lim_{\varepsilon \to 0} \int_{-\infty}^{\infty} \frac{3\epsilon^2 \mathrm{d}^3 \boldsymbol{x}}{4\pi(r^2 + \epsilon^2)^{\frac{5}{2}}} = f(\boldsymbol{0}) \int_0^{\infty} \frac{3\epsilon^2 r^2 \mathrm{d}r}{(r^2 + \epsilon^2)^{\frac{5}{2}}} = f(\boldsymbol{0})$$

其中，最后一个积分的值与 ϵ 无关。这是三维 δ 函数定义的本质属性。

因此，对于单位点源（$q=1$）有 $\nabla^2 \varphi = \delta(\boldsymbol{x})$ 的解为

$$\varphi = \frac{-1}{4\pi r} \tag{1.4.6}$$

它的正确解释是

$$\frac{-1}{4\pi r} = \lim_{\epsilon \to 0} \frac{-1}{4\pi(r^2 + \epsilon^2)^{\frac{1}{2}}}, \quad r \geqslant 0 \tag{1.4.7}$$

式中

$$\nabla^2 \left(\frac{-1}{4\pi r} \right) = \lim_{\epsilon \to 0} \nabla^2 \left(\frac{-1}{4\pi(r^2 + \epsilon^2)^{\frac{1}{2}}} \right) = \lim_{\epsilon \to 0} \frac{3\epsilon^2}{4\pi(r^2 + \epsilon^2)^{\frac{5}{2}}} = \delta(\boldsymbol{x}) \tag{1.4.8}$$

1.5 脉冲点源产生的声音

单位脉冲点源 $\delta(\boldsymbol{x})\delta(t)$ 所产生的声音是方程(1.5.1)的解

$$\left(\frac{1}{c_0^2} \frac{\partial^2}{\partial t^2} - \nabla^2 \right) \varphi = \delta(\boldsymbol{x}) \delta(t) \tag{1.5.1}$$

点源只存在于 $t=0$ 时刻的一个极小的瞬间，因此在更早的时刻到处都有 $\varphi(\boldsymbol{x}, t) = 0$。

很明显，解是径向对称的，对于 $r = |\boldsymbol{x}| > 0$ 我们必须求解

$$\frac{1}{c_0^2} \frac{\partial^2 \varphi}{\partial t^2} - \frac{1}{r^2} \frac{\partial}{\partial r} \left(r^2 \frac{\partial}{\partial r} \right) \varphi = 0, \quad r > 0 \tag{1.5.2}$$

恒等式

$$\frac{1}{r^2} \frac{\partial}{\partial r} \left(r^2 \frac{\partial}{\partial r} \right) \varphi \equiv \frac{1}{r} \frac{\partial^2}{\partial r^2} (r\varphi) \tag{1.5.3}$$

我们将式(1.5.2)写成关于 $r\varphi$ 的一维波动方程形式，即

$$\frac{1}{c_0^2}\frac{\partial^2}{\partial t^2}(r\varphi)-\frac{\partial^2}{\partial r^2}(r\varphi)=0,\quad r>0 \tag{1.5.4}$$

它有一般解 $r\varphi=\Phi(t-r/c_0)+\Psi(t+r/c_0)$，其中 Φ 和 Ψ 是任意函数。因此，式(1.5.2)的一般解是

$$\varphi=\frac{\Phi(t-r/c_0)}{r}+\frac{\Psi(t+r/c_0)}{r},\quad r>0 \tag{1.5.5}$$

式(1.5.5)右边的第一项表示一个球对称的扰动，它随着 t 的增加而以声速 c_0 向 r 值增加的方向上传播；第二项表示入射波汇聚到 $\boldsymbol{x}=\mathbf{0}$ 处。因此，我们必须设置 $\Psi=0$，因为它代表的是在 $r=\infty$ 处产生的声波向声源靠近，而不是由源产生并从源辐射出去的声波。这是一种因果关系或辐射条件，即(在没有边界的情况下)声源产生的声音必须从源辐射出去。它也符合热力学第二定律，即要求自然系统朝着更可能的方向变化。声波从无穷远处四面八方汇聚到一点上的事件，可类比于破碎杯子飞到远处的碎片重新自发组装在一起，这不太可能出现，以至于现实中不可能发生。

要完成求解，还需要确定函数 Φ。我们通过将解向下延伸到源 $r=0$ 来实现(参见式(1.4.7))，可写为

$$\varphi=\frac{\Phi(t-r/c_0)}{r}=\lim_{\epsilon\to 0}\frac{\Phi(t-r/c_0)}{(r^2+\epsilon^2)^{\frac{1}{2}}},\quad r\geqslant 0 \tag{1.5.6}$$

将式(1.5.6)代入式(1.5.1)中，然后考察 $\epsilon\to 0$ 时的情况。通过直接计算可得

$$\nabla^2\varphi=\frac{1}{r}\frac{\partial^2}{\partial r^2}(r\varphi)=-\frac{3\epsilon^2\Phi(t-r/c_0)}{(r^2+\epsilon^2)^{\frac{5}{2}}}-\frac{2\epsilon^2\Phi'(t-r/c_0)}{c_0 r(r^2+\epsilon^2)^{\frac{3}{2}}}+\frac{\Phi''(t-r/c_0)}{c_0^2(r^2+\epsilon^2)^{\frac{1}{2}}}$$

$$\frac{1}{c_0^2}\frac{\partial^2\varphi}{\partial t^2}=\frac{\Phi''(t-r/c_0)}{c_0^2(r^2+\epsilon^2)^{\frac{1}{2}}}$$

因此

$$\frac{1}{c_0^2}\frac{\partial^2\varphi}{\partial t^2}-\nabla^2\varphi=\frac{3\epsilon^2\Phi(t-r/c_0)}{(r^2+\epsilon^2)^{\frac{5}{2}}}+\frac{2\epsilon^2\Phi'(t-r/c_0)}{c_0 r(r^2+\epsilon^2)^{\frac{3}{2}}}\to 4\pi\Phi(t)\delta(\boldsymbol{x})+0,\text{当 }\epsilon\to 0\text{ 时} \tag{1.5.7}$$

式中，最后一行中的 δ 函数来自式(1.4.8)；注意“$+0$”是通过分析任何光滑变化的测试函数 $f(\boldsymbol{x})$ 和任何包围原点的体积 V 而得到的：

$$\int_V\frac{2\epsilon^2 f(\boldsymbol{x})\mathrm{d}^3\boldsymbol{x}}{r(r^2+\epsilon^2)^{\frac{3}{2}}}\approx f(\mathbf{0})\int_{-\infty}^{\infty}\frac{2\epsilon^2\mathrm{d}^3\boldsymbol{x}}{r(r^2+\epsilon^2)^{\frac{3}{2}}}=f(\mathbf{0})\int_0^{\infty}\frac{8\pi\epsilon^2 r\mathrm{d}r}{(r^2+\epsilon^2)^{\frac{3}{2}}}$$

$$=8\pi\epsilon f(\mathbf{0})\to 0\quad(\text{当 }\epsilon\to 0\text{ 时})$$

因此，将式(1.5.7)与非齐次波动方程(1.5.1)相比较，可得

$$\Phi(t)=\frac{1}{4\pi}\delta(t)$$

式(1.5.6)的解变成

$$\varphi(\boldsymbol{x},t)=\frac{1}{4\pi r}\delta(t-r/c_0)\equiv\frac{1}{4\pi|\boldsymbol{x}|}\delta(t-|\boldsymbol{x}|/c_0) \tag{1.5.8}$$

这表示一个球形脉冲,它只在球体表面 $r=c_0t>0$ 处是非零的,其半径以声速 c_0 增加;在脉动源被触发之前,即 $t<0$ 时,它到处等于零。

1.6 自由空间格林函数

自由空间格林函数 $G(\boldsymbol{x},\boldsymbol{y},t-\tau)$ 是由位于 $\boldsymbol{x}=\boldsymbol{y}$、时间为 $t=\tau$ 时刻的脉冲点源 $\delta(\boldsymbol{x}-\boldsymbol{y})\delta(t-\tau)$ 产生的波动方程的因果解。G 的公式是由源在 $\boldsymbol{x}=\boldsymbol{0}$、$t=0$ 时式(1.5.8)的解简单地用 $\boldsymbol{x}-\boldsymbol{y}$ 替换 $\boldsymbol{x}$、$t-\tau$ 替换 t 而得到的。换句话说,如果

$$\left(\frac{1}{c_0^2}\frac{\partial^2\varphi}{\partial t^2}-\nabla^2\right)G=\delta(\boldsymbol{x}-\boldsymbol{y})\delta(t-\tau),\text{对于 } t<\tau,G=0 \tag{1.6.1}$$

则有

$$G(\boldsymbol{x},\boldsymbol{y},t-\tau)=\frac{1}{4\pi|\boldsymbol{x}-\boldsymbol{y}|}=\delta(t-\tau-|\boldsymbol{x}-\boldsymbol{y}|/c_0) \tag{1.6.2}$$

这表示一个脉冲的、球对称的波,从声源 $\boldsymbol{y}$ 处以声速向外扩展。波幅和与源点 $\boldsymbol{y}$ 的距离 $|\boldsymbol{x}-\boldsymbol{y}|$ 成反比。

格林函数是形成线性声学中非齐次波动方程(1.3.7)解的基本要素。我们把这个方程写成以下形式:

$$\left(\frac{1}{c_0^2}\frac{\partial^2\varphi}{\partial t^2}-\nabla^2\right)p=\mathcal{F}(\boldsymbol{x},t) \tag{1.6.3}$$

式中,广义源 $\mathcal{F}(\boldsymbol{x},t)$ 是根据辐射条件而定的,假定其可以产生远离源区传播的波。

这种源分布可以看作是式(1.6.1)右侧类型的脉冲点源的分布,因为

$$\mathcal{F}(\boldsymbol{x},t)=\iint_{-\infty}^{\infty}\mathcal{F}(\boldsymbol{y},\tau)\delta(\boldsymbol{x}-\boldsymbol{y})\delta(t-\tau)\mathrm{d}^3\boldsymbol{y}\,\mathrm{d}\tau$$

强度为 $\mathcal{F}(\boldsymbol{y},\tau)\delta(\boldsymbol{x}-\boldsymbol{y})\delta(t-\tau)\mathrm{d}^3\boldsymbol{y}\,\mathrm{d}\tau$ 的各个组成源的输出波解为

$$\mathcal{F}(\boldsymbol{y},\tau)G(\boldsymbol{x},\boldsymbol{y},t-\tau)\mathrm{d}^3\boldsymbol{y}\,\mathrm{d}\tau$$

因此,通过叠加这些单独贡献,我们得到

$$p(\boldsymbol{x},t)=\iint_{-\infty}^{\infty}\mathcal{F}(\boldsymbol{y},\tau)G(\boldsymbol{x},\boldsymbol{y},t-\tau)\mathrm{d}^3\boldsymbol{y}\,\mathrm{d}\tau \tag{1.6.4}$$

$$=\frac{1}{4\pi}\iint_{-\infty}^{\infty}\frac{\mathcal{F}(\boldsymbol{y},\tau)}{|\boldsymbol{x}-\boldsymbol{y}|}\delta(t-\tau-|\boldsymbol{x}-\boldsymbol{y}|/c_0)\mathrm{d}^3\boldsymbol{y}\,\mathrm{d}\tau \tag{1.6.5}$$

即

$$p(\boldsymbol{x},t)=\frac{1}{4\pi}\iint_{-\infty}^{\infty}\frac{\mathcal{F}(\boldsymbol{y},t-|\boldsymbol{x}-\boldsymbol{y}|/c_0)}{|\boldsymbol{x}-\boldsymbol{y}|}\mathrm{d}^3\boldsymbol{y} \tag{1.6.6}$$

积分公式(1.6.6)称为**延迟势**；它将在位置为 $\boldsymbol{x}$ 和时间为 t 的压力表示为 $\boldsymbol{y}$ 位置源贡献的线性叠加，这些源在较早的时间 $t-|\boldsymbol{x}-\boldsymbol{y}|/c_0$ 辐射，其中 $|\boldsymbol{x}-\boldsymbol{y}|/c_0$ 是声波从 $\boldsymbol{y}$ 到 $\boldsymbol{x}$ 的传播时间。

1.7　单极子、偶极子和四极子

第 1.4 节中所考虑的作为脉动球体模型那种类型的体积点源 $q(t)\delta(\boldsymbol{x})$ 也称为单极子点源。对于可压缩介质，它所产生的速度势是以下方程的解：

$$\left(\frac{1}{c_0^2}\frac{\partial^2}{\partial t^2}-\nabla^2\right)\varphi=-q(t)\delta(\boldsymbol{x}) \tag{1.7.1}$$

该解可通过与声压式(1.6.3)的解(1.6.6)类比而写出。在式(1.6.6)中以 φ 替换 p 并令 $\mathcal{F}(\boldsymbol{y},\tau)=-q(\tau)\delta(\boldsymbol{y})$，则有

$$\varphi(\boldsymbol{x},t)=\frac{-q(t-|\boldsymbol{x}|/c_0)}{4\pi|\boldsymbol{x}|}\equiv\frac{-q(t-r/c_0)}{4\pi r} \tag{1.7.2}$$

这与不可压缩流体介质中脉动球或体积点源的相应解(1.4.3)不同，因为它依赖于延迟时间 $t-r/c_0$，这在物理上更符合实际：任何与球体运动变化(亦即体积出流率 $q(t)$ 的值)有关的效应，现在都在合适的延迟时间 r/c_0 之后、与之相距 r 处的一个流体单元相联系。r/c_0 为声波从声源向外传播所需的时间。

1.7.1　点偶极子

令 $\boldsymbol{f}=\boldsymbol{f}(t)$ 为一个与时间相关的向量，声压方程式(1.6.3)右侧声源的形式为

$$\mathcal{F}(\boldsymbol{x},t)=\mathrm{div}(\boldsymbol{f}(t)\delta(\boldsymbol{x}))\equiv\frac{\partial}{\partial x_j}(f_j(t)\delta(\boldsymbol{x})) \tag{1.7.3}$$

称为点偶极子(位于原点)。正如前文中所解释的，重复出现的斜体下标，如这个等式中的 j，意味着在 $j=1,2,3$ 上求和。式(1.7.3)表明，点偶极子等效于在原点处施加于流体的单位体积力分布 $\boldsymbol{F}(t)=-\boldsymbol{f}(t)\delta(\boldsymbol{x})$。

偶极子产生的声音可以用式(1.6.6)计算，但使用式(1.6.5)可以更为容易地计算：

$$p(\boldsymbol{x},t)=\frac{1}{4\pi}\iint_{-\infty}^{\infty}\frac{\partial}{\partial y_j}(f_j(\tau)\delta(\boldsymbol{y}))\frac{\delta(t-\tau-|\boldsymbol{x}-\boldsymbol{y}|/c_0)}{|\boldsymbol{x}-\boldsymbol{y}|}\mathrm{d}^3\boldsymbol{y}\,\mathrm{d}\tau$$

对每个 y_j 进行分部积分(注意在 $y_j=\pm\infty$ 处 $\delta(\boldsymbol{y})=0$)，并注意

$$\frac{\partial}{\partial y_j}\frac{\delta(t-\tau-|\boldsymbol{x}-\boldsymbol{y}|/c_0)}{|\boldsymbol{x}-\boldsymbol{y}|}=-\frac{\partial}{\partial x_j}\frac{\delta(t-\tau-|\boldsymbol{x}-\boldsymbol{y}|/c_0)}{|\boldsymbol{x}-\boldsymbol{y}|}$$

则有

$$p(\boldsymbol{x},t)=\frac{1}{4\pi}\iint_{-\infty}^{\infty} f_j(\tau)\delta(\boldsymbol{y})\frac{\partial}{\partial x_j}\left(\frac{\delta(t-\tau-|\boldsymbol{x}-\boldsymbol{y}|/c_0)}{|\boldsymbol{x}-\boldsymbol{y}|}\right)\mathrm{d}^3\boldsymbol{y}\,\mathrm{d}\tau$$

$$=\frac{1}{4\pi}\frac{\partial}{\partial x_j}\iint_{-\infty}^{\infty} f_j(\tau)\delta(\boldsymbol{y})\left(\frac{\delta(t-\tau-|\boldsymbol{x}-\boldsymbol{y}|/c_0)}{|\boldsymbol{x}-\boldsymbol{y}|}\right)\mathrm{d}^3\boldsymbol{y}\,\mathrm{d}\tau$$

因此

$$p(\boldsymbol{x},t)=\frac{\partial}{\partial x_j}\left(\frac{f_j(t-|\boldsymbol{x}|/c_0)}{4\pi|\boldsymbol{x}|}\right) \tag{1.7.4}$$

同样的过程表明，对于式(1.6.3)右侧的类型为$\mathcal{F}(\boldsymbol{x},t)=\operatorname{div}\boldsymbol{f}(\boldsymbol{x},t)$的分布偶极子源，声压变成

$$p(\boldsymbol{x},t)=\frac{1}{4\pi}\frac{\partial}{\partial x_j}\int_{-\infty}^{\infty}\frac{f_j(\boldsymbol{y},t-|\boldsymbol{x}-\boldsymbol{y}|/c_0)}{|\boldsymbol{x}-\boldsymbol{y}|}\mathrm{d}^3\boldsymbol{y} \tag{1.7.5}$$

位于原点且沿单位矢量 $\boldsymbol{n}$ 方向的点偶极子，完全等价于两个强度相等但正负相反的点单极子，两个点单极子相距很近(远小于声波波长)，位于原点两侧，且位于通过原点且平行于 $\boldsymbol{n}$ 的线上。例如，如果 $\boldsymbol{n}$ 与 x 轴平行，并且两个源相距 ϵ，则两个单极子将是

$$q(t)\,\delta\left(x-\frac{\epsilon}{2}\right)\delta(y)\delta(z)-q(t)\delta\left(x+\frac{\epsilon}{2}\right)\delta(y)\delta(z)$$

$$\approx-\varepsilon q(t)\delta'(x)\delta(y)\delta(z)\equiv-\frac{\partial}{\partial x}(\epsilon\, q(t)\delta(\boldsymbol{x}))$$

这是一个流体体积偶极子。关系 $p=-\rho_0\partial\varphi/\partial t$ 表明，压力方程(1.3.7)或式(1.6.3)中的等效偶极子源为

$$-\rho_0\frac{\partial}{\partial x}(\epsilon\,\dot{q}(t)\delta(\boldsymbol{x}))$$

式中，上标“·”表示对时间的微分。

1.7.2　四极子

包含两个空间导数的源分布等价于 4 个单极子源的组合(净体积源强为零)，称为四极子。在式(1.6.3)中，一个一般的四极子源具有如下形式：

$$\mathcal{F}(\boldsymbol{x},t)=\frac{\partial^2 T_{ij}}{\partial x_i\partial x_j}(\boldsymbol{x},t) \tag{1.7.6}$$

前面引出表达式(1.7.5)的论证可以应用两次，可以证明相应的声压由下式给出：

$$p(\boldsymbol{x},t)=\frac{1}{4\pi}\frac{\partial^2}{\partial x_i\partial x_j}\int_{-\infty}^{\infty}\frac{T_{ij}(\boldsymbol{y},t-|\boldsymbol{x}-\boldsymbol{y}|/c_0)}{|\boldsymbol{x}-\boldsymbol{y}|}\mathrm{d}^3\boldsymbol{y} \tag{1.7.7}$$

1.7.3　振动球体

设一个半径为 a 的刚性球体在 x_1 方向以速度 $U(t)$进行小振幅振荡(图 1.7.1(a))。坐标原点取在球心平均位置。在第 3.5 节中，我们将证明：当球体很小时，其在理想流体

中诱导运动等效于一个强度为 $2\pi a^3U(t)$、在球心处且沿 x_1 轴方向的点体积偶极子产生的运动，它可以由式(1.7.8)的解确定

$$\left(\frac{1}{c_0^2}\frac{\partial^2}{\partial t^2}-\nabla^2\right)\varphi=\frac{\partial}{\partial x_1}(2\pi a^3U(t)\delta(\boldsymbol{x}))\tag{1.7.8}$$

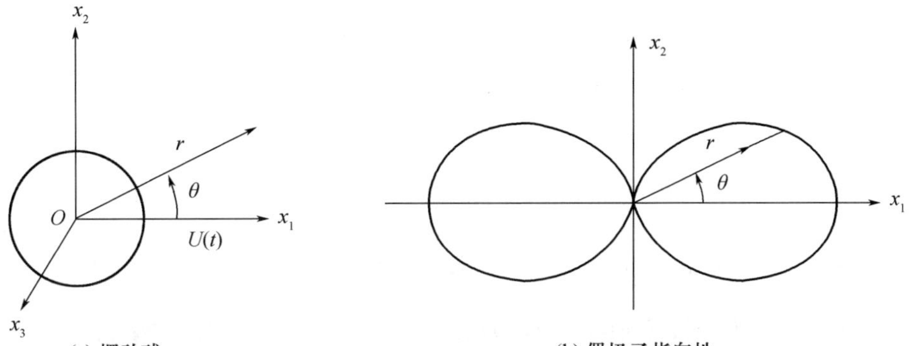

(a) 摆动球　　(b) 偶极子指向性

图 1.7.1

通过与式(1.7.3)和式(1.7.4)的类比，我们有

$$\varphi(\boldsymbol{x},t)=\frac{\partial}{\partial x_1}\left(\frac{2\pi a^3U(t-|\boldsymbol{x}|/c_0)}{4\pi|\boldsymbol{x}|}\right)\tag{1.7.9}$$

现在

$$\frac{\partial}{\partial x_j}|\boldsymbol{x}|=\frac{x_j}{|\boldsymbol{x}|}\tag{1.7.10}$$

将此式应用于 $j=1$，可得(令 $r=|\boldsymbol{x}|$ 和 $x_1=r\cos\theta$)

$$\varphi=-\underbrace{\frac{a^3\cos\theta}{2r^2}U\left(t-\frac{r}{c_0}\right)}_{\text{近场}}-\underbrace{\frac{a^3\cos\theta}{2c_0r}\frac{\partial U}{\partial t}\left(t-\frac{r}{c_0}\right)}_{\text{远场}}$$

在离原点足够小的距离 r 处，近场项占主导地位，这样

$$\frac{1}{r}\gg\frac{1}{c_0}\frac{1}{U}\frac{\partial U}{\partial t}\sim\frac{f}{c_0}$$

式中，f 是球体摆动的特征频率。但是，频率为 f 的声音在一个振荡周期 $1/f$ 内传播距离如下：

$$\frac{c_0}{f}=\lambda\equiv\text{一个声波波长}$$

因此，在以下情况，近场项占主导地位：

$$r\ll\lambda$$

当 $c_0\to\infty$ 时，运动变为不可压缩。在这个极限中，解完全减少为近场项，这也被称为流体动力近场；它的振幅在 $r\to\infty$ 时按 $1/r^2$ 规律减小。

远场是流体为可压缩时才存在的声学区域。它由传播的声波组成，将能量带离球体，并当 $r \gg \lambda$ 时取代近场作用。当 $r \sim \lambda$ 时，存在一个过渡区，在这个过渡区中，解是处于从近场到远场的过渡状态。在解析模型(1.7.8)中，球被一个位于球心处的点偶极子代替，它包含了一个隐含假设，即靠近球的运动本质上是相同的，就好像流体是不可压缩的。这是根据我们刚才所说的 $a \ll \lambda$ 而得出的结论，也就是球体的直径远小于声波波长。一般来说，当一个物体的特征尺寸与它所产生的声波波长或与之相互作用的声波波长相比较小时，它就被称为**声学紧致**的。

球在远场产生的声音强度正比于 φ^2，即

$$\varphi^2 \to \frac{a^6}{4c_0^2 r^2}\left(\frac{\partial U}{\partial t}\left(t - \frac{r}{c_0}\right)\right)^2 \cos^2\theta$$

对 θ 的依赖关系决定了声音的指向性。对于偶极子，它有图 1.7.1(b)所示的“8”字形式，峰值方向平行于偶极子轴($\theta = 0, \pi$)；在 $\theta = \dfrac{\pi}{2}$ 处有辐射零点(应该想象该曲线绕 x_1 轴旋转)。

1.8 声能量流

在离源区很远的地方，我们通常有

$$p(\boldsymbol{x}, t) \sim \frac{\rho_0 \Phi(\theta, \phi, t - r/c_0)}{r}, \quad r \to \infty \tag{1.8.1}$$

式中，函数 Φ 依赖于声源分布的性质，并且 θ 和 ϕ 是决定声音指向性的极角。由线性化动量方程的径向分量

$$\begin{aligned}\frac{\partial v_r}{\partial t} &= -\frac{1}{\rho_0}\frac{\partial p}{\partial r} \\ &\equiv \frac{1}{r^2}\Phi\left(\theta, \phi, t - \frac{r}{c_0}\right) + \frac{1}{c_0 r}\frac{\partial \Phi}{\partial t}\left(\theta, \phi, t - \frac{r}{c_0}\right)\end{aligned} \tag{1.8.2}$$

当 $r \to \infty$ 时，第二行中的第一项可以忽略，因此

$$v_r \sim \frac{1}{c_0 r}\Phi\left(\theta, \phi, t - \frac{r}{c_0}\right) \equiv \frac{p}{\rho_0 c_0} \tag{1.8.3}$$

通过考虑动量方程的 θ 和 ϕ 分量，我们可以发现相应的速度分量 v_θ 和 v_φ，在当 $r \to \infty$ 时比 $1/r$ 减少得更快。因此，我们由此和式(1.8.3)得出结论，声质点速度与声波波前(球面 $r = c_0 t$)垂直。换句话说，声音由纵波组成，在纵波中，流体质点沿着声音传播的局部方向前后振荡。

分布声源辐射的**声功率** Π 可由下式计算：

$$\Pi = \oint_S p v_r \,\mathrm{d}S = \oint_S \frac{p^2}{\rho_0 c_0}\mathrm{d}S \tag{1.8.4}$$

其中，积分在以源区为中心的半径为 r 的很大的球面 S 上进行。因为球的表面积为 $4\pi r^2$，我们只需要知道压力和速度在 S 上量阶[①]为 $1/r$，这样就可以计算积分。较小的贡献（例如由式(1.8.2)第二行中的第一项给出的贡献）随着 r 增加而快速减小，以至于当 $r\to\infty$ 时不能给积分提供一个有限的贡献。

因此，在声学问题中，如果能计算出声源中的压力和速度符合量阶 $1/r$，我们通常就会满意；这样总能使我们确定辐射声功率。公式 $v_r=p/(\rho_0 c_0)$ 适用于距离声源较远的情况，其中波前可视为局部平面，但其对平面声波同样也适用。在后一种情况下，对于图 1.8.1 所示的大球体表面上的球面波，物理量：

$$I=pv_r=\frac{p^2}{\rho_0 c_0} \tag{1.8.5}$$

叫作**声强**。它是单位面积波前声能的传输率。

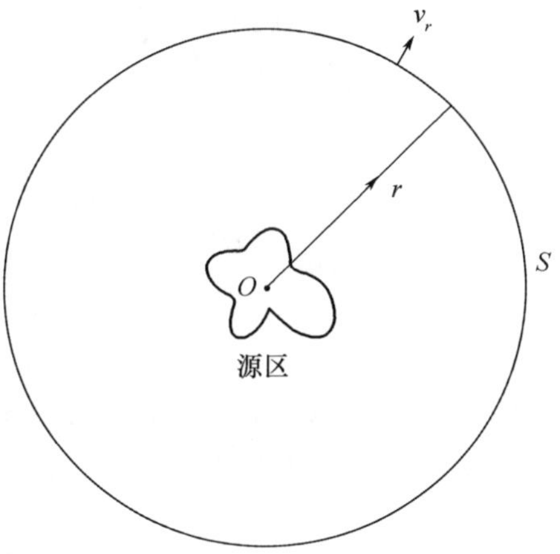

图 1.8.1

1.9　远场声的计算

我们现在讨论必要的近似，这样就可以从延迟势表达中求远场中的声音：

$$p(\boldsymbol{x},t)=\frac{1}{4\pi}\int_{-\infty}^{\infty}\frac{\mathcal{F}(\boldsymbol{y},t-|\boldsymbol{x}-\boldsymbol{y}|/c_0)}{|\boldsymbol{x}-\boldsymbol{y}|}\mathrm{d}^3\boldsymbol{y} \tag{1.9.1}$$

我们假设仅在一个有限源域内 $\mathcal{F}(\boldsymbol{x},t)\neq 0$（图 1.9.1），并在该区域内取坐标原点 O。

当 $|\boldsymbol{x}|\to\infty$ 和 $\boldsymbol{y}$ 位于源域内时（这样 $|\boldsymbol{x}|\gg|\boldsymbol{y}|$）

---

① order 译为量阶，注意与量级的区别。

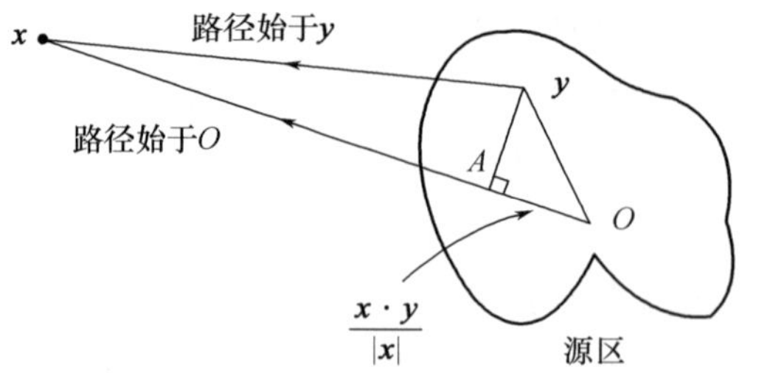

图 1.9.1

$$|\boldsymbol{x}-\boldsymbol{y}| \equiv (|\boldsymbol{x}|^2 - 2\boldsymbol{x}\cdot\boldsymbol{y} + |\boldsymbol{y}|^2)^{\frac{1}{2}} = |\boldsymbol{x}|\left\{1 - \frac{2\boldsymbol{x}\cdot\boldsymbol{y}}{|\boldsymbol{x}|^2} + \frac{|\boldsymbol{y}|^2}{|\boldsymbol{x}|^2}\right\}^{\frac{1}{2}}$$

$$\approx |\boldsymbol{x}|\left\{1 - \frac{\boldsymbol{x}\cdot\boldsymbol{y}}{|\boldsymbol{x}|^2} + O\left(\frac{|\boldsymbol{y}|^2}{|\boldsymbol{x}|^2}\right)\right\}$$

那么

$$|\boldsymbol{x}-\boldsymbol{y}| \approx |\boldsymbol{x}| - \frac{\boldsymbol{x}\cdot\boldsymbol{y}}{|\boldsymbol{x}|}, \quad \frac{|\boldsymbol{y}|}{|\boldsymbol{x}|} \ll 1 \tag{1.9.2}$$

另外

$$\frac{1}{|\boldsymbol{x}-\boldsymbol{y}|} \approx \frac{1}{|\boldsymbol{x}| - \dfrac{\boldsymbol{x}\cdot\boldsymbol{y}}{|\boldsymbol{x}|}} \approx \frac{1}{|\boldsymbol{x}|}\left(1 + \frac{\boldsymbol{x}\cdot\boldsymbol{y}}{|\boldsymbol{x}|^2}\right)$$

因此

$$\frac{1}{|\boldsymbol{x}-\boldsymbol{y}|} \approx \frac{1}{|\boldsymbol{x}|} + \frac{\boldsymbol{x}\cdot\boldsymbol{y}}{|\boldsymbol{x}|^3}, \quad \frac{|\boldsymbol{y}|}{|\boldsymbol{x}|} \ll 1 \tag{1.9.3}$$

近似式(1.9.3)表明，为了得到解(1.9.1)在当$|\boldsymbol{x}|\to\infty$时表现为$1/r=1/|\boldsymbol{x}|$的远场近似，将被积函数的分母$|\boldsymbol{x}-\boldsymbol{y}|$替换为$|\boldsymbol{x}|$是足够准确的。然而，在声源强度$\mathcal{F}$的自变量中，重要的是要保留在不同位置 $\boldsymbol{y}$ 处声源分布的分量所产生声波之间可能的相位差。因此，我们将延迟时间中的$|\boldsymbol{x}-\boldsymbol{y}|$替换为式(1.9.2)的右侧。因此

$$p(\boldsymbol{x},t) \approx \frac{1}{4\pi|\boldsymbol{x}|}\int_{-\infty}^{\infty} \mathcal{F}\left(\boldsymbol{y}, t - \frac{|\boldsymbol{x}|}{c_0} + \frac{\boldsymbol{x}\cdot\boldsymbol{y}}{c_0|\boldsymbol{x}|}\right)\mathrm{d}^3\boldsymbol{y}, \quad |\boldsymbol{x}|\to\infty \tag{1.9.4}$$

式(1.9.4)被称为 Fraunhofer 近似。

源区可以延伸至多倍特征声学波长处。通过保留对延迟时间的贡献 $\boldsymbol{x}\cdot\boldsymbol{y}/c_0|\boldsymbol{x}|$，我们保证了在源区内不同位置产生的波之间的任何干扰都可以用远场近似正确地描述。在图 1.9.1 中，当$|\boldsymbol{x}|\to\infty$时，从源点 $\boldsymbol{y}$ 到远场点 $\boldsymbol{x}$ 的声传播时间等于从标记为 A 的点到 $\boldsymbol{x}$ 的声传播时间。在距离 OA 上的传播时间正好是 $\boldsymbol{x}\cdot\boldsymbol{y}/(c_0|\boldsymbol{x}|)$，因此，当$|\boldsymbol{x}|\to\infty$时，$|\boldsymbol{x}|/c_0-\boldsymbol{x}\cdot\boldsymbol{y}/(c_0|\boldsymbol{x}|)$给出了延迟时间的正确值。

1.9.1 偶极子源分布

将 Fraunhofer 近似公式(1.9.4) 应用于偶极子源$\mathcal{F}(\boldsymbol{x},t)=\operatorname{div}\boldsymbol{f}(\boldsymbol{x},t)$，得到(来自式(1.7.5))

$$\begin{aligned}p(\boldsymbol{x},t)&\approx\frac{1}{4\pi}\frac{\partial}{\partial x_j}\left[\frac{1}{|\boldsymbol{x}|}\int_{-\infty}^{\infty}f_j\left(\boldsymbol{y},t-\frac{|\boldsymbol{x}|}{c_0}+\frac{\boldsymbol{x}\cdot\boldsymbol{y}}{c_0|\boldsymbol{x}|}\right)\mathrm{d}^3\boldsymbol{y}\right]\\&\approx\frac{1}{4\pi|\boldsymbol{x}|}\frac{\partial}{\partial x_j}\int_{-\infty}^{\infty}f_j\left(\boldsymbol{y},t-\frac{|\boldsymbol{x}|}{c_0}+\frac{\boldsymbol{x}\cdot\boldsymbol{y}}{c_0|\boldsymbol{x}|}\right)\mathrm{d}^3\boldsymbol{y}\end{aligned},\quad |\boldsymbol{x}|\to\infty \tag{1.9.5}$$

不需要将微分算符$\partial/\partial x_j$ 应用于$1/|\boldsymbol{x}|$，因为这将会在离偶极子很远的地方给出一个按$1/r^2$ 衰减的贡献。

然而，用时间导数$\partial/\partial t$ 来代替$\partial/\partial x_j$，这进一步的转换还是有用的，时间导数在应用中通常更容易估计。为此，我们观察到

$$\begin{aligned}\frac{\partial f_j}{\partial x_j}\left(\boldsymbol{y},t-\frac{|\boldsymbol{x}|}{c_0}+\frac{\boldsymbol{x}\cdot\boldsymbol{y}}{c_0|\boldsymbol{x}|}\right)&=\frac{\partial f_j}{\partial t}\left(y,t-\frac{|\boldsymbol{x}|}{c_0}+\frac{\boldsymbol{x}\cdot\boldsymbol{y}}{c_0|\boldsymbol{x}|}\right)\frac{\partial}{\partial x_j}\left(t-\frac{|\boldsymbol{x}|}{c_0}+\frac{\boldsymbol{x}\cdot\boldsymbol{y}}{c_0|\boldsymbol{x}|}\right)\\&=\frac{\partial f_j}{\partial t}\left(\boldsymbol{y},t-\frac{|\boldsymbol{x}|}{c_0}+\frac{\boldsymbol{x}\cdot\boldsymbol{y}}{c_0|\boldsymbol{x}|}\right)\left(-\frac{x_j}{c_0|\boldsymbol{x}|}+\frac{y_j}{c_0|\boldsymbol{x}|}-\frac{(\boldsymbol{x}\cdot y)x_j}{c_0|\boldsymbol{x}|^3}\right)\\&\approx-\frac{x_j}{c_0|\boldsymbol{x}|}\frac{\partial f_j}{\partial t}\left(\boldsymbol{y},t-\frac{|\boldsymbol{x}|}{c_0}+\frac{\boldsymbol{x}\cdot\boldsymbol{y}}{c_0|\boldsymbol{x}|}\right),\quad|\boldsymbol{x}|\to\infty\end{aligned}$$

因此，偶极子分布$\mathcal{F}(\boldsymbol{x},t)=\operatorname{div}\boldsymbol{f}(\boldsymbol{x},t)$的远场声压由下式给出：

$$p(\boldsymbol{x},t)=\frac{-x_j}{4\pi c_0|\boldsymbol{x}|^2}\frac{\partial}{\partial t}\int_{-\infty}^{\infty}f_j\left(\boldsymbol{y},t-\frac{|\boldsymbol{x}|}{c_0}+\frac{\boldsymbol{x}\cdot\boldsymbol{y}}{c_0|\boldsymbol{x}|}\right)\mathrm{d}^3\boldsymbol{y} \tag{1.9.6}$$

注意

$$\frac{x_j}{|\boldsymbol{x}|^2}=\frac{x_j}{|\boldsymbol{x}|}\frac{1}{|\boldsymbol{x}|}$$

式中，$x_j/|\boldsymbol{x}|$是单位向量$\boldsymbol{x}/|\boldsymbol{x}|$的第$j$个分量。因此，式(1.9.6)中的附加因子$x_j/|\boldsymbol{x}|$并不改变声音随声源距离的衰减率(仍像$1/r$一样)，但它确实对声指向性有影响。

通过比较式(1.9.5)和式(1.9.6)，可得到声学远场中空间导数和时间导数相互转化的规则，即

$$\frac{\partial}{\partial x_j}\leftrightarrow-\frac{1}{c_0}\frac{x_j}{|\boldsymbol{x}|}\frac{\partial}{\partial t} \tag{1.9.7}$$

1.9.2 四极子源分布

对于四极子式(1.7.6)

$$\mathcal{F}(\boldsymbol{x},t)=\frac{\partial^2 T_{ij}}{\partial x_i\partial x_j}(\boldsymbol{x},t)$$

和

$$p(\boldsymbol{x},t)=\frac{1}{4\pi}\frac{\partial^2}{\partial x_i\partial x_j}\int_{-\infty}^{\infty}\frac{T_{ij}(\boldsymbol{y},t-|\boldsymbol{x}-\boldsymbol{y}|/c_0)}{|\boldsymbol{x}-\boldsymbol{y}|}\mathrm{d}^3\boldsymbol{y}$$

通过式(1.9.4)和式(1.9.7),则远场声压可表示为

$$p(\boldsymbol{x},t)\approx\frac{x_ix_j}{4\pi c_0^2|\boldsymbol{x}|^3}\frac{\partial^2}{\partial t^2}\int_{-\infty}^{\infty}T_{ij}\left(\boldsymbol{y},t-\frac{|\boldsymbol{x}|}{c_0}+\frac{\boldsymbol{x}\cdot\boldsymbol{y}}{c_0|\boldsymbol{x}|}\right)\mathrm{d}^3\boldsymbol{y},\quad |\boldsymbol{x}|\to\infty \tag{1.9.8}$$

1.9.3 示例

对于(1,2)型点四极子

$$\mathcal{F}(\boldsymbol{x},t)=\frac{\partial^2}{\partial x_1\partial x_2}(T(t)\delta(\boldsymbol{x}))$$

式(1.9.8)表明,在声学远场中

$$p(\boldsymbol{x},t)\approx\frac{x_1x_2}{4\pi c_0^2|\boldsymbol{x}|^3}\frac{\partial^2 T}{\partial t^2}(t-|\boldsymbol{x}|/c_0),\quad |\boldsymbol{x}|\to\infty$$

如果我们用球极坐标,则有

$$x_1=r\cos\theta,\quad x_2=r\sin\theta\cos\phi,\quad x_3=r\sin\theta\sin\phi$$

我们可以把压力写成如下形式:

$$p(\boldsymbol{x},t)\approx\frac{\sin 2\theta\cos\phi}{8\pi c_0^2|\boldsymbol{x}|}\frac{\partial^2 T}{\partial t^2}(t-|\boldsymbol{x}|/c_0),\quad |\boldsymbol{x}|\to\infty$$

因此,声音($\propto p^2$)的指向性由$\sin^2 2\theta\ \cos^2\phi$ 表示,它的形状如图 1.9.2 所示,表示平面 x_1、x_2($\phi=0,\pi$)中的辐射。四瓣苜蓿叶图案是四极子 T_{ij} 的特征,其中 $i\neq j$。

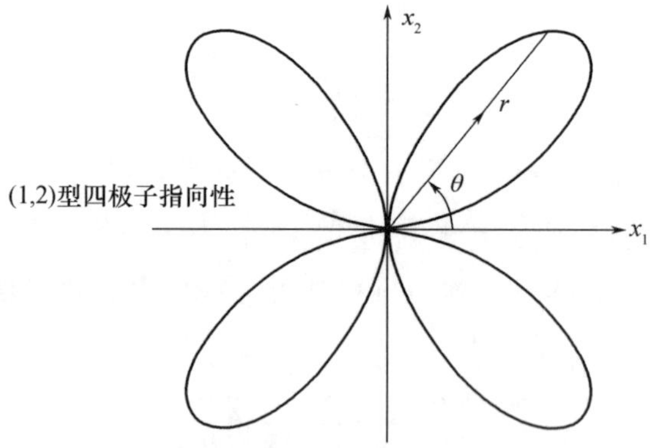

图 1.9.2

习 题 1

1. 平行于 x 轴传播的平面声波满足方程

$$\left(\frac{1}{c_0^2}\frac{\partial^2}{\partial t^2}-\frac{\partial^2}{\partial x^2}\right)\varphi=0$$

其通解为

$$\varphi=\Phi\left(t-\frac{x}{c_0}\right)+\Psi\left(t+\frac{x}{c_0}\right)$$

式中,Φ 和 Ψ 是任意函数,分别表示 x 正方向和 x 负方向上传播的波。

证明在理想气体中沿 x 正方向传播的波有如下关系:

$$v=\frac{p}{\rho_0 c_0},\quad \rho=\frac{p}{c_0^2},\quad T=\frac{p}{\rho_0 c_p}$$

式中,v 是声质点速度,p、ρ、T 分别是声压、密度和温度变量,c_p 是恒定压力下的比热。

2. 按式(1.8.4)计算半径为 R 的声学紧致球小振幅平移摆动时辐射的声功率,其中摆动频率为 ω 且速度为 $U(t)=U_0\cos\omega t$。

3. 对于问题 2,当球体以法向速度 $v_n=U_0\cos\omega t\,(U_0=$常数$)$进行小幅径向振荡时,求声功率。

4. 强度为 $q_0(t)$的体积点源以恒定的亚音速 $\boldsymbol{U}$ 平移。辐射声的速度势 $\varphi(\boldsymbol{x},t)$由下式的解确定:

$$\left(\frac{1}{c_0^2}\frac{\partial^2}{\partial t^2}-\nabla^2\right)\varphi=-q_0(t)\delta(\boldsymbol{x}-\boldsymbol{U}t)$$

证明

$$\varphi(\boldsymbol{x},t)=\frac{-q_0(t-R/c_0)}{4\pi R(1-M\cos\Theta)},\quad M=\frac{U}{c_0}$$

式中,R 是接收点 $\boldsymbol{x}$ 与发射时刻源位置的距离,声在时刻 t 在 $\boldsymbol{x}$ 点被接收到;Θ 是 $\boldsymbol{U}$ 与该声音传播方向之间的夹角。

第 2 章

Lighthill 理论

2.1 声学类比

在无界空气流域内湍流所产生的声音通常称为气动声。大多数技术领域所关注的非定常射流是高雷诺数下的湍流，声辐射是运动的一个非常小的衍生物。湍流通常是由流体流经固体边界或由流动不稳定产生的。Lighthill(1952)将 Navier-Stokes 方程和连续性方程转化为一个精确的非齐次波动方程，其源项仅在湍流区域内是重要的。他认为声音是整个运动的一个很小的组成部分，一旦产生，它对主要流动的影响通常可以忽略不计。因此，确定源区的非定常流动的性质时，可以忽略声音的产生和传播，如果马赫数很小时，这是一个合理的近似，并且在许多重要的流动中，此假设显然是正确的，此理论可以获得声音的明确预报。

Lighthill 最初对解决由喷嘴湍流产生声音的问题很关注，如图 2.1.1(a)所示。然而，他最初的理论实际上适用于如图 2.1.1(b)所示的更简单的情况，在图 2.1.1(b)中，声音被想象为由无界流体中有限旋转流动区域产生。这避免了由于喷嘴的存在而引起的复杂问题。无穷远处流体假定处于静止状态，其中平均压力、密度和声速分别等于 p_0、ρ_0、c_0。Lighthill 通过比较真实流动中的声学密度脉动生成方程与理想线性声学介质的相应方程，发现在离声源很远的地方，两者是一致的。

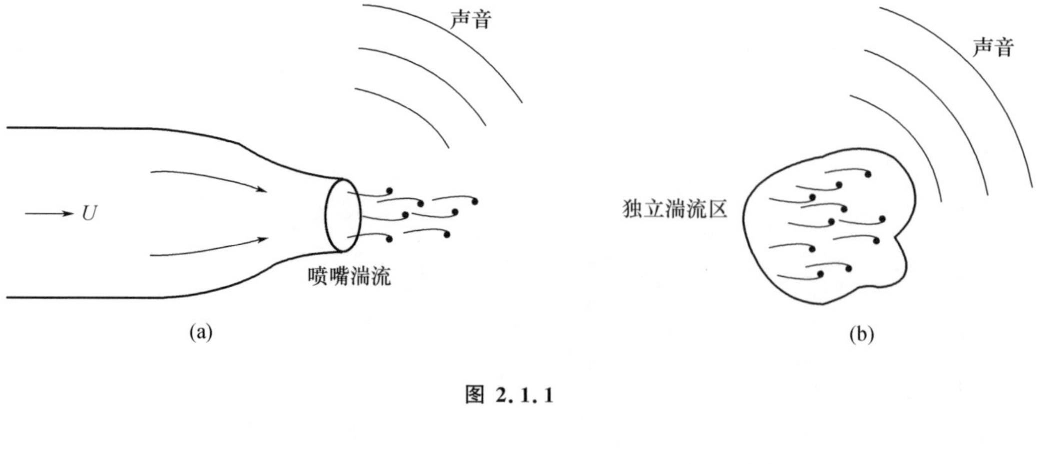

图 2.1.1

为了做到这一点，忽略体积力，动量方程(1.2.3)的第 i 个分量以如下形式表示

$$\rho\frac{\partial v_i}{\partial t}+\rho v_j\frac{\partial v_i}{\partial x_j}=-\frac{\partial p}{\partial x_i}+\frac{\partial \sigma_{ij}}{\partial x_j}\equiv-\frac{\partial}{\partial x_j}(p\delta_{ij}-\sigma_{ij}) \tag{2.1.1}$$

式中，δ_{ij} 是 Kronecker δ 函数($i=j$ 时，$\delta_{ij}=1$；$i\neq j$ 时，$\delta_{ij}=0$)。黏性应力张量 σ_{ij}(对于一种 Stokes 流体)定义如下：

$$\sigma_{ij}=2\eta\left(e_{ij}-\frac{1}{3}e_{kk}\delta_{ij}\right)^{①} \tag{2.1.2}$$

式中

$$e_{ij}=\frac{1}{2}\left(\frac{\partial v_i}{\partial x_j}+\frac{\partial v_j}{\partial x_i}\right) \tag{2.1.3}$$

就是应变率张量。接下来，将连续性方程(1.2.1)乘以 v_i：

$$v_i\frac{\partial \rho}{\partial t}+v_i\frac{\partial(\rho v_j)}{\partial x_j}=0$$

将此式加到式(2.1.1)中，我们得到了雷诺形式的动量方程

$$\frac{\partial(\rho v_i)}{\partial t}=-\frac{\partial \pi_{ij}}{\partial x_j} \tag{2.1.4}$$

式中

$$\pi_{ij}=\rho v_i v_j+(p-p_0)\delta_{ij}-\sigma_{ij} \tag{2.1.5}$$

称为**动量流**张量，为了方便在此式中加入了常压 p_0。

在理想的线性声学介质中，动量流张量只包含压力

$$\pi_{ij}\rightarrow\pi_{ij}^0=(p-p_0)\delta_{ij}\equiv c_0^2(\rho-\rho_0)\delta_{ij} \tag{2.1.6}$$

然后动量方程可简化为

$$\frac{\partial(\rho v_i)}{\partial t}+\frac{\partial}{\partial x_i}[c_0^2(\rho-\rho_0)]=0 \tag{2.1.7}$$

如果将连续性方程(1.2.1)以稍作修改的形式给出

$$\frac{\partial}{\partial t}(\rho-\rho_0)+\frac{\partial(\rho v_i)}{\partial x_i}=0 \tag{2.1.8}$$

我们可以将式(2.1.7)和式(2.1.8)中的动量密度 ρv_i 消去，得到由密度扰动 $\rho-\rho_0$ 满足的线性声学方程

$$\left(\frac{1}{c_0^2}\frac{\partial^2}{\partial t^2}-\nabla^2\right)[c_0^2(\rho-\rho_0)]=0 \tag{2.1.9}$$

由于在该近似中忽略了湍流，没有外力或运动边界，若辐射条件满足输出波特征，则该方程的唯一解是简单的 $\rho-\rho_0=0$。

现在可以断言，真实流体中湍流产生的声音恰好等价于理想的、静止的声学介质

① η 在 1.2.2 中有定义，一般用“μ”表示；一般在流体力学书中，对称张量 e_{ij} 用 s_{ij} 表示。

（在无湍流区受式(2.1.9)控制）中分布如下应力所产生的声音

$$T_{ij}=\pi_{ij}-\pi_{ij}^{0}=\rho v_i v_j+[(p-p_0)-c_0^2(\rho-\rho_0)]\delta_{ij}-\sigma_{ij} \tag{2.1.10}$$

式中，T_{ij} 称作 Lighthill 应力张量，这就是 **Lighthill 声学类比**。

实际上，我们可以将式(2.1.4)改写为具有平均密度 ρ_0、声速 c_0 的理想静止声学介质在受外应力 T_{ij} 作用时的动量方程

$$\frac{\partial(\rho v_i)}{\partial t}+\frac{\partial \pi_{ij}^{0}}{\partial x_j}=-\frac{\partial}{\partial x_j}(\pi_{ij}-\pi_{ij}^{0})$$

或

$$\frac{\partial(\rho v_i)}{\partial t}+\frac{\partial}{\partial x_i}[c_0^2(\rho-\rho_0)]=-\frac{\partial T_{ij}}{\partial x_j} \tag{2.1.11}$$

通过消去该方程与连续性方程(2.1.8)中的动量密度 ρv_i（与上述线性问题所用步骤相同），即可得到 **Lighthill 方程**

$$\left(\frac{1}{c_0^2}\frac{\partial^2}{\partial t^2}-\nabla^2\right)[c_0^2(\rho-\rho_0)]=\frac{\partial T_{ij}}{\partial x_i\partial x_j} \tag{2.1.12}$$

式(2.1.12)是式(2.1.9)的精确的非线性对应式。因此，计算湍流发声的问题等效于求解该方程，其表示单位体积强度为 Lighthill 应力张量 T_{ij} 的四极子源分布在静止的理想流体中辐射的声音。湍流源的四极子特性是 Lighthill 理论最重要的结论之一，这意味着（见第 2.2 节）自由湍流是一个极其微弱的声源，在典型的低马赫数流中，只有很小一部分可用的流动能量转换成声音。

在定义 T_{ij} 的式(2.1.10)中，$\rho v_i v_j$ 被称为雷诺应力。对于图 2.1.1(b)中的简化问题，它是一个非线性量，可以忽略，除非运动是湍流的。第二项表示相比密度为 ρ_0 和声速为 c_0 的理想（线性）流体压强所传递动量的增额。这是由波幅非线性和源中平均密度变化引起的。黏性应力张量 σ_{ij} 在扰动量中是线性的，并适当考虑了声的衰减。在大多数应用中，声源区的雷诺数很大，可以忽略 σ_{ij}，辐射声的黏性衰减通常可忽略。

2.2 Lighthill v^8 定律

Lighthill 方程式(2.1.12)输出波特征的形式解由式(1.7.7)给出，其中 $p(\boldsymbol{x},t)$ 用 $c_0^2(\rho-\rho_0)$ 替换

$$c_0^2(\rho-\rho_0)(\boldsymbol{x},t)=\frac{1}{4\pi}\frac{\partial^2}{\partial x_i\partial x_j}\int_{-\infty}^{\infty}\frac{T_{ij}(\boldsymbol{y},t-|\boldsymbol{x}-\boldsymbol{y}|/c_0)}{|\boldsymbol{x}-\boldsymbol{y}|}\mathrm{d}^3\boldsymbol{y} \tag{2.2.1}$$

严格来说，这是式(2.1.12)的一个替换形式的积分方程；只有当 T_{ij} 是已知的或已通过一些其他手段确定，它才是一个有用的声音预报公式。这是因为在定义 T_{ij} 的式(2.1.10)中的那些项不仅能够考虑声音的产生，而且还控制了由声学非线性引起的声学自调制、由湍流速度引起的声波传递、由声速变化引起的折射，以及由热和黏性作用引起的衰

减。声非线性和热黏性耗散的影响在源区内通常很弱，可以忽略，尽管它们可能影响向远处观测者的传播。声音在源区及其附近的对流和折射可能很重要，例如，在存在平均剪切层的情况下（此时雷诺应力包括诸如 $\rho U_i u_j$ 的项，其中 $\boldsymbol{U}$ 和 $\boldsymbol{u}$ 分别表示 $\boldsymbol{v}$ 的平均和脉动分量），或者当源区内介质的平均热力学性质有很大变化时。这种效应是用 T_{ij} 中存在的非定常线性项来描述的（Ffowcs Williams，1974）。

因此，为了从 Lighthill 方程式（2.2.1）预报辐射声，通常需要假定源所在流体中的所有这些声学效应（实际上依赖于流体可压缩性）在某种意义上是可以忽略的。这意味着，在实际应用中，必须能够通过假定源流是有效不可压缩的来导出 T_{ij} 的一个良好近似。这往往是当特征马赫数 $\sim v/c_0$ 较小时（具体来说，当 $M^2 \ll 1$），以及当声音的波长远大于源区的大小时，才是可行的。

考虑一种特殊但重要的情况：在整个流动中，平均密度和声速在整个流场是均匀的。在低马赫数、高雷诺数的流动源中，密度 ρ 变化的量阶为 $\rho_0 M^2$（Batchelor，1967）。因此，$\rho v_i v_j = \rho_0 (1 + O(M^2)) v_i v_j \approx \rho_0 v_i v_j$。类似地，如果 $c(\boldsymbol{x}, t)$ 是源区的局部声速，也可以表明 $c_0^2 / c^2 = 1 + O(M^2)$，则有

$$p - p_0 - c_0^2(\rho - \rho_0) \approx (p - p_0)(1 - c_0^2/c^2) \sim O(\rho_0 v^2 M^2)$$

因此，如果忽略黏性耗散，我们可以做出如下近似：

$$T_{ij} \approx \rho_0 v_i v_j, \quad \text{只要 } M^2 \ll 1 \tag{2.2.2}$$

在源流外的声学区域中有 $c_0^2(\rho - \rho_0) = p - p_0$。如果不考虑无关的常压 p_0，则 Lighthill 方程的解式（2.2.1）因此变成

$$\begin{aligned} p(\boldsymbol{x}, t) &\approx \frac{\partial^2}{\partial x_i \partial x_j} \int \frac{\rho_0 v_i v_j (\boldsymbol{y}, t - |\boldsymbol{x} - \boldsymbol{y}|/c_0)}{4\pi |\boldsymbol{x} - \boldsymbol{y}|} \mathrm{d}^3 \boldsymbol{y} \\ &\approx \frac{x_i x_j}{4\pi c_0^2 |\boldsymbol{x}|^3} \frac{\partial^2}{\partial t^2} \int \rho_0 v_i v_j \left(\boldsymbol{y}, t - \frac{|\boldsymbol{x}|}{c_0} + \frac{|\boldsymbol{x} \cdot \boldsymbol{y}|}{c_0 |\boldsymbol{x}|} \right) \mathrm{d}^3 \boldsymbol{y}, \quad |\boldsymbol{x}| \to \infty \end{aligned} \tag{2.2.3}$$

在式（2.2.3）第二行中，我们用到了针对四极子分布的远场公式（1.9.8）。只要雷诺应力 $\rho_0 v_i v_j$ 的特征是已知的，则通过这个公式可以做出噪声的定量预报。

为了确定 p 的数量级①，我们引入湍流源的特征速度 v 和长度尺度 ℓ（即含能涡的典型尺寸）。ℓ 的数值取决于湍流产生的机制，如射流混合层的宽度。在由距离 $> O(\ell)$ 分开的湍流不同区域中产生的 $v_i v_j$ 波动在统计上往往是独立的，可认为声音是由一组 V_0/ℓ^3 个独立的旋涡产生的，其中 V_0 就是湍流所占的体积（图 2.2.1）。湍流脉动的特征频率为 $f \sim v/\ell$，所以声音的波长 $(c_0/f) \sim \ell/M \gg \ell$（因为 $M = v/c_0 \ll 1$）。因此，我们得出了每一个湍流涡在声学上是紧致的这一重要结论。这意味着当式（2.2.3）中的积分被限定在单个旋涡时，该旋涡上的延迟时间变化量 $\boldsymbol{x} \cdot \boldsymbol{y}/(c_0 |\boldsymbol{x}|)$ 可以忽略；也就是

① order of magnitude 译为数量级，在《自然科学中确定性问题的应用数学》（林家翘，L. A. 西格尔）第六章有相关介绍。

说，如果坐标原点暂时放在旋涡 O 处，我们可以在该旋涡积分上设置 $\boldsymbol{x}\cdot\boldsymbol{y}/(c_0|\boldsymbol{x}|)=0$。然后，旋涡上的积分值量级可以估计为 $\rho_0 v^2 \ell^3$。

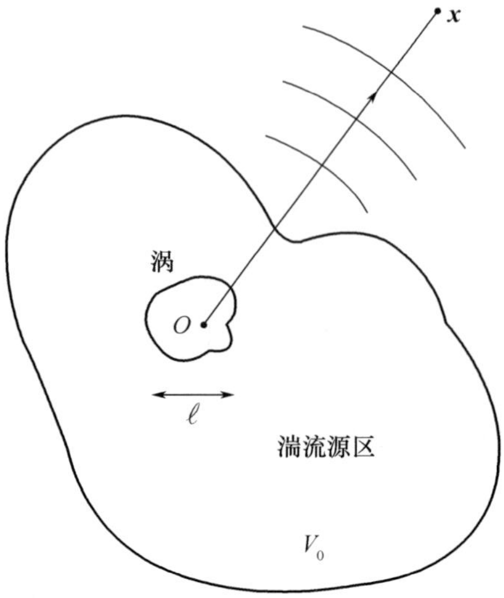

图 2.2.1

源区变化的时间导数量的数量级为

$$\frac{\partial}{\partial t}\sim\frac{v}{\ell}$$

因此，从式(2.2.3)中可以看出，对于一个旋涡，远场声压满足

$$p\sim\frac{\ell}{|\boldsymbol{x}|}\frac{\rho_0 v^4}{c_0^2}=\frac{\ell}{|\boldsymbol{x}|}\rho_0 v^2 M^2 \tag{2.2.4}$$

旋涡辐射声功率由以旋涡为中心的大球体上的曲面积分(1.8.4)决定。因此，在量级上

$$\text{单涡辐射声功率}\sim 4\pi|\boldsymbol{x}|^2\frac{p^2}{\rho_0 c_0}\sim\frac{\ell^2\rho_0 v^8}{c_0^5}=\ell^2\rho_0 v^3 M^5 \tag{2.2.5}$$

式(2.2.5)就是 Lighthill 的"八次方"定律。

体积为 V_0 的整个湍流区(包含 V_0/ℓ^3 个独立旋涡)的总辐射功率为

$$\Pi_{\mathrm{q}}\approx\frac{V_0}{\ell^3}\times(\ell^2\rho_0 v^3 M^5)=\frac{v}{\ell}\rho_0 v^2 M^5 V_0$$

量纲分析和实验表明，能量必须按功率 Π_0 由外力作用来供给，以维持一个统计上稳定的湍流场(占据体积 V_0)的动能，功率数量级为

$$\Pi_0\sim\frac{v}{\ell}\rho_0 v^2 V_0$$

因此，湍流动能转化为声音的机械效率为

$$\frac{\Pi_{\mathrm{q}}}{\Pi_0}\sim M^5 \tag{2.2.6}$$

在马赫数 $M<0.4$ 时，此值小于 0.01，符合 Lighthill 理论的假设，即流动产生的声音是湍流运动的一个很小的衍生物。

2.3　Curle　理　论

在 Lighthill 理论的大多数应用中，有必要推广解(2.2.1)来考虑流体中固体的存在。的确，湍流经常产生于边界层内和流体经过一些物体(翼型、流动控制面等)所形成的尾迹中，所产生的非定常表面力(偶极子)很可能会对声音的产生做出重要贡献。在这种情况下的做法是引入一个数学**控制面**系统，它可以变形以与不同运动或静止物体的表面重合，尽管目前我们只讨论涉及静止物体的情况。在这样做之前，我们建立一个积分变换公式，该公式会在这类问题中反复使用。

2.3.1　体积分和面积分

设 V 为封闭控制面 S (图 2.3.1)外的流体体积，由下式定义：

$$f(\boldsymbol{x})=0, \text{其中} \begin{cases} f(\boldsymbol{x})>0, & \boldsymbol{x} \text{ 在 } V \text{ 中} \\ f(\boldsymbol{x})<0, & \boldsymbol{x} \text{ 在 } S \text{ 内} \end{cases} \tag{2.3.1}$$

并考虑 Heaviside 单位函数

$$H(f)=\begin{cases} 1, & \boldsymbol{x} \text{ 在 } V \text{ 中} \\ 0, & \boldsymbol{x} \text{ 在 } S \text{ 内} \end{cases}$$

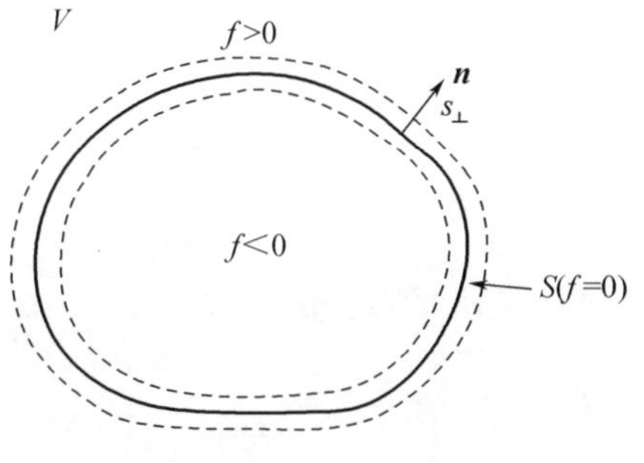

图 2.3.1

然后，对于定义在 V 中和 S 上的任意函数 $\Phi(\boldsymbol{x})$，有

$$\int_{-\infty}^{\infty} \Phi(\boldsymbol{x}) \nabla H \, \mathrm{d}^3 \boldsymbol{x} = \oint_S \Phi(\boldsymbol{x}) \boldsymbol{n} \, \mathrm{d}S \equiv \oint_S \Phi(\boldsymbol{x}) \, \mathrm{d}\boldsymbol{S} \tag{2.3.2}$$

或

$$\int_{-\infty}^{\infty} \Phi(\boldsymbol{x}) \frac{\partial H}{\partial x_j} \mathrm{d}^3 \boldsymbol{x} = \oint_S \Phi(\boldsymbol{x}) n_j \, \mathrm{d}S \equiv \oint_S \Phi(\boldsymbol{x}) \, \mathrm{d}S_j \tag{2.3.3}$$

式中，$H \equiv H(f)$；$\boldsymbol{n}$ 是 S 上的单位法向量，指向 V 内。

证明

$$\nabla H(f) \equiv \delta(f)\nabla f \tag{2.3.4}$$

只在 S 上是非零的，其中 ∇f 是沿 $\boldsymbol{n}$ 的方向。因此，体积分就限制在一个壳体的内外表面极小厚度之间的区域(图 2.3.1 中的虚线表面之间)，该区域刚好包围 S，其中积分的体积元素为

$$\mathrm{d}^3\boldsymbol{x} = \mathrm{d}s_\perp\ \mathrm{d}S$$

式中，在 S 上 $s_\perp = 0$，$s_\perp$ 沿与 $\boldsymbol{n}$ 平行的方向测量。因为在 S 上 $f=0$，对于小值的 $s_\perp$，我们可以写成

$$f = \left(\frac{\partial f}{\partial s_\perp}\right)_S s_\perp$$

式中，$(\partial f/\partial s_\perp)_S \equiv |\nabla f| > 0$ 是在 S 上取值。

因此有

$$\delta(f) = \delta(|\nabla f| s_\perp) \equiv \frac{\delta(s_\perp)}{|\nabla f|}$$

因此可得

$$\begin{aligned}\int_{-\infty}^{\infty}\Phi(\boldsymbol{x})\nabla H\,\mathrm{d}^3\boldsymbol{x} &\equiv \int_{-\infty}^{\infty}\Phi(\boldsymbol{x})\nabla f\delta(f)\,\mathrm{d}^3\boldsymbol{x} = \int_{-\infty}^{\infty}\Phi(\boldsymbol{x})\frac{\nabla f}{|\nabla f|}\delta(s_\perp)\,\mathrm{d}s_\perp\ \mathrm{d}S \\ &= \oint_S \Phi(\boldsymbol{x})\boldsymbol{n}\,\mathrm{d}S, \quad 因为\ \boldsymbol{n} = \frac{\nabla f}{|\nabla f|}\end{aligned}$$

2.3.2 Curle 方程

Curle(1955)导出了 Lighthill 方程(2.1.12)的一个形式解(称为 Curle 方程)，用于预报任意固定表面 S 附近湍流产生的声音，表面如前所述由一个方程 $f(\boldsymbol{x})=0$ (图 2.3.2)所定义。该表面既可以包围一个固体，也可以仅仅构成一个控制面，用于隔离一个固定空间区域，该区域可以包含固体和流体或仅包含流体。

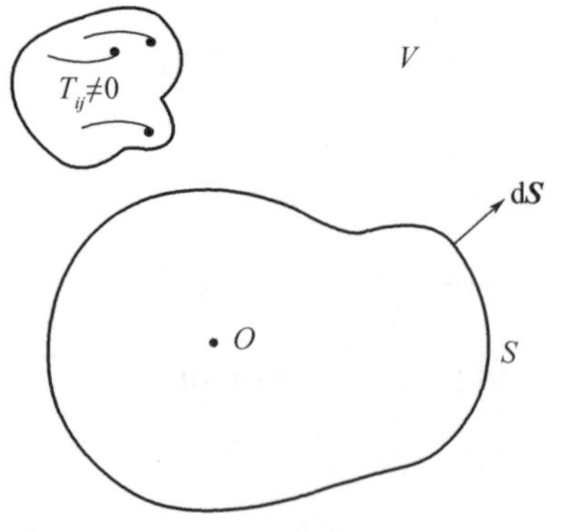

图 2.3.2

为了导出 Curle 方程,将动量方程(2.1.11)乘以 $H \equiv H(f)$,并使用 T_{ij} 的定义式(2.1.10)得到

$$\frac{\partial}{\partial t}(\rho v_i H) + \frac{\partial}{\partial x_i}(H c_0^2(\rho - \rho_0)) = -\frac{\partial}{\partial x_j}(H T_{ij}) + (\rho v_i v_j + p'_{ij}) \frac{\partial H}{\partial x_j} \tag{2.3.5}$$

式中

$$p'_{ij} = (p - p_0)\delta_{ij} - \sigma_{ij} \tag{2.3.6}$$

就是压应力张量。对连续性方程(2.1.8)重复此操作,则有

$$\frac{\partial}{\partial t}(H(\rho - \rho_0)) + \frac{\partial}{\partial x_i}(H \rho v_i) = (\rho v_i) \frac{\partial H}{\partial x_i} \tag{2.3.7}$$

式(2.3.4)中$\nabla H = \nabla f \delta(f)$,表明式(2.3.5)和式(2.3.7)根据 V 中 Lighthill 应力 T_{ij} 和分布在控制面上的源,形式上确定了外部区域 V(其中 $H(f) \equiv 1$)中的动量密度 ρv_i 和密度脉动 $\rho - \rho_0$。

现在可以通过消去式(2.3.5)和式(2.3.7)中的 $H\rho v_i$ 来得到 Lighthill 方程式(2.1.12)的类比。这就是 Curle 方程的微分形式

$$\begin{aligned} &\left(\frac{1}{c_0^2}\frac{\partial^2}{\partial t^2} - \nabla^2\right)[H c_0^2(\rho - \rho_0)] \\ &= \frac{\partial^2 (H T_{ij})}{\partial x_i \partial x_j} - \frac{\partial}{\partial x_i}\left((\rho v_i v_j + p'_{ij})\frac{\partial H}{\partial x_j}\right) + \frac{\partial}{\partial t}\left(\rho v_j \frac{\partial H}{\partial x_j}\right) \end{aligned} \tag{2.3.8}$$

该方程在整个空间都有效,包括 S 所包围的区域,此处 $H(f)$消失为零。右边的第二项和第三项分别表示分布在 S 上面的偶极子源和单极子源。它们有以下解释:

1. 如果 S 仅仅是一个假想的控制面,它将包围流体,也可能是固体,可能包含或不包含湍流;表面偶极子源和单极子源则表示该区域对 V 中辐射声的影响;换句话说,偶极子和单极子源的总体效应解释了固体的存在和 S 中湍流(当在 S 上时 $T_{ij} \neq 0$)的影响,也解释了 S 外部产生的声音与 S 内部流体和固体之间的相互作用。

2. 如果 S 是固体的边界,表面偶极子表示物体施加在外部流体上的非定常表面力所产生的声音,而单极子则表示物体的体积脉动(如果有的话)所产生的声音。

由于 Lighthill 方程的 Curle 形式在整个空间中都是有效的,因此从波动方程式(1.6.3)的通解(1.6.6)中可以找到输出波的解,和以前一样,使用偶极子源的特殊形式(1.7.5)。当考虑到变换公式(2.3.3)时,就得到了 **Curle 方程**,即

$$\begin{aligned} H c_0^2(\rho - \rho_0) = &\frac{\partial^2}{\partial x_i \partial x_j}\int_V [T_{ij}] \frac{\mathrm{d}^3 \boldsymbol{y}}{4\pi|\boldsymbol{x} - \boldsymbol{y}|} - \frac{\partial}{\partial x_i}\oint_S [\rho v_i v_j + p'_{ij}] \frac{\mathrm{d}S_j(\boldsymbol{y})}{4\pi|\boldsymbol{x} - \boldsymbol{y}|} + \\ &\frac{\partial}{\partial t}\oint_S [\rho v_j] \frac{\mathrm{d}S_j(\boldsymbol{y})}{4\pi|\boldsymbol{x} - \boldsymbol{y}|} \end{aligned} \tag{2.3.9}$$

式中,方括号如$[T_{ij}] \equiv T_{ij}(\boldsymbol{y}, t - |\boldsymbol{x} - \boldsymbol{y}|/c_0)$表示在延迟时间取值。注意,因为在 S 内 $H(f) \equiv 0$,所以当场点 $\boldsymbol{x}$ 在 S 内时,右边的 3 个积分之和也必将消失为零。

2.4　紧致刚体附近湍流产生的声音

当曲面 S（图 2.3.2）是刚性时，Curle 方程（2.3.9）简化为

$$Hc_0^2(\rho-\rho_0)=\frac{\partial^2}{\partial x_i\partial x_j}\int_V[T_{ij}]\frac{d^3\boldsymbol{y}}{4\pi|\boldsymbol{x}-\boldsymbol{y}|}-\frac{\partial}{\partial x_i}\oint_S[p'_{ij}]\frac{dS_j(\boldsymbol{y})}{4\pi|\boldsymbol{x}-\boldsymbol{y}|} \tag{2.4.1}$$

我们现在用这个解来确定一个声学紧致体在湍流中发声的数量级。紧致性通常要求马赫数 $M\sim v/c_0\ll 1$，我们将在下面假定这一情况。

在第 2.2 节中估计了式（2.4.1）中四极子积分的贡献。为了处理表面偶极子，请注意，对于速度为 v 和相关尺度为 ℓ 的湍流，压应力张量 $p'_{ij}=(p-p_0)\delta_{ij}-\sigma_{ij}$ 的压力分量和黏性分量的数量级是

$$(p-p_0)\sim\rho_0 v^2$$

$$\sigma\sim\eta\frac{v}{\ell}$$

也就是

$$\frac{(p-p_0)}{\sigma}\sim\frac{\rho_0 v\ell}{\eta}=\frac{v\ell}{\nu}$$

式中，$\nu=\eta/\rho_0$，为运动黏性系数。无量纲比 $Re=v\ell/\nu$ 是雷诺数，在湍流中雷诺数总是很大（$\sim 10^4$ 或更大）。这意味着黏性对表面力的贡献可以忽略不计。

在远场，压力 $p(\boldsymbol{x},t)=c_0^2(\rho-\rho_0)(\boldsymbol{x},t)$，且 $H(f)=1$。因此，应用远场偶极子近似式（1.9.6），并忽略延迟时变 $\boldsymbol{x}\cdot\boldsymbol{y}/c_0|\boldsymbol{x}|$（因为 S 是紧致的）可以写出偶极子声压 p_d，即

$$\begin{aligned}p_d&\approx\frac{x_i}{4\pi c_0|\boldsymbol{x}|^2}\frac{\partial}{\partial t}\oint_S(p-p_0)\left(\boldsymbol{y},t-\frac{|\boldsymbol{x}|}{c_0}\right)dS_i\\&=\frac{x_i}{4\pi c_0|\boldsymbol{x}|^2}\frac{dF_i}{dt}(t-|\boldsymbol{x}|/c_0),\quad|\boldsymbol{x}|\to\infty\end{aligned} \tag{2.4.2}$$

式中，$\boldsymbol{F}(t)$ 是物体施加在流体上的非定常力。来自直径 ℓ 的面元（此面元中湍流表面压力脉动是相关的）对 p_d 贡献的量阶明显为

$$\frac{1}{c_0|\boldsymbol{x}|}\frac{v}{\ell}\times(\rho_0 v^2\ell^2)=\frac{\ell}{|\boldsymbol{x}|}\rho_0 v^2 M$$

它比长度尺度为 ℓ 的体积 V 中四极子产生的声压（2.2.4）高出一个数量级（$1/M\gg 1$）。若 A 为湍流浸湿的总表面积，则存在 A/ℓ^2 个独立辐射的表面单元，偶极子辐射的总功率为

$$\Pi_d\sim 4\pi|\boldsymbol{x}|^2\times\left(\frac{p_d^2}{\rho_0 c_0}\right)\sim A\rho_0 v^3 M^3 \tag{2.4.3}$$

占据体积 V_0 的四极子辐射的直接功率为 $\Pi_d \sim (V_0/\ell)\rho_0 v^3 M^5$，这与没有物体时相同(见第 2.2 节)。因此，当 M 较小时，靠近 S 的湍流所产生的声音由偶极子主导；且当 $M \to 0$ 时，偶极子声功率超过四极子功率一个倍数因子，此因子 $\sim 1/M^2 \gg 1$。对于这一点来说，M 应该取多小取决于流动的细节，这些细节决定了 A 和 V_0/ℓ 的合适值。

这种由表面偶极子在声学紧致体上引起的声学效率增加也发生在任意非紧致体上，如当湍流与多个紧致的结构元件(如边棱、拐角和突体)相互作用时。

2.5　非紧致表面的辐射

在 $x_2 > 0$ 中，考虑一个紧致型湍流旋涡，它毗邻平面刚性壁面 $x_2 = 0$ (图 2.5.1)。我们应用 Curle 方程的刚性表面形式(2.4.1)来计算辐射声。在高雷诺数和声远场中($p(\boldsymbol{x},t) \equiv c_0^2(\rho - \rho_0)$且 $H(f) \equiv H(x_2) = 1$)某点 $\boldsymbol{x}$ 处有

$$p(\boldsymbol{x},t) \approx \frac{x_i x_j}{4\pi c_0^2 |\boldsymbol{x}|^3} \frac{\partial^2}{\partial t^2} \int T_{ij}\left(\boldsymbol{y}, t - \frac{|\boldsymbol{x}|}{c_0}\right) \mathrm{d}^3 \boldsymbol{y} +$$

$$\frac{x_2}{4\pi c_0 |\boldsymbol{x}|^2} \frac{\partial}{\partial t} \oint_{y_2=0} (p - p_0)\left(\boldsymbol{y}, t - \frac{|\boldsymbol{x}|}{c_0} + \frac{x_1 y_1 + x_3 y_3}{c_0 |\boldsymbol{x}|}\right) \mathrm{d}y_1 \mathrm{d}y_3, \ |\boldsymbol{x}| \to \infty \tag{2.5.1}$$

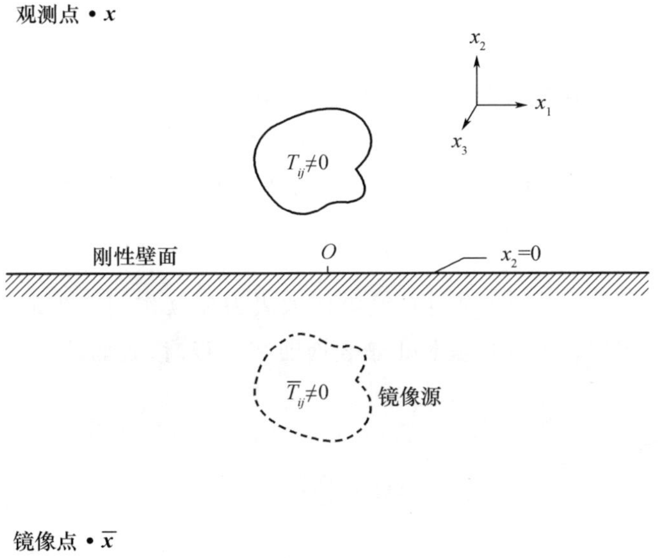

图 2.5.1

在紧致湍流涡体积上的积分中忽略了延迟时变。我们在表面压力积分中没有这样做，因为它往往延伸到比雷诺应力脉动值影响范围更大的区域(实际上，压力的声学分量，与近场流体动压相反，其延伸到壁面无穷远处，衰减非常慢，类似于按照 $1/|\boldsymbol{x}|$ 衰

减)。

表面积分的值不能用第 2.4 节中对紧致物体进行的那种简单的数量级计算来估计,因为对于无限平面壁来说,积分域包括声学区域,因此,涉及我们试图计算的来自声压的未知的和可能重要的贡献。Powell(1960) 通过在远场观察点 $\boldsymbol{x}$ 相对平面壁的像 $\overline{\boldsymbol{x}}=(x_1,-x_2,x_3)$处运用 Curle 方程的解(2.4.1),巧妙解决了这个难题。在镜像点处有 $H(f)=H(x_2)\equiv 0$,因此

$$0 \approx \frac{\overline{x}_i \overline{x}_j}{4\pi c_0^2 |\boldsymbol{x}|^3} \frac{\partial^2}{\partial t^2}\int T_{ij}\left(\boldsymbol{y}, t-\frac{|\boldsymbol{x}|}{c_0}\right) \mathrm{d}^3 \boldsymbol{y} - \frac{x_2}{4\pi c_0 |\boldsymbol{x}|^2} \frac{\partial}{\partial t}\oint_{y_2=0}(p-p_0)\left(\boldsymbol{y}, t-\frac{|\boldsymbol{x}|}{c_0}+\frac{x_1 y_1+x_3 y_3}{c_0|\boldsymbol{x}|}\right) \mathrm{d}y_1 \mathrm{d}y_3, \quad |\boldsymbol{x}| \to \infty \tag{2.5.2}$$

这个公式中的面积分项与原始解式(2.5.1)中的面积分项数量相等,但符号相反,现在可以确切地表示由壁面的镜像四极子系统所产生的四极子声音。将式(2.5.1)加到式(2.5.2)上,我们得到

$$\begin{aligned} p(\boldsymbol{x}, t) &\approx \frac{(x_i x_j+\overline{x}_i \overline{x}_j)}{4\pi c_0^2|\boldsymbol{x}|^3} \frac{\partial^2}{\partial t^2}\int T_{ij}\left(\boldsymbol{y}, t-\frac{|\boldsymbol{x}|}{c_0}\right) \mathrm{d}^3 \boldsymbol{y} \\ &\approx \frac{(x_i x_j+\overline{x}_i \overline{x}_j)}{4\pi c_0^2|\boldsymbol{x}|^3} \frac{\partial^2}{\partial t^2}\int \rho_0 v_i v_j\left(\boldsymbol{y}, t-\frac{|\boldsymbol{x}|}{c_0}\right) \mathrm{d}^3 \boldsymbol{y}, \quad |\boldsymbol{x}| \to \infty \end{aligned} \tag{2.5.3}$$

因此,表面压力偶极子表面上很强的贡献实际上积分转化为一个四极子强度项。这是 Kraichnan－Phillips 定理(Howe,1998a)的一个结果,根据该定理,无限壁面和不可压缩流体之间法向力的净非定常分量必须同样消失为零,即

$$\oint_{y_2=0}(p-p_0)(\boldsymbol{y}, t)\mathrm{d}y_1 \mathrm{d}y_3 \equiv 0 \tag{2.5.4}$$

因此,当使用 Curle 方程来估计湍流与较大表面相互作用产生的声音时,必须非常小心。一般而言,当声音的特征波长小于表面曲率半径时,表面的贡献与湍流四极子的贡献相当。

习　题　2

1. 证明半径为 R 的紧致球体以速度 $U=U_0\sin\omega t$ 小振幅平移振动的声效率为

$$\frac{\Pi_{\mathrm{a}}}{\Pi_0} \sim \left(\frac{\omega R}{c_0}\right)^3$$

式中

$$\Pi_{\mathrm{a}}=\frac{\pi\omega R^3}{6}\rho_0 U_0^2\left(\frac{\omega R}{c_0}\right)^3, \quad \Pi_0=\frac{2\omega R^3}{3}\rho_0 U_0^2$$

分别是在四分之一循环 $0<\omega t<\pi/2$ 内输入流体中的平均声功率和水动力功率。

阐释仅在 $0<\omega t<\pi/2$ 进行平均的意义。

2. 当球体以小振幅法向速度 $v_n=U_0\sin\omega t$ 脉动时，问题 1 的声效率是多少？

3. 在名义上稳定的低马赫数的钝体后面的尾流，在速度 U 下，产生的阻力等于 $C_D A\ \frac{1}{2}\rho_0 U^2$，这里 C_D 是阻力系数(可以认为是常数)，A 是物体在流动方向上的投影横截面积。推导当 U 含有小振幅时谐分量时，如 $U=U_0+u\cos\omega t$，物体辐射的远场声压的近似公式，其中 U_0 和 u 为常数，$u\ll U_0$。

4. 证明刚性壁面附近湍流声的 Powell 解(2.5.3)与由修正的 Green 函数确定的 Curle 微分方程(2.3.8)的解是一致的。

$$G(\boldsymbol{x},\boldsymbol{y},t-\tau)=\frac{1}{4\pi|\boldsymbol{x}-\boldsymbol{y}|}\delta(t-\tau-|\boldsymbol{x}-\boldsymbol{y}|/c_0)+\frac{1}{4\pi|\bar{\boldsymbol{x}}-\boldsymbol{y}|}\delta\left(t-\tau-\frac{|\bar{\boldsymbol{x}}-\boldsymbol{y}|}{c_0}\right)$$

其中，$\bar{\boldsymbol{x}}=(\boldsymbol{x}_1,-x_2,x_3)$。$G(\boldsymbol{x},\boldsymbol{y},t-\tau)$是哪种线性声学问题的解？

第 3 章

紧致格林函数

3.1 固体边界的影响

让我们回到线性声学的一般问题。为了明确思路，我们将用速度势方程(1.3.9)来描述目前的讨论，即

$$\left(\frac{1}{c_0^2}\frac{\partial^2}{\partial t^2}-\nabla^2\right)\varphi=-q(\boldsymbol{x},t) \tag{3.1.1}$$

但我们的结论将是普遍适用的。这个方程根据特定的源分布 $q(\boldsymbol{x},t)$来确定 φ。在没有固体边界的情况下(在自由空间中)，第 1.6 节的结果使我们能够以如下形式表示 φ：

$$\varphi(\boldsymbol{x},t)=\iint_{-\infty}^{\infty}-q(\boldsymbol{y},\tau)G(\boldsymbol{x},\boldsymbol{y},t-\tau)\mathrm{d}^3\boldsymbol{y}\mathrm{d}\tau \tag{3.1.2}$$

式中，$G(\boldsymbol{x},\boldsymbol{y},t-\tau)$是自由空间的格林函数，有

$$G(\boldsymbol{x},\boldsymbol{y},t-\tau)=\frac{1}{4\pi|\boldsymbol{x}-\boldsymbol{y}|}\delta(t-\tau-|\boldsymbol{x}-\boldsymbol{y}|/c_0) \tag{3.1.3}$$

即 $G(\boldsymbol{x},\boldsymbol{y},t-\tau)$是下式的输出波解：

$$\left(\frac{1}{c_0^2}\frac{\partial^2}{\partial t^2}-\nabla^2\right)G=\delta(\boldsymbol{x}-\boldsymbol{y})\delta(t-\tau),\quad 当\ t<\tau\ 时\ G=0 \tag{3.1.4}$$

我们在第 2 章中讨论了 Lighthill 理论的 Curle 推广，发现在湍流四极子源 T_{ij} 附近存在固体边界 S 时导致分布在 S 上的附加偶极子源和单极子源的出现，由式(2.3.8)右边的第二项和第三项表示。此方程的 Curle 解(2.3.9)可利用延迟势公式(1.6.6)导出，延迟势公式由自由空间格林函数(3.1.3)得到。当我们试图在图 3.1.1 所示的情形中用格林函数(3.1.3)解(3.1.1)时，得到了关于 φ 的涉及偶极子和单极子表面分布的类似表示，其中源分布 $q(\boldsymbol{x},t)$邻近于刚性边界 S，其上的法向导数$\partial\varphi/\partial x_{\mathrm{n}}=0$。

如果我们能修改 $G(\boldsymbol{x},\boldsymbol{y},t-\tau)$的函数形式，使它自动地考虑 S 上偶极子源和单极子源的贡献，将会非常方便，因为在最终求解时将不产生面积分。为了做到这一点，我们必须找到格林函数方程 (3.1.4)的一个解，它满足 S 上适当的边界条件。然后，式(3.1.1)的解 φ 再次由公式(3.1.2)根据修正的格林函数给出，这里没有额外的面积分需要计算。

对修正格林函数的计算是主要的实际困难。虽然这在原理上总是可能的，但只有形状非常简单的固体（如球体、圆柱体和半平面）才有精确的解析表示。然而，对于已知声源分布 $q(\boldsymbol{x},t)$所产生声音的典型波长比固体 S 的一个或多个主尺度大的问题，我们可以找到一个相对简单而通用的修正格林函数的近似公式，这就是紧致格林函数。

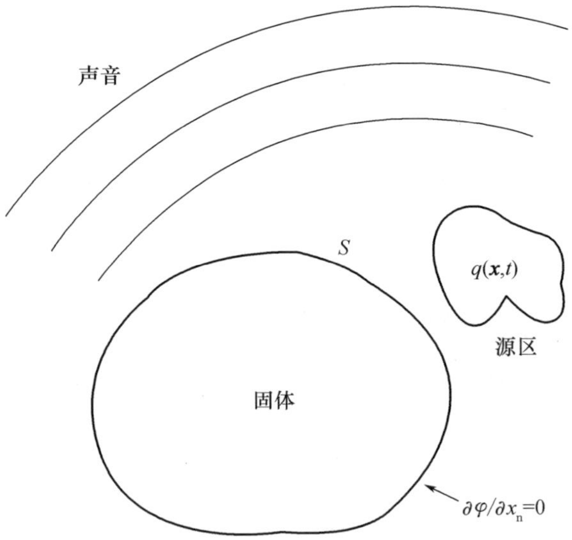

图 3.1.1

为了简化紧致格林函数的计算，我们采用傅里叶积分公式

$$\delta(t-\tau)=\frac{1}{2\pi}\int_{-\infty}^{\infty}\mathrm{e}^{-\mathrm{i}\omega(t-\tau)}\mathrm{d}\omega \tag{3.1.5}$$

它将 δ 函数表示为频率为 ω 的时谐振荡的线性组合。这个公式可通过观察真实系统无法在无限高频率下振荡这一特性得以证明，因此在所有实际问题中，$\mathrm{e}^{-\mathrm{i}\omega(t-\tau)}$ 都可以用 $\mathrm{e}^{-\mathrm{i}\omega(t-\tau)-\epsilon|\omega|}$ 代替，其中 $\epsilon>0$ 是任意小的。那么

$$\frac{1}{2\pi}\int_{-\infty}^{\infty}\mathrm{e}^{-\mathrm{i}\omega(t-\tau)}\mathrm{d}\omega\equiv\lim_{\epsilon\to+0}\frac{1}{2\pi}\int_{-\infty}^{\infty}\mathrm{e}^{-\mathrm{i}\omega(t-\tau)-\epsilon|\omega|}\mathrm{d}\omega=\lim_{\epsilon\to+0}\frac{\epsilon}{\pi[\epsilon^2+(t-\tau)^2]}$$

右边的最后一项是 $\delta(t-\tau)$的一般定义，它可以作为一个“ϵ—序列”的极限（Lighthill，1958）。

如果我们现在令

$$G(\boldsymbol{x},\boldsymbol{y},t-\tau)=\frac{-1}{2\pi}\int_{-\infty}^{\infty}\hat{G}(\boldsymbol{x},\boldsymbol{y},\omega)\mathrm{e}^{-\mathrm{i}\omega(t-\tau)}\mathrm{d}\omega \tag{3.1.6}$$

并将此式和式(3.1.5)代入格林函数式(3.1.4)中，可证明对于每个频率 ω，$\hat{G}(\boldsymbol{x},\boldsymbol{y},\omega)$是

$$(\nabla^2+\kappa_0^2)\hat{G}(\boldsymbol{x},\boldsymbol{y},\omega)=\delta(\boldsymbol{x}-\boldsymbol{y}) \tag{3.1.7}$$

的解，这里 $\kappa_0=\omega/c_0$ 叫作**声波数**。频率为 ω 的声音具有的波长为

$$\lambda=\frac{2\pi}{\kappa_0}$$

因此，对于频率为 ω 的波，若特征尺寸为 ℓ 的实体是紧致的，则只要

$$\frac{\ell}{\lambda}=\frac{\kappa_0\ell}{2\pi}\ll 1 \tag{3.1.8}$$

这个条件将在后面的第 3.4 节中用于计算紧致格林函数。

3.2　亥姆霍兹方程

方程式

$$(\nabla^2+\kappa_0^2)\hat{\varphi}=0,\quad (\nabla^2+\kappa_0^2)\hat{\varphi}=\hat{q}(\boldsymbol{x},\omega) \tag{3.2.1}$$

分别称为亥姆霍兹方程和非齐次亥姆霍兹方程。源项 $\hat{q}(\boldsymbol{x},\omega)$ 表示式(3.1.1)中的源 $q(\boldsymbol{x},t)$ 的一个频率分量，因此

$$q(\boldsymbol{x},t)=\int_{-\infty}^{\infty}\hat{q}(\boldsymbol{x},\omega)\mathrm{e}^{-\mathrm{i}\omega t}\mathrm{d}\omega \tag{3.2.2}$$

因为(在积分号下微分)

$$\begin{aligned}\frac{1}{c_0^2}\frac{\partial^2}{\partial t^2}\int_{-\infty}^{\infty}\hat{\varphi}(\boldsymbol{x},\omega)\mathrm{e}^{-\mathrm{i}\omega t}\mathrm{d}\omega&=\frac{1}{c_0^2}\int_{-\infty}^{\infty}-\omega^2\hat{\varphi}(\boldsymbol{x},\omega)\mathrm{e}^{-\mathrm{i}\omega t}\mathrm{d}\omega\\&\equiv-\int_{-\infty}^{\infty}\kappa_0^2\hat{\varphi}(\boldsymbol{x},\omega)\mathrm{e}^{-\mathrm{i}\omega t}\mathrm{d}\omega\end{aligned}$$

则非齐次方程的解 $\hat{\varphi}(\boldsymbol{x},\omega)$ 与式(3.1.1)的解有如下关系：

$$\varphi(\boldsymbol{x},t)=\int_{-\infty}^{\infty}\hat{\varphi}(\boldsymbol{x},\omega)\mathrm{e}^{-\mathrm{i}\omega t}\mathrm{d}\omega \tag{3.2.3}$$

3.2.1　点源

式(3.1.7)确定了非齐次亥姆霍兹方程的格林函数 $\hat{G}(\boldsymbol{x},\boldsymbol{y},\omega)$。自由空间格林函数可以用第 1.5 节求解波动方程时用到的方法获取。如果暂时设置 $\boldsymbol{y}=0$，我们必须找到下面方程的径向对称解

$$(\nabla^2+\kappa_0^2)\hat{G}=\delta(\boldsymbol{x}) \tag{3.2.4}$$

以通常的方式(见第 1.5 节)，可得

$$\frac{\partial^2}{\partial r^2}(r\hat{G})+\kappa_0^2(r\hat{G})=0,\quad 对于\ r=|\boldsymbol{x}|>0$$

因此

$$\hat{G}=\frac{A\mathrm{e}^{\mathrm{i}\kappa_0 r}}{r}+\frac{B\mathrm{e}^{-\mathrm{i}\kappa_0 r}}{r} \tag{3.2.5}$$

式中,A 和 B 待定。

为此,回想一下,我们的解代表频率为 ω 的时变声学问题的一个分量。由于时间因子为 $e^{-i\omega t}$,式(3.2.5)右边的两项对应于如下形式的声传播波:

$$\frac{A e^{-i\omega(t-r/c_0)}}{r}+\frac{B e^{-i\omega(t+r/c_0)}}{r}$$

式中,第二项代表从无穷远汇聚在源上的波,根据辐射条件必须舍弃。因此,$B=0$。剩余常数 A 的值是通过将解扩展至位于 $r=0$ 处的源所占区域来获取,其中

$$\hat{G}=\lim_{\epsilon\to 0}\frac{A e^{i\kappa_0 r}}{(r^2+\epsilon^2)^{1/2}}$$

将此解代入式(3.2.4)并使用式(1.4.8),我们得到 $A=-1/4\pi$。

非齐次亥姆霍兹方程的自由空间格林函数(式(3.1.7)的解)现在通过将 $r=|\boldsymbol{x}|$ 替换为 $|\boldsymbol{x}-\boldsymbol{y}|$ 而得到,即

$$\hat{G}(\boldsymbol{x},\boldsymbol{y},\omega)=\frac{-e^{i\kappa_0|\boldsymbol{x}-\boldsymbol{y}|}}{4\pi|\boldsymbol{x}-\boldsymbol{y}|} \tag{3.2.6}$$

因为方程式(3.2.1)中第二个方程中的源 $\hat{q}(\boldsymbol{x},\omega)$ 可以通过以下方法表示为点源的叠加,即

$$\hat{q}(\boldsymbol{x},\omega)=\int_{-\infty}^{\infty}\hat{q}(\boldsymbol{y},\omega)\delta(\boldsymbol{x}-\boldsymbol{y})d^3\boldsymbol{y}$$

所以非齐次亥姆霍兹方程在无界介质中的解可以写为

$$\varphi(\boldsymbol{x},\omega)=\int_{-\infty}^{\infty}\hat{G}(\boldsymbol{x},\boldsymbol{y},\omega)\hat{q}(\boldsymbol{y},\omega)d^3\boldsymbol{y}\equiv\frac{-1}{4\pi}\int_{-\infty}^{\infty}\frac{\hat{q}(\boldsymbol{y},\omega)e^{i\kappa_0|\boldsymbol{x}-\boldsymbol{y}|}}{|\boldsymbol{x}-\boldsymbol{y}|}d^3\boldsymbol{y} \tag{3.2.7}$$

3.2.2　偶极子和四极子源

利用第 1.7 节所述的分部积分法可以证明偶极子源和四极子源

$$\hat{q}(\boldsymbol{x},\omega)=\frac{\partial f_j}{\partial x_j}(\boldsymbol{x},\omega)\text{ 和 }\hat{q}(\boldsymbol{x},\omega)=\frac{\partial^2 T_{ij}}{\partial x_i\partial x_j}(\boldsymbol{x},\omega) \tag{3.2.8}$$

的相应解分别是

$$\hat{\varphi}(\boldsymbol{x},\omega)=\frac{-1}{4\pi}\frac{\partial}{\partial x_j}\int_{-\infty}^{\infty}\frac{f_j(\boldsymbol{y},\omega)e^{i\kappa_0|\boldsymbol{x}-\boldsymbol{y}|}}{|\boldsymbol{x}-\boldsymbol{y}|}d^3\boldsymbol{y}$$

和

$$\hat{\varphi}(\boldsymbol{x},\omega)=\frac{-1}{4\pi}\frac{\partial^2}{\partial x_i\partial x_j}\int_{-\infty}^{\infty}\frac{T_{ij}(\boldsymbol{y},\omega)e^{i\kappa_0|\boldsymbol{x}-\boldsymbol{y}|}}{|\boldsymbol{x}-\boldsymbol{y}|}d^3\boldsymbol{y} \tag{3.2.9}$$

例子　位于原点且指向 x_1 方向的点偶极子为

$$\hat{q}(\boldsymbol{x},\omega)=\frac{\partial}{\partial x_1}(f_1\delta(\boldsymbol{x}))$$

因此

$$\hat{\varphi}(\boldsymbol{x},\omega)=\frac{-1}{4\pi}\frac{\partial}{\partial x_1}\int_{-\infty}^{\infty}\frac{f_1\delta(\boldsymbol{y})\mathrm{e}^{\mathrm{i}\kappa_0|\boldsymbol{x}-\boldsymbol{y}|}}{|\boldsymbol{x}-\boldsymbol{y}|}\mathrm{d}^3\boldsymbol{y}\approx\frac{-\mathrm{i}\kappa_0 x_1 f_1\mathrm{e}^{\mathrm{i}\kappa_0|\boldsymbol{x}|}}{4\pi|\boldsymbol{x}|^2},\quad |\boldsymbol{x}|\to\infty \tag{3.2.10}$$

3.2.3　波动方程的格林函数

让我们验证在无固体边界的特殊情况下波动方程和非齐次亥姆霍兹方程格林函数 $G(\boldsymbol{x},\boldsymbol{y},t-\tau)$ 和 $\hat{G}(\boldsymbol{x},\boldsymbol{y},\omega)$ 之间的一般关系式(3.1.6)。根据这个公式，利用自由空间格林函数 $\hat{G}$ 的表达式(3.2.6)，可得

$$\begin{aligned}G(\boldsymbol{x},\boldsymbol{y},t-\tau)&=\frac{-1}{2\pi}\int_{-\infty}^{\infty}\hat{G}(\boldsymbol{x},\boldsymbol{y},\omega)\mathrm{e}^{-\mathrm{i}\omega(t-\tau)}\mathrm{d}\omega\\&=\frac{1}{8\pi^2|\boldsymbol{x}-\boldsymbol{y}|}\int_{-\infty}^{\infty}\mathrm{e}^{-\mathrm{i}\omega(t-\tau-|\boldsymbol{x}-\boldsymbol{y}|/c_0)}\mathrm{d}\omega\\&=\frac{1}{4\pi|\boldsymbol{x}-\boldsymbol{y}|}\delta(t-\tau-|\boldsymbol{x}-\boldsymbol{y}|/c_0)\end{aligned}$$

也正是式(3.1.3)。

3.3　互易定理

互易原理的应用大大简化了紧致格林函数的计算。我们只需要考虑这个非常普遍的力学定理的一个特例，Lord Rayleigh(1945)首先将该定理用于声学，并起到很大的作用。

考虑图 3.3.1 所示的两个声学问题，其中频率为 ω 的声音是由两个位于 $\boldsymbol{x}=\boldsymbol{x}_A$、$\boldsymbol{x}=\boldsymbol{x}_B$ 处的单位点源在有固体 S 存在时产生的。我们用 $\hat{G}(\boldsymbol{x},\boldsymbol{x}_A,\omega)$ 和 $\hat{G}(\boldsymbol{x},\boldsymbol{x}_B,\omega)$ 表示这些源产生的相应速度势的函数形式，其中

$$(\nabla^2+\kappa_0^2)\hat{G}(\boldsymbol{x},\boldsymbol{x}_A,\omega)=\delta(\boldsymbol{x}-\boldsymbol{x}_A) \tag{3.3.1}$$

$$(\nabla^2+\kappa_0^2)\hat{G}(\boldsymbol{x},\boldsymbol{x}_B,\omega)=\delta(\boldsymbol{x}-\boldsymbol{x}_B) \tag{3.3.2}$$

另外，$\hat{G}(\boldsymbol{x},\boldsymbol{x}_A,\omega)$ 和 $\hat{G}(\boldsymbol{x},\boldsymbol{x}_B,\omega)$ 在 S 上必须满足适当的力学边界条件，我们认为这些边界条件具有相同的一般线性形式，即

$$\frac{\partial\hat{G}}{\partial x_{\mathrm{n}}}(\boldsymbol{x},\boldsymbol{x}_A,\omega)=\frac{\hat{G}(\boldsymbol{x},\boldsymbol{x}_A,\omega)}{\mathcal{Z}(\boldsymbol{x},\omega)},\quad\frac{\partial\hat{G}}{\partial x_{\mathrm{n}}}(\boldsymbol{x},\boldsymbol{x}_B,\omega)=\frac{\hat{G}(\boldsymbol{x},\boldsymbol{x}_B,\omega)}{\mathcal{Z}(\boldsymbol{x},\omega)},\quad \text{对于 } S \text{ 上的 } \boldsymbol{x} \tag{3.3.3}$$

式中，x_{n} 是沿 S 指向流体的法线方向测量的，$\mathcal{Z}(\boldsymbol{x},\omega)$ 是表面阻抗。对于刚性表面 $\mathcal{Z}(\boldsymbol{x},\omega)=\infty$。

在距离 S 很远的情况下，在声学远场中，这两个解都假定表现为输出波的特征，这

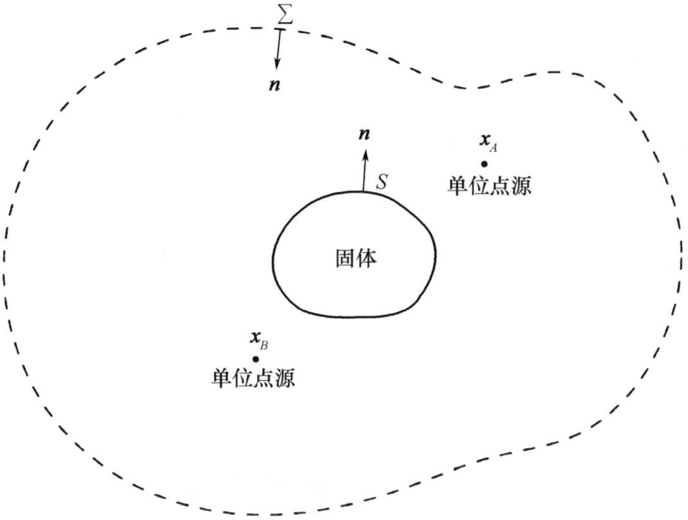

图 3.3.1

样(有隐含的时间依赖 $e^{-i\omega t}$)：

$$\hat{G}(\boldsymbol{x},x_A,\omega)\sim\frac{f_A(\theta,\phi)e^{i\kappa r}}{r},\quad \hat{G}(\boldsymbol{x},\boldsymbol{x}_B,\omega)\sim\frac{f_B(\theta,\phi)e^{i\kappa_0 r}}{r},\quad r\equiv|\boldsymbol{x}|\to\infty \tag{3.3.4}$$

这里可以假定坐标原点在 S 附近。来自两个源的远场辐射的角度依赖关系由因子 $f_A(\theta,\phi)$ 和 $f_B(\theta,\phi)$ 决定，这些因子是远场点 $\boldsymbol{x}$ 方位极角 θ、ϕ 的函数，并且通常强烈地依赖于源的体积流与表面 S 间相互作用的流动细节。

互易定理指出：

$$\hat{G}(\boldsymbol{x}_A,\boldsymbol{x}_B,\omega)=\hat{G}(\boldsymbol{x}_B,\boldsymbol{x}_A,\omega) \tag{3.3.5}$$

也就是说，$\boldsymbol{x}_B$ 处点源在 $\boldsymbol{x}_A$ 处产生的势等于 $\boldsymbol{x}_A$ 处同样的点源在 $\boldsymbol{x}_B$ 处产生的势。

证明　将式(3.3.1)乘以 $\hat{G}(\boldsymbol{x},\boldsymbol{x}_B,\omega)$，式(3.3.2)乘以 $\hat{G}(\boldsymbol{x},\boldsymbol{x}_A,\omega)$，两式相减，并在声远场中以曲面 S 和一个大曲面 Σ 为界的体积上积分。格林等式

$$\begin{aligned}&\hat{G}(\boldsymbol{x},\boldsymbol{x}_B,\omega)\nabla^2\hat{G}(\boldsymbol{x},\boldsymbol{x}_A,\omega)-\hat{G}(\boldsymbol{x},\boldsymbol{x}_A,\omega)\nabla^2\hat{G}(\boldsymbol{x},\boldsymbol{x}_B,\omega)\\&=\operatorname{div}\left(\hat{G}(\boldsymbol{x},\boldsymbol{x}_B,\omega)\nabla\hat{G}(\boldsymbol{x},\boldsymbol{x}_A,\omega)-\hat{G}(\boldsymbol{x},\boldsymbol{x}_A,\omega)\nabla\hat{G}(\boldsymbol{x},\boldsymbol{x}_B,\omega)\right)\end{aligned}$$

和散度定理可将从左边得到的项的体积分转化为 S 与 Σ 上的面积分，而涉及 δ 函数的积分则可以显式求出。此步骤给出：

$$\begin{aligned}&\oint_{S+\Sigma}\left(\hat{G}(\boldsymbol{x},\boldsymbol{x}_A,\omega)\frac{\partial\hat{G}}{\partial x_n}(\boldsymbol{x},\boldsymbol{x}_B,\omega)-\hat{G}(\boldsymbol{x},\boldsymbol{x}_B,\omega)\frac{\partial\hat{G}}{\partial x_n}(\boldsymbol{x},\boldsymbol{x}_A,\omega)\right)dS\\&=\hat{G}(\boldsymbol{x}_B,\boldsymbol{x}_A,\omega)-\hat{G}(\boldsymbol{x}_A,\boldsymbol{x}_B,\omega)\end{aligned}$$

由于阻抗条件(3.3.3)的存在,表面 S 上的积分消失了。由于条件(3.3.4),并且由于 $r\to\infty$ 时 $\partial\theta/\partial x_n$ 与 $\partial\phi/\partial x_n$ 都是 $1/r$ 量阶的,所以表面 Σ 的积分趋于零,因此

$$\frac{\partial\hat{G}}{\partial x_n}(\boldsymbol{x},\boldsymbol{x}_A,\omega)\sim f_A(\theta,\phi)\frac{\mathrm{i}\kappa_0\mathrm{e}^{\mathrm{i}\kappa_0 r}}{r}\frac{\partial r}{\partial x_n}$$

$$\frac{\partial\hat{G}}{\partial x_n}(\boldsymbol{x},\boldsymbol{x}_B,\omega)\sim f_B(\theta,\phi)\frac{\mathrm{i}\kappa_0\mathrm{e}^{\mathrm{i}\kappa_0 r}}{r}\frac{\partial r}{\partial x_n},\quad r\to\infty$$

这就证明了上述定理。

结果通常表示为简单的互易关系,即

$$\hat{G}(\boldsymbol{x},\boldsymbol{y},\omega)=\hat{G}(\boldsymbol{y},\boldsymbol{x},\omega)\tag{3.3.6}$$

3.4 时谐紧致格林函数

我们现在已经为图 3.4.1 所描述的问题导出紧致格林函数 $\hat{G}(\boldsymbol{x},\boldsymbol{y},\omega)$ 做好了准备。我们必须求解

$$(\nabla^2+\kappa_0^2)\hat{G}(\boldsymbol{x},\boldsymbol{y},\omega)=\delta(\boldsymbol{x}-\boldsymbol{y}),\quad 在 S 上\frac{\partial\hat{G}}{\partial x_n}=0\tag{3.4.1}$$

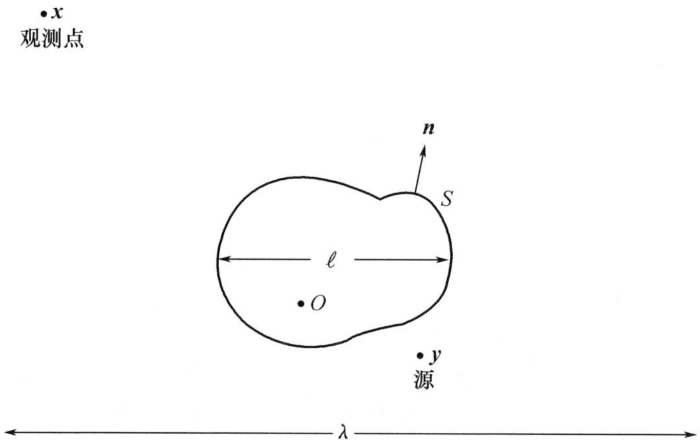

图 3.4.1

这里假定刚体 S 是声学紧致的。固体对其邻近声源产生声音的影响等效为附加的单极子和偶极子在 S 上的分布。紧致格林函数包括了这些单极子和偶极子分布的净效应的一阶近似,从而避免了计算表面积分的需要。

在实践中,我们主要感兴趣的是计算物体远场的声音。设 ℓ 表示物体的特征直径,取坐标原点 O 在 S 内。假设源点 $\boldsymbol{y}$ 靠近 S (这样 $|\boldsymbol{y}|\sim\ell$),而 $\boldsymbol{x}$ 处的观测者位于声学远场中。紧致条件(3.1.8)因此表明

$$\kappa_0 \ell \ll 1 \quad 和 \quad \kappa_0 |\boldsymbol{y}| \ll 1$$

在这些情况下，可以很容易地从互易问题的解中找到 $\hat{G}(\boldsymbol{x},\boldsymbol{y},\omega)$ 的紧致近似：

$$\left(\frac{\partial^2}{\partial y_1^2}+\frac{\partial^2}{\partial y_2^2}+\frac{\partial^2}{\partial y_3^2}+\kappa_0^2\right)\hat{G}(\boldsymbol{x},\boldsymbol{y},\omega)=\delta(\boldsymbol{y}-\boldsymbol{x}), \quad 在 S 上 \frac{\partial \hat{G}}{\partial y_n}=0 \tag{3.4.2}$$

其中，源在远场点 $\boldsymbol{x}$ 处，$\hat{G}(\boldsymbol{y},\boldsymbol{x},\omega)$ 被确定为接近 S 的 $\boldsymbol{y}$ 的函数。式(3.4.1)的解由互易定理（见第 3.3 节）$\hat{G}(\boldsymbol{x},\boldsymbol{y},\omega)=\hat{G}(\boldsymbol{y},\boldsymbol{x},\omega)$ 给出（由 $\boldsymbol{y}$ 处点源产生的远场点 $\boldsymbol{x}$ 处的势 $\hat{G}(\boldsymbol{x},\boldsymbol{y},\omega)$ 正好等于远场点 $\boldsymbol{x}$ 处的相等点源在近场点 $\boldsymbol{y}$ 处产生的势 $\hat{G}(\boldsymbol{y},\boldsymbol{x},\omega)$）。

为了求解式(3.4.2)，令

$$\begin{aligned}\hat{G}(\boldsymbol{y},\boldsymbol{x},\omega)&=\hat{G}_0(\boldsymbol{y},\boldsymbol{x},\omega)+\hat{G}'(\boldsymbol{y},\boldsymbol{x},\omega)\\&\equiv\frac{-\mathrm{e}^{\mathrm{i}\kappa_0|\boldsymbol{x}-\boldsymbol{y}|}}{4\pi|\boldsymbol{x}-\boldsymbol{y}|}+\hat{G}'(\boldsymbol{y},\boldsymbol{x},\omega)\end{aligned}$$

式中，$\hat{G}_0(\boldsymbol{y},\boldsymbol{x},\omega)$ 是当忽略固体的存在时，位于 $\boldsymbol{x}$ 处的点源产生的球面扩展波；$\hat{G}'(\boldsymbol{y},\boldsymbol{x},\omega)$ 是当这个波碰到固体表面 S 时，流体内产生的运动速度势。

当 $|\boldsymbol{x}|\to\infty$ 时，近似值为

$$|\boldsymbol{x}-\boldsymbol{y}|\approx|\boldsymbol{x}|-\frac{\boldsymbol{x}\cdot\boldsymbol{y}}{|\boldsymbol{x}|}\equiv|\boldsymbol{x}|-\frac{x_j y_j}{|\boldsymbol{x}|} \quad 和 \quad \frac{1}{|\boldsymbol{x}-\boldsymbol{y}|}\approx\frac{1}{|\boldsymbol{x}|}+\frac{\boldsymbol{x}\cdot\boldsymbol{y}}{|\boldsymbol{x}|^3}\approx\frac{1}{|\boldsymbol{x}|}$$

条件 $\kappa_0 y_j \sim \kappa_0 \ell \ll 1$ 意味着

$$\begin{aligned}\hat{G}_0(\boldsymbol{y},\boldsymbol{x},\omega)&\equiv\frac{-\mathrm{e}^{\mathrm{i}\kappa_0|\boldsymbol{x}-\boldsymbol{y}|}}{4\pi|\boldsymbol{x}-\boldsymbol{y}|}\approx\frac{-\mathrm{e}^{\mathrm{i}\kappa_0|\boldsymbol{x}|}}{4\pi|\boldsymbol{x}|}\times\mathrm{e}^{-\frac{\mathrm{i}\kappa_0 x_j y_j}{|\boldsymbol{x}|}}\\&\approx\frac{-\mathrm{e}^{\mathrm{i}\kappa_0|\boldsymbol{x}|}}{4\pi|\boldsymbol{x}|}\left(1-\frac{\mathrm{i}\kappa_0 x_j y_j}{|\boldsymbol{x}|}+O(\kappa_0\ell)^2\right)\end{aligned} \tag{3.4.3}$$

该公式第二行中对 y_j 的线性依赖关系表示了快速衰减项幂级数展开式中的（量阶 $\kappa_0\ell$）一阶近似，其中快速衰减项描述了入射球面波在物体附近的变化。因此，作为一个 $\boldsymbol{y}$ 的函数，各项在下式中明确出现：

$$\hat{G}_0(\boldsymbol{y},\boldsymbol{x},\omega)=\frac{-\mathrm{e}^{\mathrm{i}\kappa_0|\boldsymbol{x}|}}{4\pi|\boldsymbol{x}|}+\frac{\mathrm{e}^{\mathrm{i}\kappa_0|\boldsymbol{x}|}}{4\pi|\boldsymbol{x}|}\frac{\mathrm{i}\kappa_0 x_j y_j}{|\boldsymbol{x}|}+\cdots\equiv 常数\ t+U_j y_j+\cdots$$

式中

$$U_j=\frac{\mathrm{e}^{\mathrm{i}\kappa_0|\boldsymbol{x}|}}{4\pi|\boldsymbol{x}|}\frac{\mathrm{i}\kappa_0 x_j}{|\boldsymbol{x}|} \tag{3.4.4}$$

可以看作是均匀流以速度 U_j 撞击到固体上产生的速度势。

在距 S 的距离 $|\boldsymbol{y}|\gg\ell$ 处，物体产生的这种流动变形一定很小。用速度势来表示，即

$$\hat{G}'(\boldsymbol{y},\boldsymbol{x},\omega)=-U_j\varphi_j^*(\boldsymbol{y})+O(\kappa_0\ell)^2, \quad 当 |\boldsymbol{y}|\gg\ell 时\ \varphi_j^*(\boldsymbol{y})\to 0$$

函数 $\varphi_j^*(\boldsymbol{y})$有长度的量纲且数量级为$\sim\ell$(Batchelor,1967)。那么

$$\hat{G}(\boldsymbol{y},\boldsymbol{x},\omega)=\hat{G}_0(\boldsymbol{y},\boldsymbol{x},\omega)+\hat{G}'(\boldsymbol{y},\boldsymbol{x},\omega)=\frac{-\mathrm{e}^{\mathrm{i}\kappa_0|\boldsymbol{x}|}}{4\pi|\boldsymbol{x}|}+U_j(y_j-\varphi_j^*(\boldsymbol{y}))+\cdots \tag{3.4.5}$$

式中,所示的项明确表示流经物体的势流。

靠近物体处 $\hat{G}(\boldsymbol{y},\boldsymbol{x},\omega)$满足式(3.4.2),且右侧用零代替(因为源在远场)。因此

$$U_j\nabla^2(y_j-\varphi_j^*(\boldsymbol{y}))+O(\kappa_0\ell)^2=0$$

但是$U_j(y_j-\varphi_j^*(\boldsymbol{y})=O(\kappa_0\ell)$,因此,精确到量阶为$O(\kappa_0\ell)^2$小项忽略的程度,即

$$\nabla^2(y_j-\varphi_j^*(\boldsymbol{y}))=0,\quad 即\nabla^2\varphi_j^*(\boldsymbol{y})=0$$

其中,刚性表面条件要求

$$\frac{\partial}{\partial y_{\mathrm{n}}}(y_j-\varphi_j^*(\boldsymbol{y}))=0,\quad 在 S 上 \tag{3.4.6}$$

根据式(3.4.4)~式(3.4.6)可总结出结论:当 $\boldsymbol{x}$ 处于声远场时,且 $\boldsymbol{y}$ 靠近物体时有

$$\hat{G}(\boldsymbol{x},\boldsymbol{y},\omega)=\frac{-\mathrm{e}^{\mathrm{i}\kappa_0|\boldsymbol{x}|}}{4\pi|\boldsymbol{x}|}\left\{1-\frac{\mathrm{i}\kappa_0x_j}{|\boldsymbol{x}|}(y_j-\varphi_j^*(\boldsymbol{y}))+O(\kappa_0\ell)^2\right\},\quad \boldsymbol{y}\sim O(\ell),\quad |\boldsymbol{x}|\to\infty \tag{3.4.7}$$

式中,大括号中的第一项表示球面波 $\hat{G}_0(\boldsymbol{x},\boldsymbol{y},\omega)$的贡献在 $\boldsymbol{y}=\boldsymbol{0}$ 处取值。下一项量阶是$O(\kappa_0\ell)$,包括一个来自入射波的分量$-\mathrm{i}\kappa_0x_jy_j\,|\boldsymbol{x}|$加上一个由 S 产生的修正量$-\mathrm{i}\kappa_0x_j\varphi_j^*(\boldsymbol{y})/|\boldsymbol{x}|$。

向量场

$$\boldsymbol{Y}(\boldsymbol{y})\equiv\boldsymbol{y}-\boldsymbol{\varphi}^*(\boldsymbol{y}) \tag{3.4.8}$$

称为物体的 **Kirchhoff 向量**,其第 j 个分量为

$$Y_j(\boldsymbol{y})\equiv y_j-\varphi_j^*(\boldsymbol{y})$$

它满足拉普拉斯方程$\nabla^2Y_j=0$(在 S 上$\partial Y_j/\partial y_{\mathrm{n}}=0$),可以解释为在距离 S 很远处,在 j 方向为单位速度的不可压缩流体经过S 时的速度势。函数 $\varphi_j^*(\boldsymbol{y})$随 $\boldsymbol{y}$ 至S 的距离变化而衰减,并满足

$$\frac{\partial\varphi_j^*}{\partial y_{\mathrm{n}}}(\boldsymbol{y})=n_j,\quad 在 S 上 \tag{3.4.9}$$

因为$\partial y_j/\partial y_{\mathrm{n}}\equiv n_i\partial y_j/\partial y_i=n_i\delta_{ij}=n_j$,所以 $\varphi_j^*(\boldsymbol{y})$只是一个运动的瞬时速度势,可以由刚体 S 在 j 方向上以单位速度做平移运动产生。

定义

$$\hat{G}(\boldsymbol{x},\boldsymbol{y},\omega)=\frac{-\mathrm{e}^{\mathrm{i}\kappa_0|\boldsymbol{x}|}}{4\pi|\boldsymbol{x}|}\left(1-\frac{\mathrm{i}\kappa_0x_j}{|\boldsymbol{x}|}(y_j-\varphi_j^*(\boldsymbol{y}))\right),\quad \boldsymbol{y}\sim O(\ell),\quad |\boldsymbol{x}|\to\infty \tag{3.4.10}$$

称为**紧致格林函数**,适用于源点 $\boldsymbol{y}$ 在物体附近和观察者位置 $\boldsymbol{x}$ 在声学远场中的情况。

在第 3.7 节中，我们将介绍一个更为优雅的紧致格林函数表示方法，从而极大拓展其效用。

3.5　刚性球的紧致格林函数

设球体半径为 a，取球体中心为坐标原点 O，如图 3.5.1 所示。我们必须确定 Kirchhoff 向量，其第 j 个分量

$$Y_j(\mathbf{y}) \equiv y_j - \varphi_j^*(\mathbf{y}), \quad j=1,2,3$$

等价于离球体很远处在 j 方向为单位速度的不可压缩流体流经球体时的速度势。

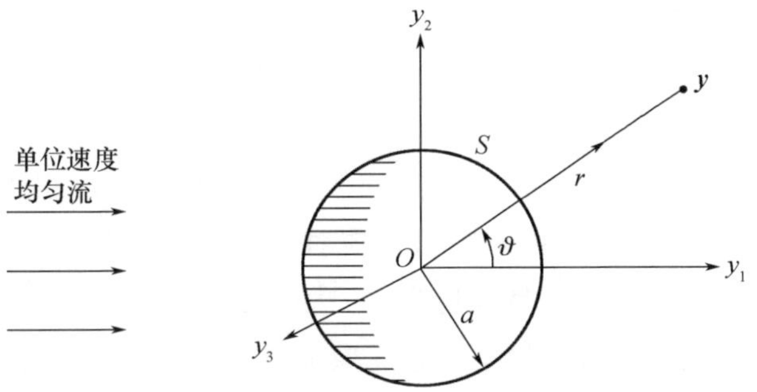

图 3.5.1

考虑图 3.5.1 中所示的 $j=1$ 的情形。流动显然是关于 y_1 轴对称的。取球坐标 (r,ϑ,φ)，其中 ϑ 是从 y_1 轴正方向量起的。这样，$y_1=r\cos\vartheta$ 且在球面上要满足的条件(3.4.9)为

$$\frac{\partial \varphi_1^*}{\partial r}=\cos\vartheta, \quad 在\ r=a\ 上 \tag{3.5.1}$$

问题的轴对称性表明，我们要寻找如下形式的拉普拉斯方程的解：

$$\varphi_1^* = \Psi(r)\cos\vartheta$$

它要满足拉普拉斯方程的轴对称形式

$$\left(\frac{1}{r^2}\frac{\partial}{\partial r}\left(r^2\frac{\partial}{\partial r}\right)+\frac{1}{r^2\sin\vartheta}\frac{\partial}{\partial\vartheta}\left(\sin\vartheta\frac{\partial}{\partial\vartheta}\right)\right)\Psi(r)\cos\vartheta=0$$

这样只要

$$r^2\frac{\mathrm{d}^2\Psi}{\mathrm{d}r^2}+2r\frac{\mathrm{d}\Psi}{\mathrm{d}r}-2\Psi=0$$

这个方程的解与 r^n 成正比，其中 n 是下述二次方程的根：

$$n^2+n-2=0, \quad 即\ n=-2,1$$

因此

$$Y_1 \equiv y_1 - \varphi_1^* = r\cos\vartheta - \left(Ar + \frac{B}{r^2}\right)\cos\vartheta$$

式中,A 和 B 是常数。当 $r \to \infty$ 时 $\varphi_1^* \to 0$ 的条件意味着 $A=0$,据条件(3.5.1)可得 $B=-a^3/2$。因此

$$Y_1 = r\cos\vartheta + \frac{a^3}{2r^2}\cos\vartheta \equiv y_1\left(1+\frac{a^3}{2r^3}\right)$$

由于球体的对称性,很明显有

$$Y_2 = y_2\left(1+\frac{a^3}{2r^3}\right),\quad Y_3 = y_3\left(1+\frac{a^3}{2r^3}\right),\quad r = |\boldsymbol{y}|$$

因此,球的紧致格林函数(3.4.10)为

$$\hat{G}(\boldsymbol{x},\boldsymbol{y},\omega) = \frac{-\mathrm{e}^{\mathrm{i}\kappa_0|\boldsymbol{x}|}}{4\pi|\boldsymbol{x}|}\left\{1 - \frac{\mathrm{i}\kappa_0 x_j y_j}{|\boldsymbol{x}|}\left(1+\frac{a^3}{2|\boldsymbol{y}|^3}\right)\right\},\quad \boldsymbol{y}\sim O(a),\ |\boldsymbol{x}|\to\infty \tag{3.5.2}$$

这代表了在球面附近的点源 $\boldsymbol{y}$ 产生的远场声学势。因为 $\kappa_0|\boldsymbol{y}|$ 很小,所以大括号中的第二项与 1 相比总是很小。这似乎表明,球体对声音的产生终究影响较小。对于单极子声源来说,这当然是正确的,但是在应用中,大多数我们感兴趣的声源是偶极子或四极子,在这些情况下,我们将看到较小的第二项决定了远场声的主阶近似。

3.5.1 紧致球附近偶极子的辐射

让我们应用紧致格林函数(3.5.2)来确定由靠近球(半径 $a \ll \lambda$)的偶极子源产生的远场声。当原点位于球心时,我们考虑下式的输出波解:

$$(\nabla^2 + \kappa_0^2)\hat{\varphi} = f_1\frac{\partial}{\partial x_1}\{\delta(x_1 - L)\delta(x_2)\delta(x_3)\},\quad 在\ |\boldsymbol{x}| = a\ 处\ \frac{\partial\hat{\varphi}}{\partial x_n} = 0$$

偶极子方向沿 x_1 方向并位于 x_1 轴上$(L,0,0)$处,如图 3.5.2 所示。解由下式给出:

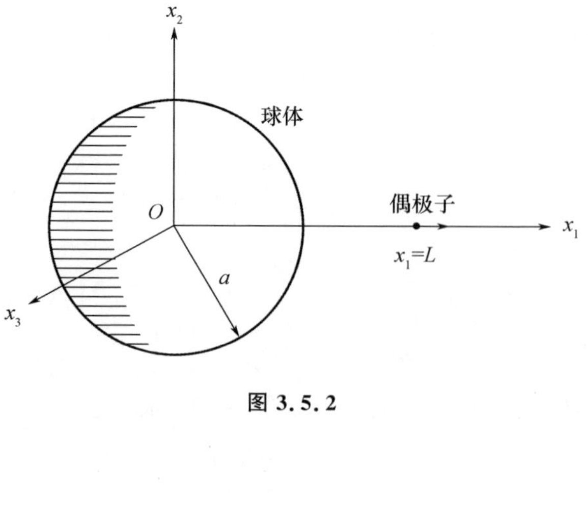

图 3.5.2

$$\hat{\varphi}(\boldsymbol{x},\omega)=\int f_1\frac{\partial}{\partial y_1}\{\delta(y_1-L)\delta(y_2)\delta(y_3)\}\hat{G}(\boldsymbol{x},\boldsymbol{y},\omega)\mathrm{d}^3\boldsymbol{y}$$

其中,积分是在流体中,并且球面上$\partial\hat{G}/\partial x_n=0$。源项除了在$(L,0,0)$外处处为零。为了计算积分,我们将其写成如下形式:

$$\hat{\varphi}(\boldsymbol{x},\omega)=f_1\int\frac{\partial}{\partial y_1}\{\hat{G}(\boldsymbol{x},\boldsymbol{y},\omega)\delta(y_1-L)\delta(y_2)\delta(y_3)\}\mathrm{d}^3\boldsymbol{y}-$$

$$f_1\int\delta(y_1-L)\delta(y_2)\delta(y_3)\frac{\partial\hat{G}}{\partial y_1}(\boldsymbol{x},\boldsymbol{y},\omega)\mathrm{d}^3\boldsymbol{y}$$

因为在积分区域的边界上$\delta(y_1-L)=0$,所以第一个积分为零,从而有

$$\hat{\varphi}(\boldsymbol{x},\omega)=-f_1\left(\frac{\partial\hat{G}}{\partial y_1}(\boldsymbol{x},\boldsymbol{y},\omega)\right)_{\boldsymbol{y}=(L,0,0)}\tag{3.5.3}$$

到目前为止,计算是准确的。为了确定远场解,假定球在声学上是紧致的,我们可使用$\hat{G}(\boldsymbol{x},\boldsymbol{y},\omega)$的紧致近似式(3.5.2)。我们可看到,关于$y_1$的微分将只作用于式(3.5.2)大括号中较小的第二项,于是可给出

$$\begin{aligned}\hat{\varphi}(\boldsymbol{x},\omega)&=\frac{-\mathrm{i}\kappa_0 f_1 x_j\mathrm{e}^{\mathrm{i}\kappa_0|\boldsymbol{x}|}}{4\pi|\boldsymbol{x}|^2}\left\{\frac{\partial}{\partial y_1}\left[y_j\left(1+\frac{a^3}{2|\boldsymbol{y}|^3}\right)\right]\right\}_{y=(L,0,0)}\\&=\frac{-\mathrm{i}\kappa_0 f_1 x_1\mathrm{e}^{\mathrm{i}\kappa_0|\boldsymbol{x}|}}{4\pi|\boldsymbol{x}|^2}\left(1-\frac{a^3}{L^3}\right)\\&=\frac{-\mathrm{i}\kappa_0 f_1\cos\theta\,\mathrm{e}^{\mathrm{i}\kappa_0|\boldsymbol{x}|}}{4\pi|\boldsymbol{x}|}\left(1-\frac{a^3}{L^3}\right),\quad|\boldsymbol{x}|\to\infty,\quad\kappa_0 a\ll 1\end{aligned}$$

式中,θ为x_1轴和$\boldsymbol{x}$方向之间的夹角(如此则有$x_1=|\boldsymbol{x}|\cos\theta$)。

通过在这个公式中设置$a=0$,我们重新获得了一个偶极子源在没有球体的情况下的远场解(3.2.10)。相对于自由场中偶极子产生的声音,球体的存在相应地降低了声音的振幅。当$L\to a$时,振幅为零,这是因为在此极限下,球面在偶极子附近等效于平面,并且在球体中形成一个幅值相等方向相反的镜像偶极子。因此,总辐射相当于四极子源产生的辐射。为了计算这种情况下的声音,必须使用$\hat{G}(\boldsymbol{x},\boldsymbol{y},\omega)$更精确的近似。这个结论只适用于相对于球面径向定位的偶极子(见习题 3 中的问题 1),但对于任意紧致刚性表面,当一个沿局部表面法线方向定位的偶极子接近该表面时,它也是正确的。

3.5.2　振动球体发出的声音

让一个固定物体的表面 S 以法向速度$v_n(\boldsymbol{x},\omega)$进行小振幅振动(图 3.5.3)。它引起的流体运动与 S 上每单位面积强度为$v_n(\boldsymbol{x},\omega)$的单极子分布所产生的运动是相同的。其中,假定 S 是静止不动的(刚性的)。在非齐次亥姆霍兹方程式(3.2.1)中对应的源强$\hat{q}(\boldsymbol{x},\omega)$为

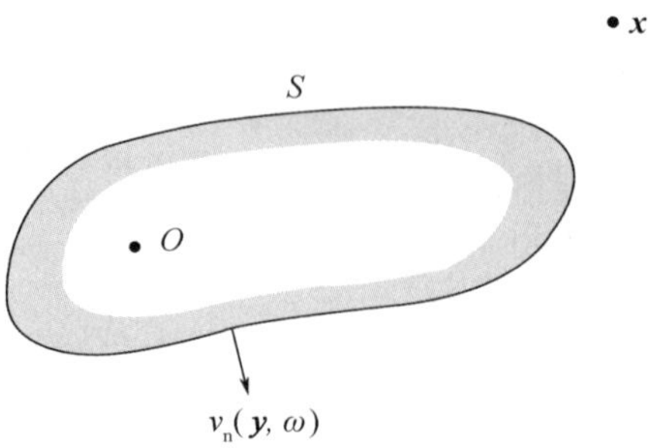

图 3.5.3

$$\hat{q}(\boldsymbol{x},\omega)=v_n(\boldsymbol{x},\omega)\delta(s_\perp-\epsilon),\quad \epsilon\to+0$$

式中，$s_\perp$ 是从 S 指向流体的法线方向上测量的距离，$\varepsilon>0$ 表示将源刚好放置在流体中邻近 S 的地方。因此速度势 $\hat{\varphi}(\boldsymbol{x},\omega)$ 是

$$\begin{aligned}\hat{\varphi}(\boldsymbol{x},\omega)&=\int_{\text{流体}} v_n(\boldsymbol{y},\omega)\delta(s_\perp-\epsilon)\hat{G}(\boldsymbol{x},\boldsymbol{y},\omega)\mathrm{d}^3\boldsymbol{y},\quad \epsilon\to+0\\&=\oint_S v_n(\boldsymbol{y},\omega)\hat{G}(\boldsymbol{x},\boldsymbol{y},\omega)\mathrm{d}S(\boldsymbol{y}),\quad \text{在 } S \text{ 上}\frac{\partial\hat{G}}{\partial x_n}(\boldsymbol{x},\boldsymbol{y},\omega)=0\end{aligned}\tag{3.5.4}$$

考虑图 3.5.1 所示球体产生的声音，其中球体以小振幅围绕其未受扰动位置（中心位于原点）沿 x_1 轴方向做速度为 $\hat{U}(\omega)\mathrm{e}^{-\mathrm{i}\omega t}$ 的振动。那么

$$v_n(\boldsymbol{y},\omega)=\hat{U}(\omega)\cos\vartheta$$

如果振动频率足够低，球体将是紧致的，当 $\boldsymbol{x}$ 处的观察者处于声学远场时，可以使用 $\hat{G}(\boldsymbol{x},\boldsymbol{y},\omega)$ 的紧致近似式(3.5.2)计算式(3.5.4)中的积分：

$$\hat{\varphi}(\boldsymbol{x},\omega)\approx\frac{-\mathrm{e}^{\mathrm{i}\kappa_0|\boldsymbol{x}|}}{4\pi|\boldsymbol{x}|}\left[\oint_S v_n(\boldsymbol{y},\omega)\mathrm{d}S(\boldsymbol{y})-\frac{\mathrm{i}\kappa_0 x_j}{|\boldsymbol{x}|}\oint_S y_j\left(1+\frac{a^3}{2|\boldsymbol{y}|^3}\right)v_n(\boldsymbol{y},\omega)\mathrm{d}S(\boldsymbol{y})\right]$$

式中，第一个积分表示通过 S 的总体积流量，并且对于刚体平移运动正好等于零；第二个积分只有在 $j=1$、在 S 上 $y_1=a\cos\vartheta$ 和 $|\boldsymbol{y}|=a$ 时是非零的，可取 $\mathrm{d}S=2\pi a^2\sin\vartheta\mathrm{d}\vartheta$（这样面积分变成 $3\pi a^3\hat{U}(\omega)\int_0^\pi\cos^2\vartheta\sin\vartheta\mathrm{d}\vartheta=2\pi a^3\hat{U}(\omega)$）。因此

$$\hat{\varphi}(\boldsymbol{x},\omega)\approx\frac{\mathrm{i}\kappa_0\hat{U}(\omega)a^3x_1\mathrm{e}^{\mathrm{i}\kappa_0|\boldsymbol{x}|}}{2|\boldsymbol{x}|^2}\equiv\frac{\mathrm{i}\omega\hat{U}(\omega)a^3\cos\theta\,\mathrm{e}^{\mathrm{i}\kappa_0|\boldsymbol{x}|}}{2c_0|\boldsymbol{x}|},\quad |\boldsymbol{x}|\to\infty$$

式中，θ 为 x_1 轴与辐射方向 $\boldsymbol{x}$ 之间的夹角（图 1.7.1）。

只要球体保持紧致，就可以从这个结果导出以任意时变速度 $U(t)$ 振动的球体的解。这意味着如果我们取

$$U(t)=\int_{-\infty}^{\infty}\hat{U}(\omega)\mathrm{e}^{-\mathrm{i}\omega t}\mathrm{d}\omega$$

这样只有 $\kappa_0 a \ll 1$ 时 $\hat{U}(\omega) \neq 0$。如果满足这一条件，我们可以用式(3.2.2)和式(3.2.3)得到如下形式的随时间变化的速度势：

$$\begin{aligned}\varphi(\boldsymbol{x},t) &\approx \frac{a^3\cos\theta}{2c_0|\boldsymbol{x}|}\int_{-\infty}^{\infty} \mathrm{i}\omega \hat{U}(\omega)\mathrm{e}^{-\mathrm{i}\omega(t-|\boldsymbol{x}|/c_0)}\mathrm{d}\omega \\ &= \frac{-a^3\cos\theta}{2c_0|\boldsymbol{x}|}\frac{\partial}{\partial t}\int_{-\infty}^{\infty}\hat{U}(\omega)\mathrm{e}^{-\mathrm{i}\omega(t-|\boldsymbol{x}|/c_0)}\mathrm{d}\omega \\ &= \frac{-a^3\cos\theta}{2c_0|\boldsymbol{x}|}\frac{\partial U}{\partial t}(t-|\boldsymbol{x}|/c_0), \quad |\boldsymbol{x}| \to \infty\end{aligned}$$

这与第 1.7 节中得到的远场结果一致，并符合在那里所使用的一种模型，即振动的球体被位于其中心的强度为 $2\pi a^3 U(t)$ 的点偶极子所代替。

3.6 圆柱体的紧致格林函数

第 3.4 节描述了图 3.4.1 中的紧致体格林函数的互易计算，我们可以将其推广到圆柱体截面紧致的情况。

图 3.6.1 说明了一个半径为 a 的无限长圆柱的情况，该圆柱轴沿着 y_3 轴，其直径 $2a \sim \ell$ 在声学上是紧致的。源点 $\boldsymbol{y}$ 与圆柱体相邻，目前(见第 3.7 节)假定在距坐标原点 O 的轴向距离 $|y_3| \ll \lambda$ 内。在这个区域，展开式(3.4.7)仍然有效且 $\varphi_3^*(\boldsymbol{y}) \equiv 0$，因为 $j=3$ 时的速度势式(3.4.4)所描述的撞击流动不受圆柱的影响。因此，我们可取

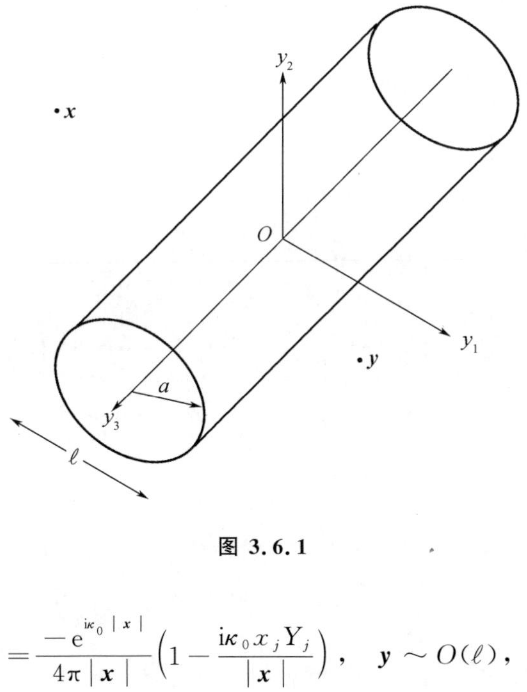

图 3.6.1

$$\hat{G}(\boldsymbol{x},\boldsymbol{y},\omega) = \frac{-\mathrm{e}^{\mathrm{i}\kappa_0|\boldsymbol{x}|}}{4\pi|\boldsymbol{x}|}\left(1 - \frac{\mathrm{i}\kappa_0 x_j Y_j}{|\boldsymbol{x}|}\right), \quad \boldsymbol{y} \sim O(\ell), \quad |\boldsymbol{x}| \to \infty \tag{3.6.1}$$

式中,Kirchhoff 向量 $\mathbf{Y}$ 有分量:

$$Y_1 = y_1 - \varphi_1^*(\mathbf{y}), \quad Y_2 = y_2 - \varphi_2^*(\mathbf{y}), \quad Y_3 = y_3 \tag{3.6.2}$$

3.6.1 圆柱体

半径为 a 的圆柱体的势 $\varphi_1^*(\mathbf{y})$、$\varphi_2^*(\mathbf{y})$ 可以用第 3.5 节中的方法求出。

对于 $j=1$,因为流动是关于 y_1 轴对称的,与展向坐标 y_3 无关(图 3.6.2)。使用极坐标 $(y_1, y_2) = r(\cos\vartheta, \sin\vartheta)$,在圆柱上要满足的条件(3.4.9)为

$$\frac{\partial \varphi_1^*}{\partial r} = \cos\vartheta, \quad 在\ r=a\ 上 \tag{3.6.3}$$

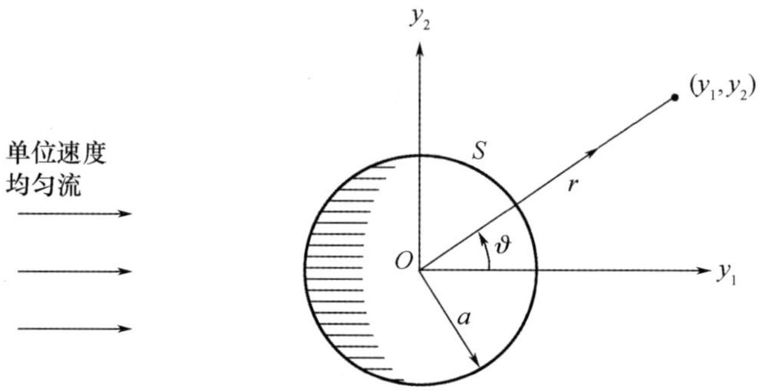

图 3.6.2

同球的情况一样,我们尝试如下形式的解:

$$\varphi_1^* = \Psi(r)\cos\vartheta$$

它要满足拉普拉斯方程的极坐标形式

$$\left(\frac{1}{r}\frac{\partial}{\partial r}\left(r\frac{\partial}{\partial r}\right) + \frac{1}{r^2}\frac{\partial^2}{\partial \vartheta^2}\right)\Psi(r)\cos\vartheta = 0$$

这样只要

$$r^2\frac{\mathrm{d}^2\Psi}{\mathrm{d}r^2} + r\frac{\mathrm{d}\Psi}{\mathrm{d}r} - \Psi = 0$$

通解为 $\Psi = Ar + B/r$。必须舍弃分量 Ar,因为它在 $r\to\infty$ 时不会衰减。因此

$$Y_1 \equiv y_1 - \varphi_1^* = r\cos\vartheta - \frac{B}{r}\cos\vartheta$$

且由条件(3.6.3)推出 $B = -a^2$。因此

$$Y_1 = r\cos\vartheta + \frac{a^2}{r}\cos\vartheta \equiv y_1\left(1 + \frac{a^2}{r^2}\right)$$

同样

$$Y_2 = y_2\left(1 + \frac{a^2}{r^2}\right)$$

因此，当源在原点附近时，一个**圆柱体的紧致格林函数**为

$$\hat{G}(\boldsymbol{x},\boldsymbol{y},\omega)=\frac{-\mathrm{e}^{\mathrm{i}\kappa_0|\boldsymbol{x}|}}{4\pi|\boldsymbol{x}|}\left(1-\frac{\mathrm{i}\kappa_0 x_j Y_j}{|\boldsymbol{x}|}\right),\quad \boldsymbol{y}\sim O(\ell),\quad |\boldsymbol{x}|\to\infty \tag{3.6.4}$$

式中

$$Y_j=y_j\left(1+\frac{a^2}{y_1^2+y_2^2}\right),\quad j=1,2,\quad Y_3=y_3 \tag{3.6.5}$$

3.6.2　刚性条带

弦长为 $2a$ 且展长为无限长的刚性条带提供了一个锐缘翼型的简单模型。在图 3.6.3 中，机翼占据空间为 $-a<y_1<a$，$y_2=0$，$-\infty<y_3<\infty$。机翼对 y_1 方向上的均匀平均流没有影响，对 y_3 方向上的也没有，所以势函数 $\varphi_1^*(\boldsymbol{y})\equiv 0$、$\varphi_3^*(\boldsymbol{y})\equiv 0$。

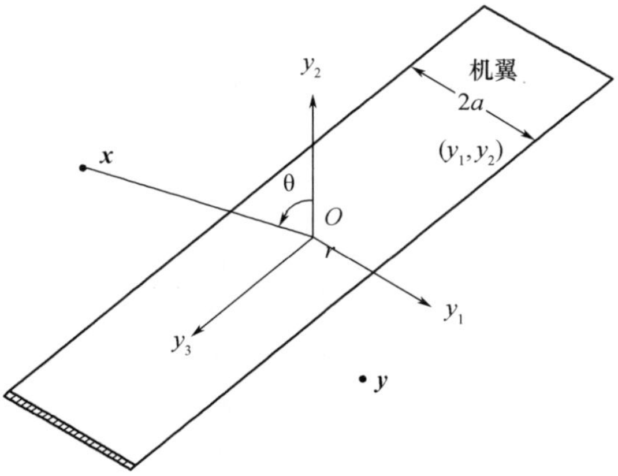

图 3.6.3

势函数 $\varphi_2^*(\boldsymbol{y})\equiv\varphi_2^*(y_1,y_2)$可以用共形变换①的方法来确定（可参阅第 4.5 节）。如果 $z=y_1+\mathrm{i}y_2$，机翼在 z 平面上的横截面通过如下变换映射到 Z 平面上 $|Z|=a$ 的圆柱体上：

$$Z=z+\sqrt{z^2-a^2}$$

因为在 $|z|\to\infty$ 时 $Z\sim 2z$，在距离机翼很远的情况下，在 z 平面 y_2 方向以单位速度运动的均匀流对应于一个速度为$\frac{1}{2}$的均匀流，其在距离圆柱很远处沿虚 Z 轴方向。用上面讨论的处理圆柱体的方法可以找到流动解（或参见第 4.5 节的例 3）并且确定 $Y_2=y_2-\varphi_2^*(y_1,y_2)=\mathrm{Re}[w(z)]$，其中 w 是复势：

$$w(z)=-\frac{\mathrm{i}}{2}\left(Z-\frac{a^2}{Z}\right)$$

① 数学上常译为保角变换。

$$= -\frac{\mathrm{i}}{2}\left(z + \sqrt{z^2 - a^2} - \frac{a^2}{z + \sqrt{z^2 - a^2}}\right)$$

$$= -\mathrm{i}\sqrt{z^2 - a^2}$$

因此,对于源在原点附近的条带,其**紧致格林函数**由下式给出:

$$\hat{G}(\boldsymbol{x},\boldsymbol{y},\omega) = \frac{-\mathrm{e}^{\mathrm{i}\kappa_0|\boldsymbol{x}|}}{4\pi|\boldsymbol{x}|}\left(1 - \frac{\mathrm{i}\kappa_0 x_j Y_j}{|\boldsymbol{x}|}\right), \quad \boldsymbol{y} \sim O(a), \quad |\boldsymbol{x}| \to \infty \tag{3.6.6}$$

式中,Kirchhoff 向量的分量为

$$Y_1 = y_1, \quad Y_2 = Re(-\mathrm{i}\sqrt{z^2 - a^2}), \quad Y_3 = y_3, \quad z = y_1 + \mathrm{i}y_2 \tag{3.6.7}$$

图 3.6.4 描绘了流体流经条带时的流线图形(流谱),其由速度势 $Y_2(\boldsymbol{y})$ 确定。在条带锐边附近,流线汇聚在一起,且变化非常迅速。这表明,当边缘位于偶极子或四极子(或任何高阶多极子)源附近时,边缘可能是重要的噪声源,因为那里 ∇Y_2 变得非常大。

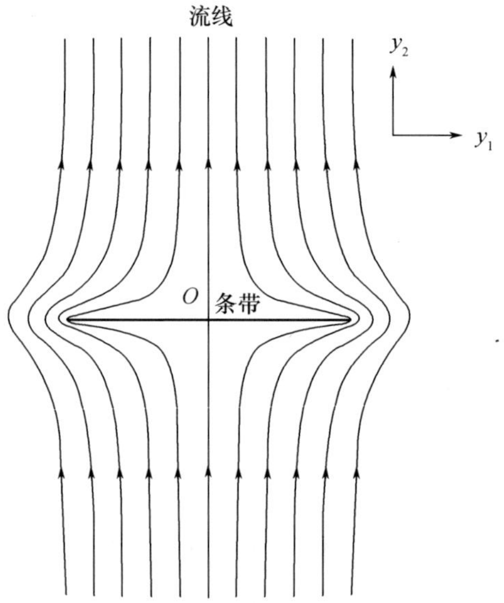

图 3.6.4

例子　计算远场速度势

$$(\nabla^2 + \kappa_0^2)\hat{\varphi} = f_2 \frac{\partial}{\partial x_2}[\delta(x_1 - L)\delta(x_2)\delta(x_3)], \quad L > a, \quad \kappa_0 L \ll 1$$

在机翼上,$\frac{\partial \hat{\varphi}}{\partial x_2} = 0, -a < x_1 < a, x_2 = 0, -\infty < x_3 < \infty$。

偶极子源方向为图 3.6.3 中的 x_2 方向,并正好位于 $y_1 = a$ 边缘的右侧。解由式(3.5.3)的下列形式给出:

$$\hat{\varphi}(\boldsymbol{x},\omega) = -f_2\left(\frac{\partial \hat{G}}{\partial y_2}(\boldsymbol{x},\boldsymbol{y},\omega)\right)_{\boldsymbol{y}=(L,0,0)} \approx -\frac{\mathrm{i}f_2\kappa_0 x_2 \mathrm{e}^{\mathrm{i}\kappa_0|\boldsymbol{x}|}}{4\pi|\boldsymbol{x}|^2}\left(\frac{\partial Y_2}{\partial y_2}\right)_{\boldsymbol{y}=(L,0,0)}$$

其中，由式(3.6.7)可得

$$\frac{\partial Y_2}{\partial y_2}=Re\left(-\mathrm{i}\frac{\partial}{\partial y_2}\sqrt{z^2-a^2}\right),\quad z=y_1+\mathrm{i}y_2=Re\left(\frac{z}{\sqrt{z^2-a^2}}\right)$$

因此

$$\begin{aligned}\hat{\varphi}(\boldsymbol{x},\omega)&\approx-\frac{\mathrm{i}f_2\kappa_0x_2\mathrm{e}^{\mathrm{i}\kappa_0|\boldsymbol{x}|}}{4\pi|\boldsymbol{x}|^2}\frac{L}{\sqrt{L^2-a^2}}\\&=-\frac{\mathrm{i}f_2\kappa_0L\cos\Theta\mathrm{e}^{\mathrm{i}\kappa_0|\boldsymbol{x}|}}{4\pi|\boldsymbol{x}|\sqrt{L^2-a^2}},\quad|\boldsymbol{x}|\to\infty\end{aligned}$$

式中，$\Theta=\arccos(x_2/|\boldsymbol{x}|)$为条带的法线和图3.6.3所示的辐射方向($\boldsymbol{x}/|\boldsymbol{x}|$)之间的夹角。相对于自由空间中相同偶极子产生的声音振幅，此处振幅乘以一个因子$L/\sqrt{L^2-a^2}$，并且当$L\to a$，偶极子接近边缘时，声音振幅是无界的。

3.7 对称紧致格林函数

紧致格林函数的定义(3.4.10)可以重新整理，以展示源位置$\boldsymbol{y}$和观察者位置$\boldsymbol{x}$的互易性质。为了做到这一点，我们观察到，对于一个具有特征直径ℓ的物体，有

$$Y_j(\boldsymbol{y})=y_j-\varphi_j^*(\boldsymbol{y})\sim O(\ell)$$

可见$\kappa_0Y_j\ll1$。因此

$$\begin{aligned}\hat{G}(\boldsymbol{x},\boldsymbol{y},\omega)&=\frac{-\mathrm{e}^{\mathrm{i}\kappa_0|\boldsymbol{x}|}}{4\pi|\boldsymbol{x}|}\left(1-\frac{\mathrm{i}\kappa_0x_jY_j}{|\boldsymbol{x}|}\right)=\frac{-\mathrm{e}^{\mathrm{i}\kappa_0|\boldsymbol{x}|}}{4\pi|\boldsymbol{x}|}\left(1-\frac{\mathrm{i}\kappa_0\boldsymbol{x}\cdot\boldsymbol{Y}}{|\boldsymbol{x}|}\right)\\&\approx\frac{-1}{4\pi|\boldsymbol{x}|}\mathrm{e}^{\mathrm{i}\kappa_0|\boldsymbol{x}|-\frac{\mathrm{i}\kappa_0\boldsymbol{x}\cdot\boldsymbol{Y}}{|\boldsymbol{x}|}}\\&\approx\frac{-\mathrm{e}^{\mathrm{i}\kappa_0|\boldsymbol{x}-\boldsymbol{Y}|}}{4\pi|\boldsymbol{x}|},\quad\boldsymbol{Y}\sim O(\ell),\quad|\boldsymbol{x}|\to\infty\end{aligned}\tag{3.7.1}$$

在最后一行中，我们使用了常用的远场近似式(1.9.2)

$$|\boldsymbol{x}-\boldsymbol{Y}|\approx|\boldsymbol{x}|-\frac{\boldsymbol{x}\cdot\boldsymbol{Y}}{|\boldsymbol{x}|},\quad|\boldsymbol{x}|\to\infty$$

现在令$X(\boldsymbol{x})$表示物体的Kirchhoff向量，用$\boldsymbol{x}$作为自变量，亦即

$$X_j(\boldsymbol{x})=x_j-\varphi_j^*(\boldsymbol{x})\tag{3.7.2}$$

因为当$|\boldsymbol{x}|\to\infty$时$\varphi_j^*(\boldsymbol{x})\to0$，也有$|\boldsymbol{x}|\to\infty$时$|\boldsymbol{X}|\sim|\boldsymbol{x}|$，因此，由式(1.9.2)和式(1.9.3)可得

$$\left.\begin{aligned}|\boldsymbol{X}-\boldsymbol{Y}|&\approx|\boldsymbol{x}|-\frac{\boldsymbol{x}\cdot\boldsymbol{Y}}{|\boldsymbol{x}|}\\\frac{1}{|\boldsymbol{X}-\boldsymbol{Y}|}&\approx\frac{1}{|\boldsymbol{x}|}+\frac{\boldsymbol{x}\cdot\boldsymbol{Y}}{|\boldsymbol{x}|^3}\approx\frac{1}{|\boldsymbol{x}|}\end{aligned}\right\},\quad|\boldsymbol{x}|\to\infty\tag{3.7.3}$$

因此，对于相同的近似，式(3.7.1)可以写成

$$\hat{G}(\boldsymbol{x},\boldsymbol{y},\omega)\approx\frac{-\mathrm{e}^{\mathrm{i}\kappa_0|\boldsymbol{X}-\boldsymbol{Y}|}}{4\pi|\boldsymbol{X}-\boldsymbol{Y}|},\quad \boldsymbol{Y}\sim O(\ell),\quad |\boldsymbol{x}|\to\infty$$

这一结果是我们对如下**非齐次亥姆霍兹方程的紧致格林函数**改进定义的基础。

$$\hat{G}(\boldsymbol{x},\boldsymbol{y},\omega)\approx\frac{-\mathrm{e}^{\mathrm{i}\kappa_0|\boldsymbol{X}-\boldsymbol{Y}|}}{4\pi|\boldsymbol{X}-\boldsymbol{Y}|}\tag{3.7.4}$$

式中，$\boldsymbol{X}=\boldsymbol{x}-\varphi^*(\boldsymbol{x})$、$\boldsymbol{Y}=\boldsymbol{y}-\varphi^*(\boldsymbol{y})$是物体的 Kirchhoff 向量，分别用 $\boldsymbol{x}$ 和 $\boldsymbol{y}$ 表示；分量 X_j 和 Y_j 是不可压缩流体流经物体的速度势，其中流体在离物体较远处在 j 方向上具有单位速度；φ_j^* 是不可压缩流体的速度势，它是由表面为 S 的刚体以单位速度在 j 方向上运动所产生的。

我们的广义定义明显满足互易定理。另外，由于 $\boldsymbol{x}$、$\boldsymbol{y}$ 是以对称的方式出现在这个公式中的，我们现在可以去掉对坐标原点位置的任何限制。该近似对于任意源和观察者的位置都是有效的，只要其中至少有一个位于物体的远场。当 $\boldsymbol{x}$、$\boldsymbol{y}$ 两者都在远场时(这样 $\boldsymbol{X}\sim\boldsymbol{x}$ 和 $\boldsymbol{Y}\sim\boldsymbol{y}$)，用紧致格林函数预报的结果将与物体不存在时的结果是相同的。这是因为对于远处的声源，其被紧致刚体散射的声音的振幅是 $O((\kappa_0\ell)^2)$，小于入射的声振幅，即具有四极子强度(Lighthill 1978；Howe 1998a)。当 $\boldsymbol{x}$ 靠近物体时，源必须在远场。则式 $\hat{G}(\boldsymbol{x},\boldsymbol{y},\omega)$可确定物体附近观测者接收到的因物体存在而引起的低频声修正。

定义(3.7.4)很容易记忆，因为它是自由空间格林函数式(3.2.6)的一个明显的推广。在应用中，还必须记住，它只适用于确定由流体中邻近物体的源诱发的表面单极子源和偶极子源的主阶近似。在实践中，这意味着当在计算 $\hat{G}(\boldsymbol{x},\boldsymbol{y},\omega)$中使用此式时，通常只扩展到 Kirchhoff 源向量 $\boldsymbol{Y}(\boldsymbol{y})$中的**第一阶**。

我们可以进一步利用与波动方程格林函数相关联的式(3.1.6)与亥姆霍兹方程，导出波动方程格林函数的紧致近似：

$$\begin{aligned}G(\boldsymbol{x},\boldsymbol{y},t-\tau)&=\frac{-1}{2\pi}\int_{-\infty}^{\infty}\hat{G}(\boldsymbol{x},\boldsymbol{y},\omega)\mathrm{e}^{-\mathrm{i}\omega(t-\tau)}\,\mathrm{d}\omega\\&\approx\frac{1}{8\pi^2|\boldsymbol{X}-\boldsymbol{Y}|}\int_{-\infty}^{\infty}\mathrm{e}^{-\mathrm{i}\omega\left(t-\tau-\frac{|\boldsymbol{X}-\boldsymbol{Y}|}{c_0}\right)}\,\mathrm{d}\omega\\&=\frac{1}{4\pi|\boldsymbol{X}-\boldsymbol{Y}|}\delta\left(t-\tau-\frac{|\boldsymbol{X}-\boldsymbol{Y}|}{c_0}\right)\end{aligned}$$

在上式中如用 $\boldsymbol{x}$、$\boldsymbol{y}$ 替换 $\boldsymbol{X}$、$\boldsymbol{Y}$，则上述这一显著结果与经典自由空间格林函数式(1.6.2)形式上完全相同。然而，它的使用受到与式(3.7.4)相同的限制，而且它只适用于时变源项产生的波长大于特征体尺度 ℓ 的情况。有了这样的理解，我们可以定义波动方程的紧致格林函数

$$G(\boldsymbol{x},\boldsymbol{y},t-\tau)=\frac{1}{4\pi|\boldsymbol{X}-\boldsymbol{Y}|}\delta\left(t-\tau-\frac{|\boldsymbol{X}-\boldsymbol{Y}|}{c_0}\right)\tag{3.7.5}$$

式中，$\boldsymbol{X}=\boldsymbol{x}-\varphi^{*}(\boldsymbol{x})$、$\boldsymbol{Y}=\boldsymbol{y}-\varphi^{*}(\boldsymbol{y})$是物体的 Kirchhoff 向量；分量 X_j 和 Y_j 可以解释为在距离物体很远处不可压缩流体以 j 方向单位速度流经物体时的速度势；φ_j^* 为不可压缩流动的速度势，它是由刚体 S 以单位速度在 j 方向上运动所产生的。

3.8　振动物体的低频辐射

现在将用波动方程的紧致格林函数式(3.7.5)给出振动体产生低频声的完整理论。振动的最大频率必须足够小，以确保物体（或在振动圆柱体的情况下，其横截面）在声学上是紧致的。这个论点紧随第 3.5 节对振动球体的讨论，只不过我们现在直接用与时间相关的量来处理。

设封闭曲面 S（图 3.8.1）以法向速度 $v_n(\boldsymbol{x},t)$振动。与前文一样，流体中的速度势（由式(3.1.1)控制）与体积源分布所产生的速度势相同，即

$$q(\boldsymbol{x},t)=v_n(\boldsymbol{x},t)\delta(s_\perp-\epsilon),\quad \epsilon\to+0 \tag{3.8.1}$$

其中，体积源分布在 S 上，S 被看作一个刚性、静止的表面，$s_\perp$ 是在从 S 指向流体的法线方向上测量的距离。速度势 $\varphi(\boldsymbol{x},t)$由下式精确地给出：

$$\begin{aligned}\varphi(\boldsymbol{x},t)&=-\int_{-\infty}^{\infty}\int_{\text{流体}} v_n(\boldsymbol{y},\tau)\delta(s_\perp-\epsilon)G(\boldsymbol{x},\boldsymbol{y},t-\tau)\mathrm{d}^3\boldsymbol{y},\quad \epsilon\to+0\\&=-\int_{-\infty}^{\infty}\oint_S v_n(\boldsymbol{y},\tau)G(\boldsymbol{x},\boldsymbol{y},t-\tau)\mathrm{d}S(\boldsymbol{y})\mathrm{d}\tau,\quad \text{在 } S \text{ 上} \frac{\partial G}{\partial x_n}(\boldsymbol{x},\boldsymbol{y},t-\tau)=0\end{aligned} \tag{3.8.2}$$

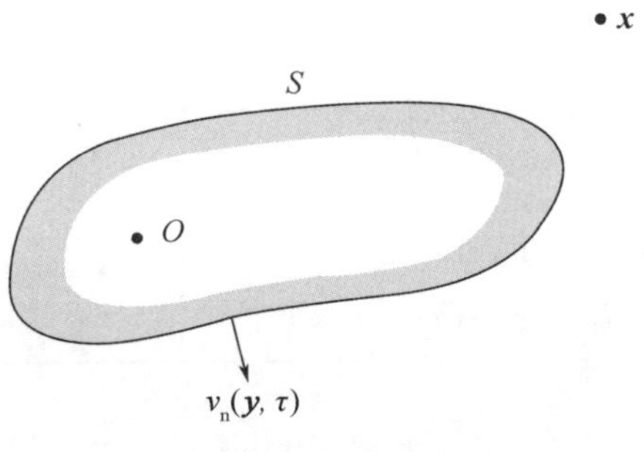

图 3.8.1

在低频率下，将式(3.8.2) 中的 $G(\boldsymbol{x},\boldsymbol{y},t-\tau)$用它的紧致近似式(3.7.5)来代替，可以获得远场声音的一阶近似。详述如下式，它们说明了在使用紧致格林函数时应采用的一般步骤（特别是展开到 $\boldsymbol{Y}$ 中一阶量的技术）：

$$\begin{aligned}\varphi(\boldsymbol{x},t)&\approx-\int_{-\infty}^{\infty}\int_{\text{流体}}\frac{v_n(\boldsymbol{y},\tau)\delta(s_\perp-\epsilon)}{4\pi|\boldsymbol{X}-\boldsymbol{Y}|}\delta\left(t-\tau-\frac{|\boldsymbol{X}-\boldsymbol{Y}|}{c_0}\right)\mathrm{d}^3\boldsymbol{y}\mathrm{d}\tau,\quad \epsilon\to+0,\quad |\boldsymbol{x}|\to\infty\\&=-\int_{-\infty}^{\infty}\oint_S\frac{v_n(\boldsymbol{y},\tau)}{4\pi|\boldsymbol{X}-\boldsymbol{Y}|}\delta\left(t-\tau-\frac{|\boldsymbol{X}-\boldsymbol{Y}|}{c_0}\right)\mathrm{d}S(\boldsymbol{y})\mathrm{d}\tau\end{aligned}$$

$$= -\frac{1}{4\pi|\boldsymbol{x}|}\int_{-\infty}^{\infty}\oint_S v_n(\boldsymbol{y},\tau)\delta\left(t-\tau-\frac{|\boldsymbol{x}|}{c_0}+\frac{\boldsymbol{x}\cdot\boldsymbol{Y}}{c_0|\boldsymbol{x}|}\right)\mathrm{d}S(\boldsymbol{y})\mathrm{d}\tau，当|\boldsymbol{x}|\to\infty时\ \boldsymbol{X}\sim\boldsymbol{x}$$

$$= -\frac{1}{4\pi|\boldsymbol{x}|}\int_{-\infty}^{\infty}\oint_S v_n(\boldsymbol{y},\tau)\left\{\delta\left(t-\tau-\frac{|\boldsymbol{x}|}{c_0}\right)+\delta'\left(t-\tau-\frac{|\boldsymbol{x}|}{c_0}\right)\frac{x_jY_j}{c_0|\boldsymbol{x}|}\right\}\mathrm{d}S(\boldsymbol{y})\mathrm{d}\tau$$

其中，撇号(′)表示相对于时间的微分。进行关于 τ 的积分，有

$$\varphi(\boldsymbol{x},t)\approx-\frac{1}{4\pi|\boldsymbol{x}|}\oint_S v_n\left(\boldsymbol{y},t-\frac{|\boldsymbol{x}|}{c_0}\right)\mathrm{d}S(\boldsymbol{y})-\frac{x_j}{4\pi c_0|\boldsymbol{x}|^2}\frac{\partial}{\partial t}\oint_S v_n\left(\boldsymbol{y},t-\frac{|\boldsymbol{x}|}{c_0}\right)Y_j(\boldsymbol{y})\mathrm{d}S(\boldsymbol{y})$$

第一个积分表示一个各向同性的单极子声波，只有当 S 所包含的体积随时间变化时(即仅对脉动体)才是非零的。它是远场声音最重要的组成部分，因为第二个积分小了一个因数 $\sim O(\omega\ell/c_0)\ll1$ (因为 $\partial/\partial t\sim\omega$ 和 $Y_j\sim\ell$)。

可以说，对于一个以速度 $\boldsymbol{U}(t)$ 进行小振幅平移振荡的刚体，单极子项消失了。那么

$$v_n(\boldsymbol{y},\tau)=\boldsymbol{n}(\boldsymbol{y})\cdot\boldsymbol{U}(\tau)=n_i(\boldsymbol{y})U_i(\tau)$$

其中，$\boldsymbol{n}(\boldsymbol{y})$ 是指向流体的表面法线。在第二个积分中进行代换 $Y_j=y_j-\varphi_j^*(\boldsymbol{y})$，我们得到一个偶极子型的声场，由下式给出：

$$\varphi(\boldsymbol{x},t)\approx-\frac{x_j}{4\pi c_0|\boldsymbol{x}|^2}\frac{\partial U_i}{\partial t}(t-|\boldsymbol{x}|/c_0)\oint_S n_i(\boldsymbol{y})Y_j(\boldsymbol{y})\mathrm{d}S(\boldsymbol{y}) \tag{3.8.3}$$

$$=-\frac{x_j}{4\pi c_0|\boldsymbol{x}|^2}\frac{\partial U_i}{\partial t}(t-|\boldsymbol{x}|/c_0)\oint_S(n_iy_j-n_i\varphi_j^*)\mathrm{d}S,\quad |\boldsymbol{x}|\to\infty \tag{3.8.4}$$

例子：摆动球　考虑一个半径为 a 的刚性球，以球心为原点，其以速度 $U(t)$ 在 y_1 方向摆动(图 3.8.2)。则 $\boldsymbol{U}=(U,0,0)$，它只需在式(3.8.3)或式(3.8.4)中取 $i=1$ 即可。

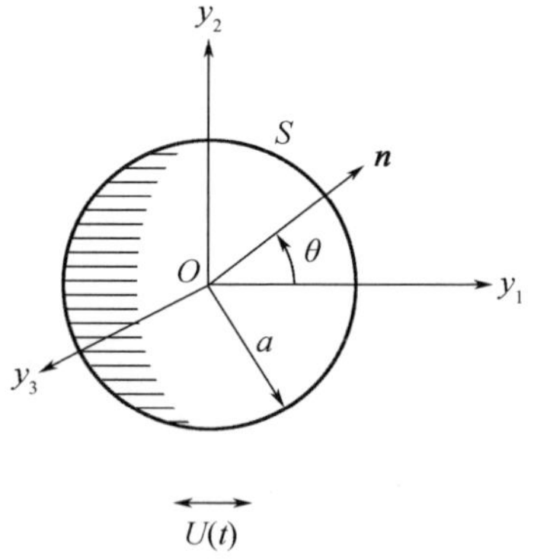

图 3.8.2

在球坐标(r,ϑ,ϕ)下，我们有

$$\boldsymbol{y}=r(\cos\vartheta,\sin\vartheta\cos\phi,\sin\vartheta\sin\phi)$$

因此，在球体上

$$\boldsymbol{Y}\equiv\boldsymbol{y}\left(1+\frac{a^3}{2|\boldsymbol{y}|^3}\right)=\frac{3a}{2}(\cos\vartheta,\sin\vartheta\cos\phi,\sin\vartheta\sin\phi),$$

$$n_1=\cos\vartheta$$

从而

$$\oint_S n_1Y_j\mathrm{d}S=\frac{3a^3}{2}\oint_S(\cos\vartheta,\sin\vartheta\cos\phi,\sin\vartheta\sin\phi)\cos\vartheta\sin\vartheta\mathrm{d}\vartheta\mathrm{d}\phi=\begin{cases}2\pi a^3, & j=1\\0, & j=2,3\end{cases}$$

因此，式(3.8.3)变成

$$\varphi(\boldsymbol{x},t)\approx\frac{-a^3\cos\theta}{2c_0|\boldsymbol{x}|}\frac{\partial U}{\partial t}(t-|\boldsymbol{x}|/c_0),|\boldsymbol{x}|\to\infty,且\frac{x_1}{|\boldsymbol{x}|}=\cos\theta \tag{3.8.5}$$

这即为第 3.5 节中利用由亥姆霍兹方程导出的解所获得的结果。

3.8.1 振动体产生的远场压力

为了对振动刚体引起的低频声进行更一般和更有启发性的讨论，可引入附加质量张量 M_{ij}(Batchelor，1967)，其通过面积分定义

$$M_{ij}=-\rho_0\oint_S n_i\varphi_j^*\,\mathrm{d}S$$

φ_j^* 在 S 上满足条件(3.4.9)，这表示 $M_{ij}=M_{ji}$，因为在被积函数中 n_i 可以用$\partial\varphi_i^*/\partial y_{\mathrm{n}}$代替，以及

$$M_{ij}=-\rho_0\oint_S n_i\varphi_j^*\,\mathrm{d}S=-\rho_0\oint_S\frac{\partial\varphi_i^*}{\partial y_{\mathrm{n}}}\varphi_j^*\,\mathrm{d}S\equiv-\rho_0\oint_S\varphi_i^*\frac{\partial\varphi_j^*}{\partial y_{\mathrm{n}}}\mathrm{d}S=M_{ji}\quad(3.8.6)$$

通过参考图 3.3.1，注意$\nabla^2\varphi_j^*=\nabla^2\varphi_i^*=0$，并应用散度定理，从第二项推导出最终积分，如下所示：

$$\oint_{S+\Sigma}\left(\frac{\partial\varphi_i^*}{\partial y_{\mathrm{n}}}\varphi_j^*-\varphi_i^*\frac{\partial\varphi_j^*}{\partial y_{\mathrm{n}}}\right)\mathrm{d}S=\int_{流体}(\varphi_i^*\nabla^2\varphi_j^*-\varphi_j^*\nabla^2\varphi_i^*)\mathrm{d}^3\boldsymbol{y}\equiv0$$

当表面退至无穷远处时，Σ 上面的积分就趋于零(Batchelor，1967)，这是因为

$$\varphi_{i,j}^*(\boldsymbol{y})\sim O\left(\frac{1}{|\boldsymbol{y}|^2}\right),\quad|\boldsymbol{y}|\to\infty$$

通过计算由表面非定常压力产生的 S 上的总力(或通过第 4.4 节所述的方法)，可以证实当物体在理想不可压缩流体中以速度 $\boldsymbol{U}(t)$做无旋转的平移时，它向流体上施加了一个如下式所示的 i 方向的力：

$$F_i(t)=M_{ij}\frac{\mathrm{d}U_j}{\mathrm{d}t}\tag{3.8.7}$$

对于质量为 m 的物体，这意味着当一个外力$\mathcal{F}_i$ 作用在其质心时，该物体的运动方程可以写成

$$(m\delta_{ij}+M_{ij})\frac{\mathrm{d}U_j}{\mathrm{d}t}=\mathcal{F}_i$$

附加质量张量确定了物体在加速运动方向拖动流体的有效质量。在物体加速时，流体惯性，包括物体的惯性，都必须由力$\mathcal{F}$克服。然而，一般说来，在平移的物体上还必须施加一力偶，以抵消由流体施加在物体上的旋转力矩(进一步讨论见 Batchelor(1967))。

现在让我们应用这些概念，从式(3.8.4)中确定由一个刚性紧致体以速度 $\boldsymbol{U}(t)$进行小幅平移振荡所产生的声压。在远场中声压以 $p=-\rho_0\partial\varphi/\partial t$ 形式给出(见第 1.3 节)，因此

$$p(\boldsymbol{x},t)=\frac{x_j}{4\pi c_0|\boldsymbol{x}|^2}\frac{\partial^2U_i}{\partial t^2}(t-|\boldsymbol{x}|/c_0)\left\{\rho_0\oint_S n_iy_j\,\mathrm{d}S-\rho_0\oint_S n_i\varphi_j^*\,\mathrm{d}S\right\},\quad|\boldsymbol{x}|\to\infty$$

(3.8.8)

第一个积分可以通过应用散度定理计算，该定理将其转化为在物体体积 V_s 上的积分，即

$$\rho_0\oint_S n_i y_j \mathrm{d}S=\rho_0\int_{V_S}\frac{\partial y_j}{\partial y_i}\mathrm{d}^3\boldsymbol{y}=\rho_0 V_S\delta_{ij}\equiv m_0\delta_{ij} \tag{3.8.9}$$

式中，m_0 是被物体排出的流体质量。式(3.8.8)中大括号里的第二项就是附加质量张量 M_{ij}。

因此，声压可以用两种形式中的任一种来表示，即

$$\begin{aligned}p(\boldsymbol{x},t)&\approx\frac{x_i}{4\pi c_0|\boldsymbol{x}|^2}(m_0\delta_{ij}+M_{ij})\frac{\partial^2 U_j}{\partial t^2}(t-|\boldsymbol{x}|/c_0)\\&=\frac{x_i}{4\pi c_0|\boldsymbol{x}|^2}\left(m_0\frac{\partial^2 U_i}{\partial t^2}+\frac{\partial F_i}{\partial t}\right)(t-|\boldsymbol{x}|/c_0),\quad |\boldsymbol{x}|\to\infty\end{aligned} \tag{3.8.10}$$

第二行来自式(3.8.7)，F_i 是物体在 i 方向上对流体施加的力。

一个半径为 a 的球在 x_1 方向以速度 $U(t)$ 振荡，则有

$$m_0=\frac{4}{3}\pi a^3\rho_0 \text{ 和 } M_{ij}=\frac{1}{2}m_0\delta_{ij}$$

因此

$$\begin{aligned}p(\boldsymbol{x},t)&\approx\frac{x_i}{4\pi c_0|\boldsymbol{x}|^2}\left(m_0\delta_{ij}+\frac{1}{2}m_0\delta_{ij}\right)\frac{\partial^2 U_j}{\partial t^2}(t-|\boldsymbol{x}|/c_0),\quad |\boldsymbol{x}|\to\infty\\&=\frac{\rho_0 a^3\cos\theta}{2c_0|\boldsymbol{x}|}\frac{\partial^2 U}{\partial t^2}(t-|\boldsymbol{x}|/c_0)\end{aligned}$$

此式与式(3.8.5)等价。

3.9　紧致格林函数概要及特例

3.9.1　紧致体和紧致截面圆柱体

紧致体和紧致截面圆柱体格林函数一般形式为

$$G(\boldsymbol{x},\boldsymbol{y},t-\tau)=\frac{1}{4\pi|\boldsymbol{X}-\boldsymbol{Y}|}\delta(t-\tau-|\boldsymbol{x}-\boldsymbol{y}|/c_0) \tag{3.9.1}$$

$$\left.\begin{aligned}\boldsymbol{X}&=\boldsymbol{x}-\varphi^*(\boldsymbol{x})\\\boldsymbol{Y}&=\boldsymbol{y}-\varphi^*(\boldsymbol{y})\end{aligned}\right\}\text{为物体的 Kirchhoff 向量}$$

矢量分量 $X_j(\boldsymbol{x})$和 $Y_j(\boldsymbol{y})$是距离物体很远处在 j 方向上以单位速度运动的不可压缩流体经过物体时的速度势(表 3.9.1 中列出了特殊情况)；φ_j^* 是不可压缩流体的速度势，是由于刚性物体 S 在 j 方向以单位速度运动产生的。对于一个紧致截面平行于 x_3 方向的圆柱体，我们取

$$X_3=x_3,Y_3=y_3$$

表 3.9.1　标准特例

体	X_1	X_2	X_3
半径为 a 的球面，球心在原点	$x_1\left(1+\dfrac{a^3}{2\|\boldsymbol{x}\|^3}\right)$	$x_2\left(1+\dfrac{a^3}{2\|\boldsymbol{x}\|^3}\right)$	$x_3\left(1+\dfrac{a^3}{2\|\boldsymbol{x}\|^3}\right)$
半径为 a 的圆柱体 与 x_3 轴同轴	$x_1\left(1+\dfrac{a^3}{x_1^2+x_2^2}\right)$	$x_2\left(1+\dfrac{a^3}{x_1^2+x_2^2}\right)$	x_3
条形机翼 $-a<x_1<a$，　$x_2=0$ $-\infty<x_3<\infty$	x_1	$Re(-\mathrm{i}\sqrt{z^2-a^2})$ $z=x_1+\mathrm{i}x_2$	x_3

3.9.2　变弦长机翼

由式(3.6.6)和式(3.6.7)定义的刚性条带紧致格林函数可推广到包括图 3.9.1 所示的变弦长有限翼展机翼。对于带状机翼，坐标轴的方向如图 3.6.3 所示，y_2 垂直于机翼平面方向，y_3 沿展向。机翼展长假定很大，弦长 $2a\equiv 2a(y_3)$ 是一个缓慢变化的与 y_3 有关的函数。流经机翼的流体在 y_2 方向上的势 Y_2 可以用等弦长为 $2a(y_3)$ 的机翼的公式局部近似。

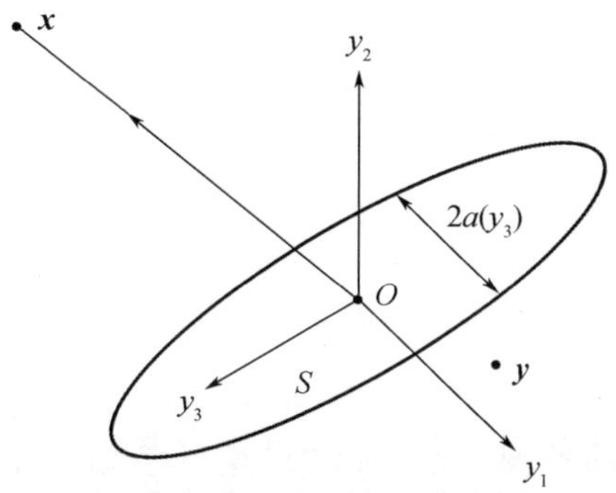

图 3.9.1

因此，对于翼展为 L 且间距为 $-\frac{1}{2}L<y_3<\frac{1}{2}L$ 的机翼，紧致格林函数(3.9.1)的一阶近似可用以下方法得到：

$$Y_1=y_1,\quad Y_2=\begin{cases}Re(-\mathrm{i}\sqrt{z^2-a(y_3)^2}), & |y_3|<\dfrac{1}{2}L\\ y_2, & |y_3|>\dfrac{1}{2}L\end{cases},\quad Y_3=y_3,\quad z=y_1+\mathrm{i}y_2 \tag{3.9.2}$$

在椭圆平面机翼(展弦比＝机翼翼展/中弦长＞5)的情况下,该模型的预报值偏差仅为基于 $Y_2(\boldsymbol{y})$ 精确值的预报值的百分之几。

3.9.3 平面壁上的凸体或空腔

设平面壁是刚性的,并与 $x_2=0$ (图 3.9.2)重合。当没有凸体或空腔时,壁面上法向导数为零的格林函数为

$$G_0(\boldsymbol{x},\boldsymbol{y},t-\tau)=\frac{1}{4\pi|\boldsymbol{x}-\boldsymbol{y}|}\delta(t-\tau-|\boldsymbol{x}-\boldsymbol{y}|/c_0)+\frac{1}{4\pi|\bar{\boldsymbol{x}}-\boldsymbol{y}|}\delta\left(t-\tau-\frac{|\bar{\boldsymbol{x}}-\boldsymbol{y}|}{c_0}\right)$$

式中,$\bar{\boldsymbol{x}}=(x_1,-x_2,x_3)$是 $\boldsymbol{x}$ 处观察者关于平面壁的镜像。

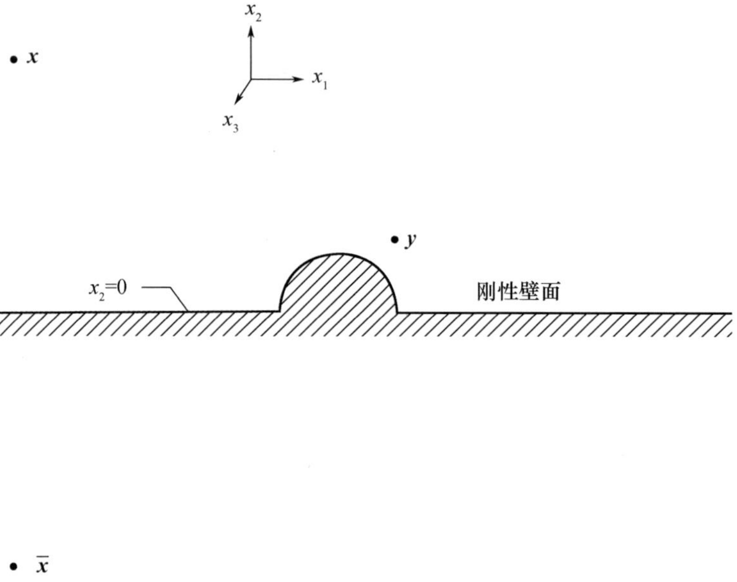

图 3.9.2

图 3.9.2 说明了凸体的情况,但下面的讨论可不加改变地用于紧致的(但非共振的)壁腔。首先假定原点靠近凸体,令 $|\boldsymbol{x}|\to\infty$ (注意 $|\bar{\boldsymbol{x}}|=|\boldsymbol{x}|$)并在凸体附近展开 G_0 到 $\boldsymbol{y}$ 中的第一阶(即精确至偶极子阶)

$$G(\boldsymbol{x},\boldsymbol{y},t-\tau)\approx\frac{1}{4\pi|\boldsymbol{x}|}\left\{\delta\left(t-\tau-\frac{|\boldsymbol{x}|}{c_0}+\frac{\boldsymbol{x}\cdot\boldsymbol{y}}{c_0|\boldsymbol{x}|}\right)+\delta\left(t-\tau-\frac{|\boldsymbol{x}|}{c_0}+\frac{\bar{\boldsymbol{x}}\cdot\boldsymbol{y}}{c_0|\boldsymbol{x}|}\right)\right\}$$

$$\approx\frac{1}{4\pi|\boldsymbol{x}|}\left\{2\delta\left(t-\tau-\frac{|\boldsymbol{x}|}{c_0}\right)+\frac{2(x_1y_1+x_3y_3)}{c_0|\boldsymbol{x}|}\delta'\left(t-\tau-\frac{|\boldsymbol{x}|}{c_0}\right)\right\}$$

我们需要一个修正的表达式,它在壁面上和凸体上的法线导数(作为 $\boldsymbol{y}$ 的函数)为零。通过观察,采用如下简单因子替换即可得到

$$\frac{2(x_1y_1+x_3y_3)}{c_0|\boldsymbol{x}|}\text{替换为}\frac{2(x_1Y_1+x_3Y_3)}{c_0|\boldsymbol{x}|}$$

其中，$Y_1=y_1-\varphi_1^*(\boldsymbol{y})$、$Y_3=y_3-\varphi_3^*(\boldsymbol{y})$为平行于壁面的水平流动流经凸体时的速度势，在$|\boldsymbol{y}|\to\infty$处，流动在 y_1 和 y_3 方向上分别具有单位速度。

现在可以证明（在通常的符号表达中）所需的紧致格林函数为

$$G(\boldsymbol{x},\boldsymbol{y},t-\tau)=\frac{1}{4\pi|\boldsymbol{X}-\boldsymbol{Y}|}\delta(t-\tau-|\boldsymbol{x}-\boldsymbol{y}|/c_0)+\frac{1}{4\pi|\overline{\boldsymbol{X}}-\boldsymbol{Y}|}\delta\left(t-\tau-\frac{|\overline{\boldsymbol{X}}-\boldsymbol{Y}|}{c_0}\right) \tag{3.9.3}$$

式中

$$\left.\begin{aligned}&Y_1=y_1-\varphi_1^*(\boldsymbol{y}),\quad Y_2=y_2,\quad Y_3=y_3-\varphi_3^*(\boldsymbol{y})\\&X_1=x_1-\varphi_1^*(\boldsymbol{x}),\quad X_2=x_2,\quad X_3=x_3-\varphi_3^*(\boldsymbol{x})\end{aligned}\right\} \tag{3.9.4}$$

且 $\overline{\boldsymbol{X}}=(X_1,-X_2,X_3)$。

这些公式也可以用于均匀的二维凸体或空腔，亦即在 x_3 方向上只需设置 $Y_3=y_3$，$X_3=x_3$。

为了完成对紧致格林函数的讨论，我们现在有选择地给出一些有用的例子，但没有给出证明。

3.9.4　半平面的格林函数(Howe,1975a)

刚性半平面（$x_1<0,x_2=0$）（它在 x_3 方向是无限长的，图 3.9.3）的精确格林函数 $\hat{G}(\boldsymbol{x},\boldsymbol{y},\omega)$的解析表达是已知的，但实用性有限。然而，对于一个与边缘的距离相对于声波波长较小的声源 $\boldsymbol{y}$，我们可以定义一个紧致格林函数，即 $k_0(y_1^2+y_2^2)^{1/2}\ll 1$ 的情况。为了做到这一点，我们引入柱坐标

$$\boldsymbol{x}=(r\cos\theta,r\sin\theta,x_3),\quad \boldsymbol{y}=(r_0\cos\theta_0,r_0\sin\theta_0,y_3)$$

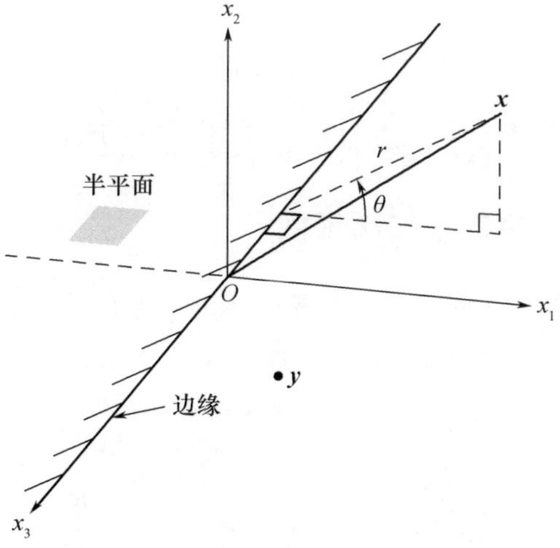

图 3.9.3

那么，如果 $\boldsymbol{i}_3$ 是 x_3 方向上(平行于边缘)的单位向量，则

$$\hat{G}(\boldsymbol{x},\boldsymbol{y},\omega)=\hat{G}_0(\boldsymbol{x},\boldsymbol{y},\omega)+\hat{G}_1(\boldsymbol{x},\boldsymbol{y},\omega)+\cdots \tag{3.9.5}$$

式中，对于 $|\boldsymbol{x}-y_3\boldsymbol{i}_3|\to\infty$ 和 $\kappa_0\sqrt{y_1^2+y_2^2}\ll 1$，有

$$\hat{G}_0(\boldsymbol{x},\boldsymbol{y},\omega)=\frac{-1}{4\pi|\boldsymbol{x}-y_3\boldsymbol{i}_3|}\mathrm{e}^{\mathrm{i}\kappa_0|\boldsymbol{x}-y_3\boldsymbol{i}_3|}$$

$$\hat{G}_1(\boldsymbol{x},\boldsymbol{y},\omega)=\frac{-1}{\pi\sqrt{2\pi\mathrm{i}}}\frac{\sqrt{\kappa_0}\varphi^*(\boldsymbol{x})\varphi^*(\boldsymbol{y})}{|\boldsymbol{x}-y_3\boldsymbol{i}_3|^{3/2}}\mathrm{e}^{\mathrm{i}\kappa_0|\boldsymbol{x}-y_3\boldsymbol{i}_3|} \tag{3.9.6}$$

和

$$\varphi^*(\boldsymbol{x})=\sqrt{r}\sin(\theta/2),\quad \varphi^*(\boldsymbol{y})=\sqrt{r_0}\sin(\theta/2) \tag{3.9.7}$$

$\varphi^*(\boldsymbol{x})$是绕半平面边缘的不可压缩流体的速度势，用极坐标$(x_1,x_2)=r(\cos\theta,\sin\theta)$表示（$\varphi^*(\boldsymbol{y})$也类似）。$\hat{G}$ 的分量 $\hat{G}_0$ 表示忽略散射时 $\boldsymbol{y}$ 处点源的辐射；$\hat{G}_1$ 是由于半平面的存在而产生的一阶修正。

3.9.5　半平面的二维格林函数(Howe，1975a)

二维波动方程的格林函数在 x_3 方向上的条件是一致的，满足

$$\left(\frac{1}{c_0^2}\frac{\partial^2}{\partial t^2}-\nabla^2\right)G=\delta(x_1-y_1)\delta(x_2-y_2)\delta(t-\tau),\quad 当\ t<\tau\ 时，G=0 \tag{3.9.8}$$

当位于 $\boldsymbol{y}=(y_1,y_2)$的线源接近图 3.9.3 中的半平面边缘时，在$-\infty<y_3<\infty$内积分式(3.9.6)(对于 $\kappa_0\sqrt{x_1^2+x_2^2}\to\infty$用稳定相位法[①](见第 5.2 节例 2))，然后用式(3.1.6)计算 $G(\boldsymbol{x},\boldsymbol{y},t-\tau)\approx G_0(\boldsymbol{x},t-\tau)+G_1(\boldsymbol{x},\boldsymbol{y},t-\tau)+\cdots$，可以得到相应的紧致格林函数。特别地，$G_1(\boldsymbol{x},\boldsymbol{y},t-\tau)$是关于 $\boldsymbol{y}$ 的展开式中的第一项，其表达式为

$$G_1(\boldsymbol{x},\boldsymbol{y},t-\tau)\approx\frac{\varphi^*(\boldsymbol{x})\varphi^*(\boldsymbol{y})}{\pi|\boldsymbol{x}|}\delta\left(t-\tau-\frac{|\boldsymbol{x}|}{c_0}\right),\quad |\boldsymbol{x}|\to\infty \tag{3.9.9}$$

式中，$\boldsymbol{x}=(x_1,x_2)$、$\boldsymbol{y}=(y_1,y_2)$和 φ^* 是按式(3.9.7)定义的。

3.9.6　带孔平板的二维格林函数

刚性平面 $x_1=0$ 上在$-a<x_2<a$ 范围内穿有二维孔(图 3.9.4)。二维紧致格林函数(式(3.9.8)的解)适用于在平面任意一侧距孔一个声波波长范围内的源 $\boldsymbol{y}=(y_1,y_2)$。观察者 $\boldsymbol{x}=(x_1,x_2)$在声学远场。紧致格林函数中与 $\boldsymbol{y}$ 相关的分量是

$$G_1(\boldsymbol{x},\boldsymbol{y},t-\tau)\approx-\frac{\sqrt{c_0}\,\mathrm{sgn}(x_1)}{\pi\sqrt{2\pi}\,|\boldsymbol{x}|}\frac{\chi(t-\tau-|\boldsymbol{x}|/c_0)}{\sqrt{t-\tau-|\boldsymbol{x}|/c_0}}Re\left\{\ln\left(\frac{Z}{a}+\sqrt{\frac{Z^2}{a^2}-1}\right)\right\},$$

---

① 又叫作驻相法。

$$Z = y_2 + \mathrm{i}y_1 \tag{3.9.10}$$

式中

$$\chi(t) = H(t)\int_0^\infty \frac{\ln(\varpi a\xi^2/4c_0 t)\mathrm{e}^{-\xi^2}\mathrm{d}\xi}{[\ln(\varpi a\xi^2/4c_0 t)]^2 + \pi^2}$$

且$\varpi = 1.781\ 072\cdots$，注意定义 $Z = y_2 + \mathrm{i}y_1$。

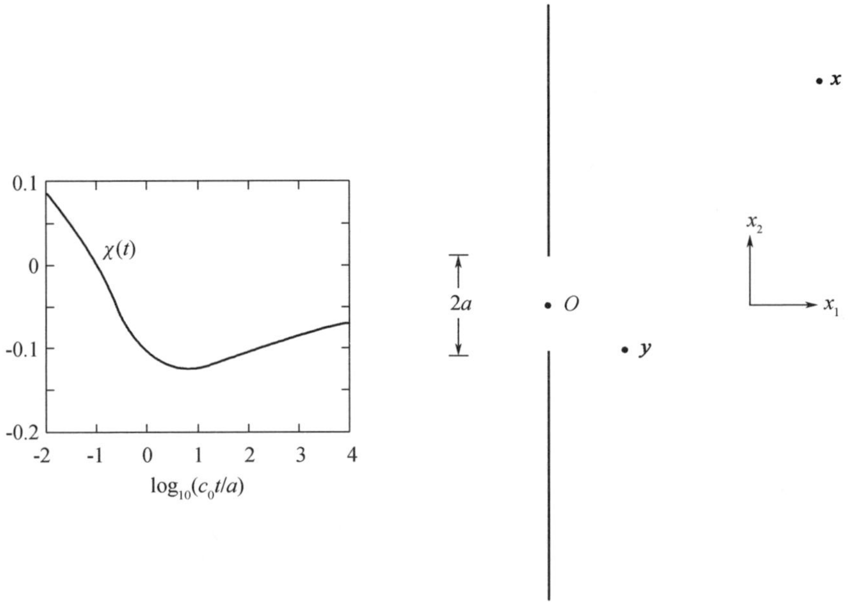

图 3.9.4

3.9.7　刚性壁管中长波的格林函数(Howe,1975b)

当声波的特征波长远大于圆柱形管道的直径$\sim\sqrt{A}$时(圆管横截面积为 A)，即使声源区域具有高度三维结构，管道中也仅能传播平面波。当这个条件满足时，只要横截面积是均匀的，则相应的紧致格林函数满足一维波动方程。令 x_1 方向沿导管轴(图 3.9.5(a))，我们有

$$G_1(\boldsymbol{x},\boldsymbol{y},t-\tau) = \frac{c_0}{2A}H\left(t-\tau-\frac{|x_1-y_1|}{c_0}\right),\quad |\boldsymbol{x}-\boldsymbol{y}| \gg \sqrt{A} \tag{3.9.11}$$

式中，H 是 Heaviside 阶跃函数。对于一个均匀的导管，其具有变截面的声学紧致截面，如图 3.9.5(b)中的颈部，紧致格林函数变为

$$G_1(\boldsymbol{x},\boldsymbol{y},t-\tau) = \frac{c_0}{2A}H\left(t-\tau-\frac{|X_1-Y_1|}{c_0}\right),\quad |\boldsymbol{x}-\boldsymbol{y}| \gg \sqrt{A} \tag{3.9.12}$$

式中，$X_1(\boldsymbol{x})$和 $Y_1(\boldsymbol{y})$为导管中离颈部很远的地方具有单位速度的不可压缩流体的速度势。

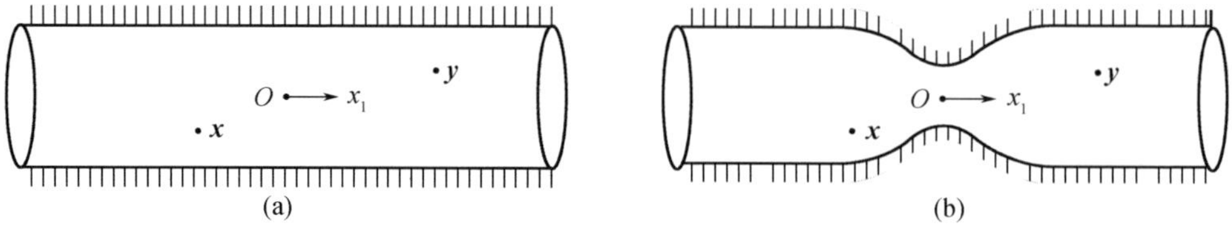

图 3.9.5

3.9.8 导管入口的紧致格林函数(Howe,1998a,b)

导管入口典型的几何形状如图 3.9.6(a)所示。在导管内,从入口开始的几个直径范围内,横截面积是均匀的,等于 A。然而,入口的几何形状可以是任意的,而不一定是图中所示的均匀圆柱体的几何形状。在导管入口平面处取坐标原点,负 x_1 轴沿管道轴线。那么,有以下两种情况。

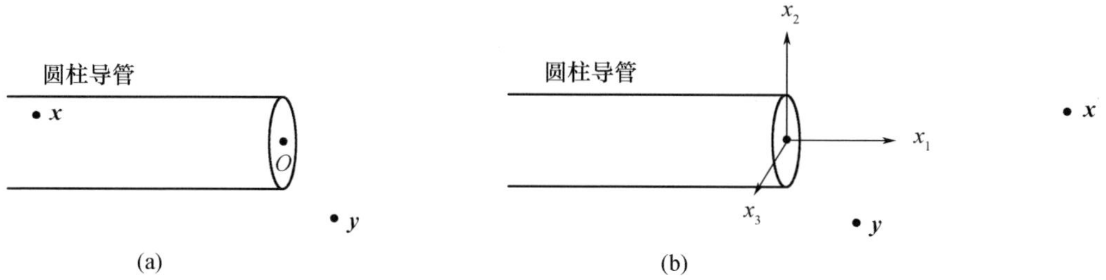

图 3.9.6

(1)导管内传播。

这适用于图 3.9.6(a)所示的情况,即声源 $\boldsymbol{y}$ 位于管道入口附近,观测者 $\boldsymbol{x}$ 位于管道内(反之亦然),此时特征声波波长与管道直径相比较大。

$$G_1(\boldsymbol{x},\boldsymbol{y},t-\tau)\approx\frac{c_0}{2A}\left\{H\left[t-\tau-\frac{|\varphi^*(\boldsymbol{x})-\varphi^*(\boldsymbol{y})|}{c_0}\right]-\right.$$

$$\left.H\left[t-\tau+\frac{|\varphi^*(\boldsymbol{x})+\varphi^*(\boldsymbol{y})|}{c_0}\right]\right\}\tag{3.9.13}$$

式中,速度势 $\varphi^*(\boldsymbol{y})$ 描述了管道的不可压缩流动

$$\varphi^*(\boldsymbol{x})\approx\begin{cases}x_1-\ell' & \text{在导管内当}|x_1|\gg\sqrt{A}\text{时}\\ -A/4\pi|\boldsymbol{x}| & \text{在导管外当}|\boldsymbol{x}|\gg\sqrt{A}\text{时}\end{cases}\tag{3.9.14}$$

其中,ℓ' 是管道开口的末端校正(Rayleigh,1945)(对于半径 $R=\sqrt{A/\pi}$ 的无凸缘圆柱体,$\ell'\approx0.61R$)。

(2)自由空间中的传播(图 3.9.6(b))。

当源或观测者位于距离管道入口较远的自由空间时,有

$$G_1(\boldsymbol{x},\boldsymbol{y},t-\tau)=\frac{1}{4\pi|\boldsymbol{X}-\boldsymbol{Y}|}\delta\left(t-\tau-\frac{(|\boldsymbol{X}(\boldsymbol{x})-\boldsymbol{Y}(\boldsymbol{y})|-[\varphi^*(\boldsymbol{x})+\varphi^*(\boldsymbol{y})])}{c_0}\right) \tag{3.9.15}$$

其中,φ^* 定义为式(3.9.14),并且 $\boldsymbol{X}(\boldsymbol{x})$、$\boldsymbol{Y}(\boldsymbol{y})$表示 Kirchhoff 向量,其 i 向分量是流体流经管道入口形成的固定表面的速度势,且在距离入口较远的导管外流体在 i 方向上具有单位速度(它们随进入管道的距离 $|x_1|$ 或 $|y_1|$ 而呈指数级减小)。$\varphi^*(\boldsymbol{x})$、$\varphi^*(\boldsymbol{y})$这两项考虑了管道入口附近的声源所产生的附加的微弱单极子声;声源压缩管道口内的流体,在管道内产生声波,声波与导管口的作用产生了等于单极子源强的体积流量。这个单极子的振幅与通常的由紧致格林函数确定的偶极子声的振幅具有同样的量级。

对于一个均匀的薄壁圆柱形管道,我们可以采取

$$\boldsymbol{X}(\boldsymbol{x})\equiv(x_1-\varphi^*(\boldsymbol{x}),X_2(\boldsymbol{x}),X_3(\boldsymbol{x})),\quad \boldsymbol{Y}(\boldsymbol{y})\equiv(y_1-\varphi^*(\boldsymbol{y}),Y_2(\boldsymbol{y}),Y_3(\boldsymbol{y}))$$

如果在管道内源坐标 $y_1\to-\infty$,则有

$$G_1(\boldsymbol{x},\boldsymbol{y},t-\tau)=\frac{1}{4\pi|\boldsymbol{x}|}\delta(t-\tau-(|\boldsymbol{x}|-y_1)/c_0),\quad |\boldsymbol{x}|\to\infty \tag{3.9.16}$$

这代表了以导管入口为中心的单极子声波。G 的这种极限形式可用于计算远离入口的内部源产生的低频自由空间辐射。

习　题　3

1. 一个方位角定向的偶极子毗邻一紧致刚性球体,采用紧致格林函数求解下式得出其辐射声

$$(\nabla^2+\kappa_0^2)\hat{\varphi}=f_2\frac{\partial}{\partial x_2}[\delta(x_1-L)\delta(x_2)\delta(x_3)]$$

其中

$$在|\boldsymbol{x}|=a 上,\ \frac{\partial\varphi}{\partial x_{\mathrm{n}}}=0$$

2. 一个径向偶极子毗邻一紧致截面刚性圆柱体,采用紧致格林函数求解下式得出其辐射声。

$$(\nabla^2+\kappa_0^2)\hat{\varphi}=f_1\frac{\partial}{\partial x_1}[\delta(x_1-L)\delta(x_2)\delta(x_3)]$$

其中

$$在(x_1^2+x_2^2)^{\frac{1}{2}}=a 上,\ \frac{\partial\varphi}{\partial x_{\mathrm{n}}}=0$$

3. 对如下偶极子重复问题 2：

$$f_2 \frac{\partial}{\partial x_2}[\delta(x_1-L)\delta(x_2)\delta(x_3)], \quad f_3 \frac{\partial}{\partial x_3}[\delta(x_1-L)\delta(x_2)\delta(x_3)]$$

4. 强度不变偶极子

$$q(\boldsymbol{x},t)=f_2 \frac{\partial}{\partial x_2}[\delta(x_1-Ut)\delta(x_2-h)\delta(x_3)], \quad f_2=\text{常数}$$

以等速 U 平移通过半径 $a<h$ 且中心轴与 x_3 轴重合的刚性圆柱体。证明当 $M=U/c_0\ll 1$ 时，由式(3.1.1)确定的远场声势由下式给出：

$$\varphi \approx \frac{f_2 M a^2}{2\pi|\boldsymbol{x}|(h^2+U^2[t]^2)^3}\left\{\frac{x_1 h}{|\boldsymbol{x}|}(3U^2[t]^2-h^2)+\frac{x_2 U[t]}{|\boldsymbol{x}|}(3h^2-U^2[t]^2)\right\}$$

其中

$$[t]=t-\frac{|\boldsymbol{x}|}{c_0}$$

5. 体积源

$$q(\boldsymbol{x},t)=q_0\delta(x_1-Ut)\delta(x_2-h)\delta(x_3), \quad q_0=\text{常数}$$

以等速 U 平移通过固定的刚性球，其球心在原点，半径 $a<h$。在 $M=U/c_0\ll 1$ 时，根据公式(3.1.1)确定远场声压 $p=-\rho_0\partial\varphi/\partial t$。

6. 点源 $q(\boldsymbol{x},t)=q_0\delta(x_1-Ut)\delta(x_2)\delta(x_3)$ ($q_0=$常数)沿图 3.9.5 所示的缩颈导管的对称轴以恒定的低马赫数速度 U 移动。如果导管的横截面积用 $S(x_1)$ 表示，其中 $x_1\to\pm\infty$ 时 $S(x_1)\to A$，使用下述近似

$$X_1=A\int_0^{x_1}\frac{\mathrm{d}\xi}{S(\xi)}, \quad Y_1=A\int_0^{y_1}\frac{\mathrm{d}\xi}{S(\xi)}$$

计算声源通过过程中颈部辐射的声压。

7. 在不可压缩流体中，由刚体附近的源 $q(\boldsymbol{x},t)$ 分布所产生的速度势由下式的解确定：

$$\nabla^2\varphi=q(\boldsymbol{x},t)$$

证明在离物体很远的地方(在流体动力远场)，解的单极子和偶极子分量可以用紧致格林函数的如下不可压缩极限计算出来：

$$G(\boldsymbol{x},\boldsymbol{y},t-\tau)=\frac{-\delta(t-\tau)}{4\pi|\boldsymbol{X}-\boldsymbol{Y}|}$$

8. 在理想的不可压缩的、无穷远处静止的流体中，一个刚体以速度 $U_j(t)$ 在 j 方向做无旋转的平移。证明流体运动的速度势为

$$\Phi=U_j\varphi_j^*$$

在一个固定的参考系中，压力可以由伯努利方程计算出来：

$$\frac{\partial\Phi}{\partial t}+\frac{p}{\rho_0}+\frac{1}{2}(\nabla\Phi)^2=0$$

利用这些结果证明由物体施加在流体上的力的公式(3.8.7)。

9. 半径为 a 的紧致刚性圆盘以垂直于自身的速度 $U(t)$ 进行小幅振动。在不受干扰的状态中，它位于 $x_1=0$ 的平面中且其中心位于原点。如果在圆盘 $x_1=\pm 0$、$\sqrt{x_2^2+x_3^2}<a$ 的表面上有 $\varphi_1^*=\mp(2/\pi)\sqrt{a^2-x_2^2-x_3^2}$，证明由运动产生的声压由下式给出：

$$p(\boldsymbol{x},t)\approx\frac{2\rho_0 a^3\cos\theta}{3\pi c_0|\boldsymbol{x}|}\frac{\partial^2 U}{\partial t^2}\left(t-\frac{|\boldsymbol{x}|}{c_0}\right),\quad |\boldsymbol{x}|\to\infty,\quad \cos\theta=\frac{x_1}{|\boldsymbol{x}|}$$

第 4 章
涡　　量

4.1　涡量与不可压缩流的动能

4.1.1　Kelvin (1867)的定义

Kelvin 在不可压缩流体力学方面做了许多开创性工作。他对均匀不可压缩流体中的**旋涡**给出了以下定义：

“……部分流体的任何运动，均无法通过从其边界传递的流体压力获得。”

为了理解这个定义，考虑一个表面为 S 的固体做任意运动所产生的理想(即无黏)不可压缩流动(图 4.1.1)。由“从其边界传递的流体压力”引起的从静止状态开始的运动可以用速度势 φ 来描述，这样

$$\boldsymbol{v}(\boldsymbol{x},t)=\nabla\varphi,\quad \frac{\partial\varphi}{\partial x_{\mathrm{n}}}=U_{\mathrm{n}},\quad \text{在 } S \text{ 上}$$

式中，U_{n} 是速度在 S 上的法向分量。

在流体所占的瞬时区域 V 内没有源，其中$\nabla^2\varphi=0$。因此，流体的动能 T_0 为

$$\begin{aligned} T_0 &= \frac{1}{2}\rho_0\int_V(\nabla\varphi)^2\mathrm{d}^3\boldsymbol{x}=\frac{1}{2}\rho_0\int_V(\mathrm{div}\,(\varphi\,\nabla\varphi)-\varphi\,\nabla^2\varphi)\mathrm{d}^3\boldsymbol{x} \\ &= -\frac{1}{2}\rho_0\oint_S\varphi\,\frac{\partial\varphi}{\partial x_{\mathrm{n}}}\mathrm{d}S\equiv-\frac{1}{2}\rho_0\oint_S\varphi U_{\mathrm{n}}\mathrm{d}S \end{aligned} \tag{4.1.1}$$

这里使用散度定理得到了上式的第二行(图 4.1.1 中无穷远处的曲面 Σ 没有贡献，这里 $\varphi\sim O(1/|\boldsymbol{x}|^2)$)。这个公式意味着如果 S 突然停止($U_{\mathrm{n}}\to 0$)，流体中任何地方的运动都立即停止，这是因为仅当$\nabla\varphi\equiv 0$ 时，$\int_V(\nabla\varphi)^2\mathrm{d}^3\boldsymbol{x}$ 才消失为零。

这种非物理行为在真实流体中是观察不到的，原因有两点：(1)没有流体是完全不可压缩的，边界条件变化产生的信号以有限声速传播；(2)涡量从边界扩散给流体提供了不可复原的动能。

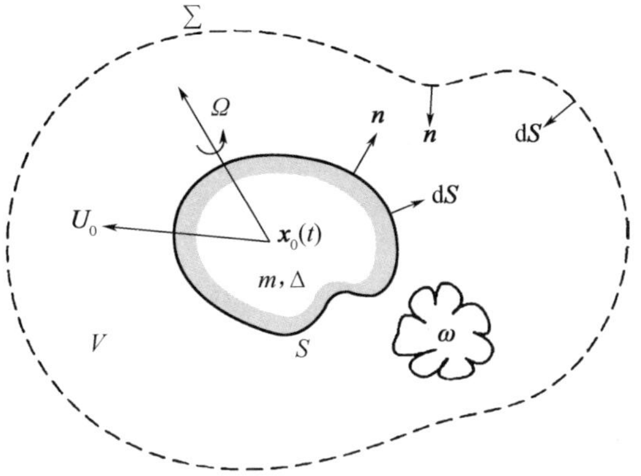

图 4.1.1

对于不可压缩真实流体，有

$$v = \nabla\varphi + u$$

并定义涡量 ω

$$\omega = \text{curl } u \equiv \text{curl } v$$

如果 φ 按照上面定义（对于理想流体），那么，由于 $\text{div } u = 0$ 和 S 上法向分量 $u_n = n \cdot u = 0$，则动能变成

$$\begin{aligned} T &= \frac{1}{2}\rho_0\int_V (\nabla\varphi + u)^2 \text{d}^3 x = \frac{1}{2}\rho_0\int_V ((\nabla\varphi)^2 + 2\nabla\varphi \cdot u + u^2)\text{d}^3 x \\ &= \frac{1}{2}\rho_0\int_V ((\nabla\varphi)^2 + u^2)\text{d}^3 x + \rho_0\int_V \text{div } (\varphi u)\text{d}^3 x \\ &= \frac{1}{2}\rho_0\int_V ((\nabla\varphi)^2 + u^2)\text{d}^3 x - \rho_0\oint_S \varphi u_n \text{dS} \\ &= -\frac{1}{2}\rho_0\oint_S \varphi u_n \text{dS} + \frac{1}{2}\rho_0\int_V u^2 \text{d}^3 x \equiv T_0 + \frac{1}{2}\rho_0\int_V u^2 \text{d}^3 x \end{aligned} \tag{4.1.2}$$

当表面运动停止时，由速度势 φ 描述的流动立即停止，但与旋转速度 u 相关的流动仍然存在。旋转流与无旋流之间的关键区别在于，一旦旋涡运动形成，其持续进行不再依赖于流体是否受移动边界或其他外部作用持续驱动。

式(4.1.2)还建立了 Kelvin 定理，即 $T \geqslant T_0$：真实流动($u \neq 0$)的动能总是超过相应的理想无旋流动的动能。换句话说，无旋运动表示动边界能在流体中产生的最小可能扰动。

4.2 涡量方程

设 v_A 表示点 A 在 x 处的流体速度。在 $x + \delta x$ 处的邻近点 B 上的速度 v_B 可以写

成(Goldstein,1960):

$$\boldsymbol{v}_B \approx \boldsymbol{v}_A + (\delta\boldsymbol{x}\cdot\nabla)\boldsymbol{v}$$
$$= \boldsymbol{v}_A + \frac{1}{2}\boldsymbol{\omega}\wedge\delta\boldsymbol{x} + \frac{1}{2}\nabla(e_{ij}\delta x_i\delta x_j)$$

这里 e_{ij} 是应变率张量(2.1.3),第二行的梯度是关于 $\delta\boldsymbol{x}$ 的。第二行的前两项表示 A 和 B 作为刚体的运动,由以速度 $\boldsymbol{v}_A$ 的平移和以角速度 $\frac{1}{2}\boldsymbol{\omega}$ 的旋转组成;最后一项是梯度,代表了 A 的邻域内流体的无旋变形。

如果我们考虑一个中心在 A 的球形流体微团,其变形对应于一个向椭球体进行的形变,椭球体的主轴对应于 e_{ij} 的主轴。如果一个球形微团突然固结而不改变角动量,它将以角速度 $\boldsymbol{\omega}/2$ 旋转,所以当一个中心在 A 的无穷小圆球形流体突然固结而不改变角动量时,$\boldsymbol{\omega}$ 可以被定义为实心球体初始角速度的两倍(但对于任意形状的体积单元来说是不真实的)。因此,涡量可以看作是一个流体微团角动量的度量。这与前面关于动能的结论是一致的,因为角动量守恒表明,涡量与流体的固有动能有关,并决定了当边界静止时,在不可压缩流体中持续的运动。

涡线沿其长度的所有点的切线方向都与涡量矢量一致,通过简单闭合曲线的每一点的涡线构成涡管的边界。对于小横截面积 δS 的涡管,其乘积 $\omega\delta S$ 称为涡管强度,它是恒定的,因为

$$\text{div}\,\boldsymbol{\omega} = \text{div}\,(\text{curl}\,\boldsymbol{v}) \equiv 0$$

因此,散度定理意味着对于任何封闭表面都有 $\oint\boldsymbol{\omega}\cdot \mathrm{d}\boldsymbol{S}=0$,特别是对于由管的两个横截面和隔开它们的管壁所形成的表面,在后者上 $\boldsymbol{\omega}\cdot\mathrm{d}\boldsymbol{S}=0$。因此,涡管和涡线不能在流体内开始或结束。无滑移条件(Batchelor,1967)要求边界上的流体速度与边界速度相同。因此,涡线必须形成一个闭环,或者在旋转表面 S 上结束,在旋转表面上

$$\boldsymbol{n}\cdot\boldsymbol{\omega} = 2\boldsymbol{n}\cdot\boldsymbol{\Omega} \tag{4.2.1}$$

式中,Ω 是 S 的角速度。

我们将证明涡量是通过对流和分子扩散传输的。因此,通常可以假定涡环的初始控制区域保持在一个有界区域内。在没有体积力 $\boldsymbol{F}$ 的情况下,我们用等式 $\text{curl curl}\,\boldsymbol{A} = \text{grad div}\,\boldsymbol{A} - \nabla^2\boldsymbol{A}$ 来写等熵流的动量方程(1.2.3),其形式如下

$$\frac{\partial\boldsymbol{v}}{\partial t} + (\boldsymbol{v}\cdot\nabla)\boldsymbol{v} + \nabla\left(\int\frac{\mathrm{d}p}{\rho}\right) = -\nu\left(\text{curl}\,\boldsymbol{\omega} - \frac{4}{3}\nabla(\text{div}\,\boldsymbol{v})\right)$$

利用向量恒等式

$$(\boldsymbol{v}\cdot\nabla)\boldsymbol{v} = \boldsymbol{\omega}\wedge\boldsymbol{v} + \nabla\left(\frac{1}{2}v^2\right) \tag{4.2.2}$$

动量方程可以化为 **Crocco 形式**

$$\frac{\partial\boldsymbol{v}}{\partial t} + \boldsymbol{\omega}\wedge\boldsymbol{v} + \nabla B = -\nu\left(\text{curl}\,\boldsymbol{\omega} - \frac{4}{3}\nabla(\text{div}\,\boldsymbol{v})\right) \tag{4.2.3}$$

式中

$$B=\int\frac{\mathrm{d}p}{\rho}+\frac{1}{2}v^2 \tag{4.2.4}$$

是等熵流的**总焓**。向量 $\boldsymbol{\omega}\wedge\boldsymbol{v}$ 有时被称为 **Lamb(兰姆)向量**。当流体为不可压缩时(或者当 div $\boldsymbol{v}$ 中表示可压缩性的项对黏性耗散的影响很小而被忽略时),Crocco 方程简化为

$$\frac{\partial\boldsymbol{v}}{\partial t}+\boldsymbol{\omega}\wedge\boldsymbol{v}+\nabla B=-\nu\,\mathrm{curl}\,\boldsymbol{\omega} \tag{4.2.5}$$

在这种情况下,只有 $\boldsymbol{\omega}\neq 0$ 之处才会产生耗散。

式(4.2.3)的旋度和 curl curl $\boldsymbol{\omega}\equiv-\nabla^2\boldsymbol{\omega}$ 关系导出了恒定剪切黏性 Stokes 流体的**涡量方程**:

$$\frac{\partial\boldsymbol{\omega}}{\partial t}+\mathrm{curl}\,(\boldsymbol{\omega}\wedge v)=\nu\,\nabla^2\boldsymbol{\omega} \tag{4.2.6}$$

对于不可压缩流体 div $\boldsymbol{\omega}$=div $\boldsymbol{v}$=0,且

$$\mathrm{curl}\,(\boldsymbol{\omega}\wedge\boldsymbol{v})\equiv(\boldsymbol{v}\cdot\nabla)\boldsymbol{\omega}+\boldsymbol{\omega}\,\mathrm{div}\,\boldsymbol{v}-(\boldsymbol{\omega}\cdot\nabla)\boldsymbol{v}-\boldsymbol{v}\,\mathrm{div}\,\boldsymbol{\omega}=(\boldsymbol{v}\cdot\nabla)\boldsymbol{\omega}-(\boldsymbol{\omega}\cdot\nabla)\boldsymbol{v}$$

因此涡量方程也可以写为

$$\frac{\mathrm{D}\boldsymbol{\omega}}{\mathrm{D}t}=(\boldsymbol{\omega}\cdot\nabla)\boldsymbol{v}+\nu\,\nabla^2\boldsymbol{\omega} \tag{4.2.7}$$

右边的项表示在不可压缩流体中运动微团涡量变化的机理:

(1)$(\boldsymbol{\omega}\cdot\nabla)\boldsymbol{v}$。

考虑图 4.2.1 中 A 处的一个流体质点①,在时刻 t 其速度为 $\boldsymbol{v}$。设 A 处的涡量为 $\boldsymbol{\omega}=\omega\boldsymbol{n}$,其中 $\boldsymbol{n}$ 为单位矢量,并考虑 B 处的一个相邻质点,其在 $\boldsymbol{n}$ 方向上与 A 相距很小的距离 s;即 $s\boldsymbol{n}$ 是 B 相对于 A 的位置。在时刻 t 时,A 点和 B 点位于通过 A 的涡线上,B 处的速度为 $\boldsymbol{v}+s(\boldsymbol{n}\cdot\nabla)\boldsymbol{v}$。在一个很短的时间 δt 后,A 移动了一个向量距离 $\boldsymbol{v}\delta t$ 到 A',B 移动到 B',其相对 A' 的位置为 $s(\boldsymbol{n}+(\boldsymbol{n}\cdot\nabla)\boldsymbol{v}\delta t)$。在这段时间内,涡量方程中的项 $(\boldsymbol{\omega}\cdot\nabla)\boldsymbol{v}$ 使初始在 A 处的质点的涡量由 $\omega\boldsymbol{n}$ 变为 A' 处的 $\omega(\boldsymbol{n}+(\boldsymbol{n}\cdot\nabla)\boldsymbol{v}\delta t)$。因此,通过 A' 的涡线沿着从 A' 到 B' 的相对矢量 $s(\boldsymbol{n}+(\boldsymbol{n}\cdot\nabla)\boldsymbol{v}\delta t)$ 的方向。因此,流体质点和从 A 到 B 的涡线以同样的方式在流场中变形并对流。在它们的新位置上,A 和 B 继续位于同一涡线上。在没有黏性的情况下(当 $\nu\,\nabla^2\boldsymbol{\omega}$ 不出现在式(4.2.7)的右边时),涡线因此被说成随流体移动;它们以完全由 A 和 B 之间相对运动所决定的方式旋转和拉伸。$\boldsymbol{\omega}$ 增加的幅度直接与涡线的拉伸成正比。当涡管被拉伸时,横截面积 δS 减小,因此 ω 必须增大以保持涡管的强度。

---

① 在第 4.2 节第二自然段中 fluid particle 译为流体微团,以表明其可以发生形变。这里主要讨论运动,所以译为"质点"以加以区别。

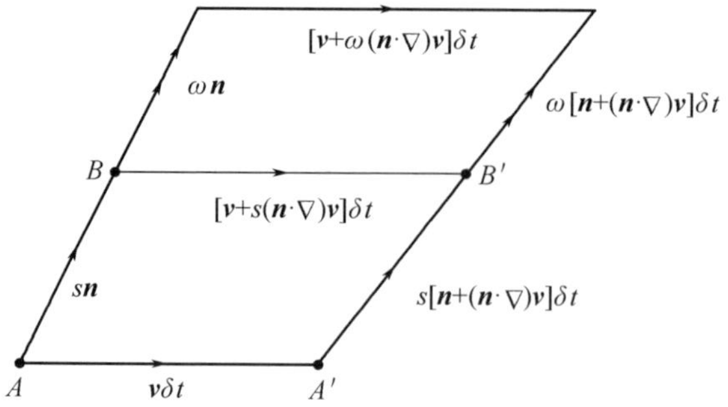

图 4.2.1

(2)$\nu\nabla^2\boldsymbol{\omega}$:涡量的分子扩散。

这一项只有在高剪切区,特别是在固体边界附近才是重要的。非常接近静止壁面时,速度变得很小,涡量方程(4.2.7)中的非线性项可以忽略不计。则可将方程简化为经典的扩散方程:

$$\frac{\partial \boldsymbol{\omega}}{\partial t}=\nu\nabla^2\boldsymbol{\omega}$$

涡量是在固体边界产生的,而黏性则是它扩散到流体中去的原因,在流体中,涡量可随流体对流。

可以这样理解,黏性仅仅将涡量从表面扩散到流体中,而不产生额外的涡量。在理想流体中,流体在表面上的滑移,在表面上产生一个单一的涡量层,称为**涡片**,其强度由表面与外部理想流体之间的速度差决定。这种涡量停留在表面;如果流体突然被赋予黏性,涡量就会开始扩散到流体中。扩散率取决于 ν 的值,但可从表面扩散的涡量总量是不依赖于 ν 的。

封闭物质线 C 上的**环量** Γ 定义为

$$\Gamma=\oint_C \boldsymbol{v}\cdot \mathrm{d}\boldsymbol{x}=\int_{S'}\mathrm{curl}\ \boldsymbol{v}\cdot \mathrm{d}\boldsymbol{S}\equiv\int_{S'}\boldsymbol{\omega}\cdot \mathrm{d}\boldsymbol{S}$$

式中,S'为任意双面曲面,其边界为 C。当 $\nu=0$ 时,等熵流中的运动以这样一种方式演变,即围绕移动物质线的环量保持不变:

$$\frac{\mathrm{D}\Gamma}{\mathrm{D}t}=\frac{\mathrm{D}}{\mathrm{D}t}\oint_C \boldsymbol{v}\cdot \mathrm{d}\boldsymbol{x}=\oint_C \nabla\left(-\int\frac{\mathrm{d}p}{\rho}+\frac{1}{2}v^2\right)\cdot \mathrm{d}\boldsymbol{x}\equiv 0 \tag{4.2.8}$$

这就是 **Kelvin(开尔文)环量定理**。因此,涡量既不能在无黏和等熵体中产生,也不能消亡。

4.2.1　涡片

当黏性扩散可以忽略时,涡片是一种有用的薄层涡量模型。想象一个薄薄的剪切层(图 4.2.2),越过此层,速度从 $\boldsymbol{v}_-$ 迅速变为 $\boldsymbol{v}_+$。我们用一个单位法线为 $\boldsymbol{n}$ 的曲面

$f(\boldsymbol{x},t)=0$ 来近似该层,则跨越此层时,其速度的法向分量是相等的($\boldsymbol{n}\cdot\boldsymbol{v}_-=\boldsymbol{n}\cdot\boldsymbol{v}_+$),但切向分量是不连续的($\boldsymbol{n}\wedge\boldsymbol{v}_-\neq\boldsymbol{n}\wedge\boldsymbol{v}_+$)。在曲面的 ± 面上分别设 $f\lessgtr 0$。在薄片附近,在任何一边,都可以假设 curl $\boldsymbol{v}_\pm=\boldsymbol{0}$,我们可以设置

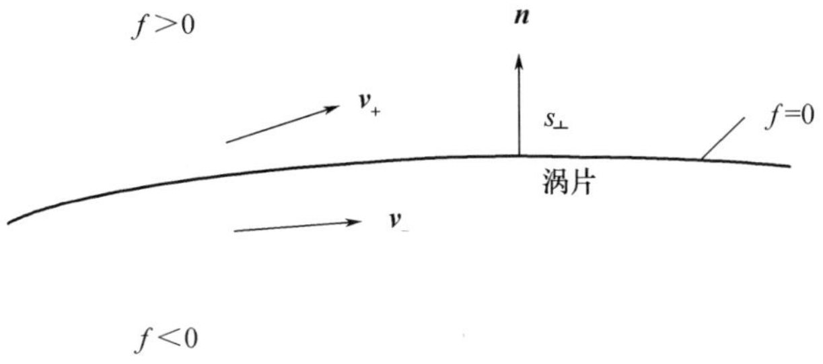

图 4.2.2

$$\boldsymbol{v}=H(f)\boldsymbol{v}_++H(-f)\boldsymbol{v}_-$$

因此

$$\boldsymbol{\omega}=\nabla H\wedge(\boldsymbol{v}_+-\boldsymbol{v}_-)=\boldsymbol{n}\wedge(\boldsymbol{v}_+-\boldsymbol{v}_-)\delta(s_\perp) \tag{4.2.9}$$

式中,$\nabla H\equiv\nabla H(f)=-\nabla H(-f)=\boldsymbol{n}\delta(s_\perp)$,且 $s_\perp$ 是从薄层量起的法线方向距离。

在真实流体中,涡量会从涡片上扩散出去,因此不能持续存在。在理想流体中,涡片只受对流和流体局部平均速度流动拉伸的影响,其中局部平均速度为

$$\boldsymbol{v}=\frac{1}{2}(\boldsymbol{v}_++\boldsymbol{v}_-) \tag{4.2.10}$$

式中,$\boldsymbol{v}_\pm$ 表示在涡片的紧上方和紧下方取值。

4.3　Biot-Savart 定律

在无界流体中,速度 $\boldsymbol{v}$ 总是可以用标量势 φ 和矢量势 $\boldsymbol{A}$ 来表示:

$$\boldsymbol{v}=\nabla\varphi+\text{curl}\,\boldsymbol{A},\text{这里 div}\,\boldsymbol{A}=0$$

依次用散度和旋度(用公式 curl curl $\boldsymbol{A}=$grad div $\boldsymbol{A}-\nabla^2\boldsymbol{A}$)求出确定 φ 和 $\boldsymbol{A}$ 的方程组

$$\nabla^2\varphi=\text{div}\,\boldsymbol{v},\quad \nabla^2\boldsymbol{A}=-\text{curl}\,\boldsymbol{v}\equiv-\boldsymbol{\omega}$$

对于不可压缩的、无界的、在无穷远处处于静止状态的流体,我们可以令 $\varphi=0$。我们使用由式(1.4.6)(即由式(3.2.6) 在 $\kappa_0=0$ 时的不可压缩极限)确定的拉普拉斯方程的格林函数来得到 $\boldsymbol{A}$

$$\boldsymbol{A}=\int\frac{\boldsymbol{\omega}(\boldsymbol{y},t)\mathrm{d}^3\boldsymbol{y}}{4\pi|\boldsymbol{x}-\boldsymbol{y}|}$$

然后由 **Biot-Savart**(毕奥—萨伐尔)公式给出速度

$$\boldsymbol{v}(\boldsymbol{x},t)=\text{curl}\int\frac{\boldsymbol{\omega}(\boldsymbol{y},t)\mathrm{d}^3\boldsymbol{y}}{4\pi|\boldsymbol{x}-\boldsymbol{y}|} \tag{4.3.1}$$

这是一个矢量 $\boldsymbol{v}$ 和 $\boldsymbol{\omega}=\operatorname{curl}\boldsymbol{v}$ 之间的纯粹的运动学关系，其中 $\boldsymbol{v}$ 会在无穷远处消失。

由于涡量是通过对流和扩散传输的，涡量的初始控制区域将趋向于保持在一个有界区域内，因此可以假定当 $|\boldsymbol{x}|\to\infty$ 时 $\boldsymbol{\omega}\to 0$。散度定理表明

$$\int\omega_i(\boldsymbol{y},t)\mathrm{d}^3\boldsymbol{y}=-\oint_\Sigma y_i\omega_j(\boldsymbol{y},t)n_j\mathrm{d}S(\boldsymbol{y})\equiv 0$$

其中，表面 Σ（法线 $\boldsymbol{n}$ 向内）足够大，可以容纳所有的涡量。通过使用这个结果和 $|\boldsymbol{x}|\to\infty$ 时的展开式(1.9.3)，我们即从式(4.3.1)中导出流体动力远场中的以下近似：

$$\boldsymbol{v}(\boldsymbol{x},t)\approx\operatorname{curl}\left(\frac{x_j}{4\pi|\boldsymbol{x}|^3}\int y_j\boldsymbol{\omega}(\boldsymbol{y},t)\mathrm{d}^3\boldsymbol{y}\right)\sim O\left(\frac{1}{|\boldsymbol{x}|^3}\right),\ |\boldsymbol{x}|\to\infty \tag{4.3.2}$$

此外，散度定理还隐含了

$$\int\operatorname{div}\left(y_iy_j\boldsymbol{\omega}(\boldsymbol{y},t)\right)\mathrm{d}^3\boldsymbol{y}=0$$

因此

$$\int\left(y_i\omega_j(\boldsymbol{y},t)+y_j\omega_i(\boldsymbol{y},t)\right)\mathrm{d}^3\boldsymbol{y}=0$$

这可将式(4.3.2)表达为下述任何一种等价形式

$$\boldsymbol{v}(\boldsymbol{x},t)\approx\operatorname{curl}\operatorname{curl}\left(\frac{\boldsymbol{I}}{4\pi|\boldsymbol{x}|}\right)=\operatorname{grad}\operatorname{div}\left(\frac{\boldsymbol{I}}{4\pi|\boldsymbol{x}|}\right),\quad|\boldsymbol{x}|\to\infty$$

其中

$$\boldsymbol{I}=\frac{1}{2}\int\boldsymbol{y}\wedge\boldsymbol{\omega}(\boldsymbol{y},t)\mathrm{d}^3\boldsymbol{y} \tag{4.3.3}$$

（见习题 4 的第 2 题）。该矢量 $\boldsymbol{I}$ 称为涡流系统的冲量，是无界流体中的绝对常数（见第 4.4 节）。这些公式根据矢量势 $\boldsymbol{A}=\operatorname{curl}(\boldsymbol{I}/4\pi|\boldsymbol{x}|)$ 或标量势 $\varphi=\operatorname{div}(\boldsymbol{I}/4\pi|\boldsymbol{x}|)$，给出了 $\boldsymbol{v}$ 在流体动力远场（运动完全无旋）中的替换表征（Batchelor(1967) 用 $\boldsymbol{P}/\rho_0$ 表示 $\boldsymbol{I}$；Lighthill(1978,1986)使用 $\boldsymbol{G}$）。

4.3.1 动能

利用 Biot-Savart 公式，可以证明无界（三维）不可压缩流体的动能是由涡量给出的：

$$T=\frac{\rho_0}{8\pi}\iint\frac{\boldsymbol{\omega}(\boldsymbol{x},t)\cdot\boldsymbol{\omega}(\boldsymbol{y},t)}{|\boldsymbol{x}-\boldsymbol{y}|}\mathrm{d}^3\boldsymbol{x}\mathrm{d}^3\boldsymbol{y} \tag{4.3.4}$$

还可以导出以下表达式（使用式(4.2.2)）

$$T=\rho_0\int x\cdot(\boldsymbol{\omega}\wedge\boldsymbol{v})(\boldsymbol{x},t)\mathrm{d}^3\boldsymbol{x} \tag{4.3.5}$$

4.3.2 具有内边界的不可压缩流动

设图 4.1.1 中的刚体具有体积 Δ，并在无穷远处静止的不可压缩流体中运动，速度为

$$\boldsymbol{U}=\boldsymbol{U}_0+\boldsymbol{\Omega}\wedge(\boldsymbol{x}-\boldsymbol{x}_0(t)) \tag{4.3.6}$$

式中，$\boldsymbol{U}_0=\mathrm{d}\boldsymbol{x}_0/\mathrm{d}t$ 是它的体积中心 $\boldsymbol{x}_0(t)$ 的速度，$\boldsymbol{\Omega}(t)$ 是它的角速度。

以常用的方式，令 $f(\boldsymbol{x},t)$ 在 S 里为零，在流体里 $f>0$。则 $H(f)\boldsymbol{v}+H(-f)\boldsymbol{U}$ 是各处的速度，无论是流体中的还是固体中的(等于 $\boldsymbol{U}(\boldsymbol{x},t)$)。但是

$$H(f)\boldsymbol{v}+H(-f)\boldsymbol{U}=\nabla\varphi+\mathrm{curl}\,\boldsymbol{A},\quad(\mathrm{div}\,\boldsymbol{A}=0)$$

物体有恒定的体积($\mathrm{div}\,\boldsymbol{U}=0$)，但 $\mathrm{curl}\,\boldsymbol{U}=2\boldsymbol{\Omega}$。现在，$S$ 上无滑移条件意味着

$$\mathrm{div}\,(H(f)\boldsymbol{v}+H(-f)\boldsymbol{U})=\nabla H(f)\cdot(\boldsymbol{v}-\boldsymbol{U})\equiv 0$$

$$\mathrm{curl}\,(H(f)\boldsymbol{v}+H(-f)\boldsymbol{U})=H(f)\boldsymbol{\omega}+H(-f)2\boldsymbol{\Omega}$$

因此 $\varphi\equiv 0$，各处的速度由 Biot-Savart 公式(4.3.1)的以下修正给出：

$$\boldsymbol{v}(\boldsymbol{x},t)=\mathrm{curl}\int_V\frac{\boldsymbol{\omega}(\boldsymbol{y},t)\mathrm{d}^3\boldsymbol{y}}{4\pi|\boldsymbol{x}-\boldsymbol{y}|}+\mathrm{curl}\int_\Delta\frac{2\boldsymbol{\Omega}(t)\mathrm{d}^3\boldsymbol{y}}{4\pi|\boldsymbol{x}-\boldsymbol{y}|} \tag{4.3.7}$$

式中，V 为流体所占的体积。这个公式预报当 $\boldsymbol{x}$ 位于物体占据的区域 Δ 时，$\boldsymbol{v}=\boldsymbol{U}$。可以想象涡线连续进入固体。对于一个无界的流动，等式 $\int\mathrm{curl}\,(H(f)\boldsymbol{v}+H(-f)\boldsymbol{U})\mathrm{d}^3\boldsymbol{x}=0$ 意味着当 $|\boldsymbol{x}|\to\infty$ 时 $\boldsymbol{v}\sim O(1/|\boldsymbol{x}|^3)$。类似地，渐近表达式(4.3.3)仍然有效，只要积分包括物体所占的区域(其中 $\boldsymbol{\omega}=2\boldsymbol{\Omega}$)。该公式在无黏流动中也适用，但积分中必须包括物体表面涡片中的附着涡量的贡献。

4.3.3　吹灭蜡烛(Ligthhill 1963)

图 4.3.1 对涡量的意义作了一个有趣的说明，其中一股空气从管子中喷出，直冲蜡烛的火焰。假设管子的半径为 R，并且活塞在轴向距离 L 上的脉冲运动使空气以恒定的速度 V 排出。在理想流体情况下，外部的运动是无旋的，在离出口很远的地方类似于径向对称的源流。这种情况只在活塞运动时持续存在，在此期间，在距出口很远的距离 r 处的速度势类似于强度为 $q=\pi R^2V$ 单极子所产生的速度势：

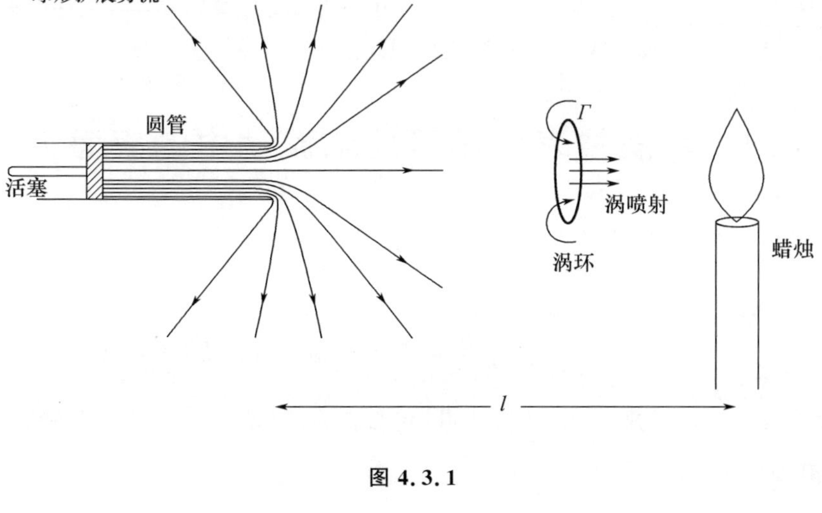

图 4.3.1

$$\varphi \sim -\frac{VR^2}{4r}$$

所以空气在远距离 ℓ 处吹向火焰的速度为

$$V_\varphi \sim \frac{V}{4}\frac{R^2}{\ell^2}$$

实际上，涡量会在管壁处产生。空气以射流的形式离开管道，离开的流体最初被包含在一个长度为 L 的圆柱形空气柱域中，空气柱相对管道的位移迫使势流 φ 产生。此外，涡量使管道处于柱域周边的圆柱形涡片内，穿过该涡片轴向速度从射流内 V 变为射流外的 0。这种薄片可以被描绘成半径为 R 的连续涡环，其核心半径极小。这些环在单位长度的射流中的环量为 V，它们在涡片上以局部平均空气速度 $\frac{1}{2}V$ 平移。因此，在活塞运动的时间 L/V 内，从管子中喷出的总环量为 $\Gamma=\frac{1}{2}LV$。

离开管子后不久，圆柱形旋涡卷起，形成环量为 Γ 的涡环，它通过自感应（由 Biot-Savart 公式(4.3.1)确定）以 Kelvin 估计的速度平移：

$$V_t \sim \frac{\Gamma}{4\pi R_0}\left[\ln\left(\frac{8R_0}{\sigma}\right)-\frac{1}{4}\right] \approx \frac{VL}{8\pi R_0}\left[\ln\left(\frac{8R_0}{\sigma}\right)-\frac{1}{4}\right]$$

式中，$R_0 \sim 1.2R$ 为涡环的半径，$\sigma \sim 0.2R_0$ 为其核心的半径（假定为圆形横截面）。一段时间 $t_\ell \sim \ell/V_t$ 后，涡环移动到火焰处。

涡环轴线上的空气在其中心形成一个局部射流，其中心线上的速度为

$$V_j \sim \frac{VL}{4R_0}$$

如果火焰熄灭，就是因为涡射流吹走了刚汽化的蜡中的热燃烧气体。

根据这一系列现象，蜡烛只是因为旋涡的存在而被吹灭。在没有它的情况下，在势流速度场为 V_φ 的吹气影响下，火焰几乎不会闪烁。下面的数值估计确证了这一结论。取 $V=10$ m/s，$L=1$ cm，$R=0.5$ cm、$\ell=0.3$ m。从而，$R_0 \approx 0.6$ cm、$\sigma \approx 0.12$ cm、$V_\varphi \approx 0.000\,7$ m/s、$V_t \approx 2.4$ m/s、$V_j \approx 4.2$ m/s、$t_\ell \approx 0.13$ s。

4.4 用涡量表示不可压缩流动中的表面力

我们现在导出体积中心速度为 $\boldsymbol{U}_0$、表面为 S 的刚体施加力 $\boldsymbol{F}$ 在不可压缩流体上的公式：

$$\boldsymbol{F} + m_0 \frac{\mathrm{d}\boldsymbol{U}_0}{\mathrm{d}t} = \rho_0 \frac{\mathrm{d}\boldsymbol{I}}{\mathrm{d}t} \equiv \frac{\rho_0}{2}\frac{\mathrm{d}}{\mathrm{d}t}\int \boldsymbol{x} \wedge \boldsymbol{\omega}(\boldsymbol{x},t)\,\mathrm{d}^3\boldsymbol{x} \tag{4.4.1}$$

式中，$\boldsymbol{I}$ 为式(4.3.3)中的积分定义的冲量，包括 S 内附着涡量的任何贡献；m_0 是被物体排开的流体质量。

参考图 4.1.1，令

$$\mathcal{F}=\text{施加在物体上以维持其运动的外力}$$

$$m=\text{物体的质量}$$

假定流体在无穷远处为静止状态。令 V 表示包含所有涡量的大封闭曲面 Σ 与物体表面 S 之间的流体，设 V_+ 表示包含物体体积 Δ 的 Σ 的内部。假定物体的体积中心是以速度 $\boldsymbol{U}_0(t)$ 运动的，但一般来说，物体也可能在与角速度 $\boldsymbol{\Omega}$ 相关的某些时刻旋转。整体运动方程为

$$m\frac{\mathrm{d}\boldsymbol{U}}{\mathrm{d}t}=\rho_0\frac{\mathrm{d}}{\mathrm{d}t}\int_V \boldsymbol{v}(\boldsymbol{x},t)\mathrm{d}^3\boldsymbol{x}=\mathcal{F}+\oint_\Sigma p(\boldsymbol{x},t)\mathrm{d}\boldsymbol{S}$$

$$m\frac{\mathrm{d}\boldsymbol{U}}{\mathrm{d}t}=\mathcal{F}-\boldsymbol{F}$$

式中，$\boldsymbol{U}$ 为物体质心的速度。化简这些方程，把体积积分推广到包括刚体所占的体积 Δ（其中 $\int_\Delta \boldsymbol{v}\mathrm{d}^3\boldsymbol{x}=\Delta\boldsymbol{U}_0$），我们也可以写出

$$\boldsymbol{F}+m_0\frac{\mathrm{d}\boldsymbol{U}_0}{\mathrm{d}t}=\rho_0\frac{\mathrm{d}}{\mathrm{d}t}\int_{V_+}\boldsymbol{v}(\boldsymbol{x},t)\mathrm{d}^3\boldsymbol{x}-\oint_\Sigma p(\boldsymbol{x},t)\mathrm{d}\boldsymbol{S} \tag{4.4.2}$$

现在令 $\boldsymbol{v}(\boldsymbol{x},t)=\operatorname{curl}\boldsymbol{A}$，向量势 $\boldsymbol{A}(\boldsymbol{x},t)$ 用 V_+ 上的 Biot-Savart 积分(4.3.1) 来定义，它包括物体所占的区域。那么，式(4.3.3)意味着在 Σ 上 $\boldsymbol{A}=\operatorname{curl}\,(\boldsymbol{I}(t)/4\pi|\boldsymbol{x}|)$，所以

$$\int_{V_+}\boldsymbol{v}(\boldsymbol{x},t)\mathrm{d}^3\boldsymbol{x}=\int_{V_+}\operatorname{curl}\boldsymbol{A}\,\mathrm{d}^3\boldsymbol{x}=-\int_\Sigma \boldsymbol{n}\wedge\boldsymbol{A}\,\mathrm{d}S\rightarrow-\int_\Sigma \boldsymbol{n}\wedge\operatorname{curl}\left(\frac{\boldsymbol{I}(t)}{4\pi|\boldsymbol{x}|}\right)\mathrm{d}S$$

类似地，在 Σ 上 $p\rightarrow-\rho_0\partial\varphi/\partial t$，其中，$\varphi=\operatorname{div}\,(\boldsymbol{I}(t)/4\pi|\boldsymbol{x}|)$（式(4.3.3)），因此

$$-\oint_\Sigma p(\boldsymbol{x},t)\mathrm{d}\boldsymbol{S}\rightarrow\rho_0\frac{\mathrm{d}}{\mathrm{d}t}\oint_\Sigma\varphi\boldsymbol{n}\,\mathrm{d}\boldsymbol{S}=\rho_0\frac{\mathrm{d}}{\mathrm{d}t}\oint_\Sigma\boldsymbol{n}\operatorname{div}\left(\frac{\boldsymbol{I}(t)}{4\pi|\boldsymbol{x}|}\right)\mathrm{d}S$$

因此，式(4.4.2)的右侧可以写成

$$\rho_0\frac{\mathrm{d}}{\mathrm{d}t}\oint_\Sigma\left\{-\boldsymbol{n}\wedge\operatorname{curl}\left(\frac{\boldsymbol{I}(t)}{4\pi|\boldsymbol{x}|}\right)+\boldsymbol{n}\operatorname{div}\left(\frac{\boldsymbol{I}(t)}{4\pi|\boldsymbol{x}|}\right)\right\}\mathrm{d}S$$

根据散度定理，这个表达式中的任意曲面 Σ 上的积分可以用一个大球 $|\boldsymbol{x}|=R$ 的表面积分来代替，因为

$$\{\operatorname{curl}\operatorname{curl}-\nabla\operatorname{div}\}(\boldsymbol{I}(t)/4\pi|\boldsymbol{x}|)=-\nabla^2(\boldsymbol{I}(t)/4\pi|\boldsymbol{x}|)\equiv0,\quad \text{对于}\ |\boldsymbol{x}|>0$$

在球面上，$\boldsymbol{n}=-\boldsymbol{x}/|\boldsymbol{x}|$，被积函数为 $\boldsymbol{I}(t)/4\pi R^2$；因此，积分正好等于 $\boldsymbol{I}(t)$。于是，式(4.4.2)简化为所期望的表示式(4.4.1)。

4.4.1　附着涡与附加质量

考虑一种特殊情况，刚体在一个没有涡量的、无界的、理想不可压缩流体中以速度 $\boldsymbol{U}(t)$ 做无旋转的加速运动（图 4.4.1）。我们在前面已经看到（第 3.8 节），施加在流体上

的力可以写为

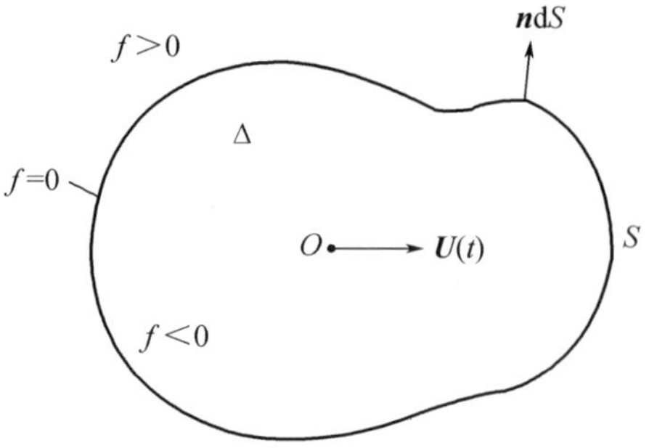

图 4.4.1

$$F_i = M_{ij}\frac{\mathrm{d}U_j}{\mathrm{d}t}$$

式中,M_{ij} 是附加质量张量式(3.8.6)。这个结果现在将从积分公式(4.4.1)导出。

在流体中没有涡量,但理想流体在 S 上的滑移产生了一个单一的附着涡量分布(涡片),必须用它来计算积分。为了计算附着涡量,我们需要一个空间各处速度的表达式,包括物体所占的区域,在其中 $\boldsymbol{v}\equiv\boldsymbol{U}$。

在流体中,我们可以令

$$\boldsymbol{v} = U_j\nabla\varphi_j^*$$

因此,通过引入一个与物体表面 S 重合的控制面 $f(\boldsymbol{x},t)=0$,在流体内 $f>0$ 和曲面内 $f<0$,则所需的速度公式为

$$\boldsymbol{v} = U_j H(f)\nabla\varphi_j^* + U_j H(-f)\nabla x_j$$

涡量为

$$\begin{aligned}\boldsymbol{\omega} &= \mathrm{curl}\,\{U_j H(f)\nabla\varphi_j^* + U_j H(-f)\nabla x_j\}\\ &= -U_j\nabla H\wedge\nabla(x_j-\varphi_j^*)\quad (\text{其中}\nabla H=\nabla H(f)=-\nabla H(-f))\\ &\equiv \mathrm{curl}\,\{U_j(x_j-\varphi_j^*)\nabla H\}\end{aligned}$$

式(4.4.1)相应地给出了如下形式的力

$$\boldsymbol{F} = -m_0\frac{\mathrm{d}\boldsymbol{U}}{\mathrm{d}t} + \frac{\rho_0}{2}\frac{\mathrm{d}}{\mathrm{d}t}\int\boldsymbol{x}\wedge\mathrm{curl}\,\{U_j(x_j-\varphi_j^*)\nabla H\}\mathrm{d}^3\boldsymbol{x}$$

现在,除了在物体表面 S,矢量 $\boldsymbol{A}=U_j(x_j-\varphi_j^*)\nabla H$ 都消失了。

$$\boldsymbol{x}\wedge\mathrm{curl}\,\boldsymbol{A} = 2\boldsymbol{A} + \nabla(\boldsymbol{x}\cdot\boldsymbol{A}) - \frac{\partial}{\partial x_j}(x_j\boldsymbol{A}),\quad \int(\cdot)\nabla H\mathrm{d}^3\boldsymbol{x} = \oint_S(\cdot)\mathrm{d}\boldsymbol{S} \tag{4.4.3}$$

这意味着

$$F_i = -m_0\frac{\mathrm{d}U_i}{\mathrm{d}t} + \rho_0\frac{\mathrm{d}}{\mathrm{d}t}\int U_j(x_j-\varphi_j^*)\frac{\partial H}{\partial x_i}\mathrm{d}^3\boldsymbol{x}$$

$$= -m_0 \frac{\mathrm{d}U_i}{\mathrm{d}t} + \rho_0 \frac{\mathrm{d}}{\mathrm{d}t}\oint_S U_j(x_j - \varphi_j^*) n_i \mathrm{d}S$$

但是

$$\rho_0 \oint_S x_j n_i \mathrm{d}S = \rho_0 \Delta \delta_{ij} \equiv m_0 \delta_{ij}$$

式中，Δ 等于由 S 所包含的体积，以及

$$\rho_0 \oint_S -\varphi_j^* n_i \mathrm{d}S = M_{ij}$$

这里 M_{ij} 是附加质量张量(3.8.8)。因此，在无旋流动中作用在流体上的力 $\equiv F_i = M_{ij}\dfrac{\mathrm{d}\boldsymbol{U}_j}{\mathrm{d}t}$。

4.4.2　运动物体作用于不可压缩流体上的力

式(4.4.1)中的积分定义了 $\mathrm{d}\boldsymbol{I}/\mathrm{d}t$ 的值，此积分可进行变换，以消除被积函数对 S 上附着涡量的强烈依赖。因为附着涡量是由 S 的运动和由流体中自由涡量引起 S 与流体间的相对运动而产生的。因此，任何重写 $\mathrm{d}\boldsymbol{I}/\mathrm{d}t$ 的尝试都必定受到 S 的形状和运动的强烈影响。我们只考虑了无旋转平移运动速度为 $\boldsymbol{U}(t)$ 的物体的重要特例，并证明了施加在流体上的力 $\boldsymbol{F}$ 的第 i 个分量也可以写成

$$F_i = M_{ij}\frac{\mathrm{d}U_i}{\mathrm{d}t} - \rho_0 \int_V \nabla X_i \cdot \boldsymbol{\omega} \wedge \boldsymbol{v}_{\mathrm{rel}} \mathrm{d}^3\boldsymbol{x} - \eta \oint_S \nabla X_i \cdot \boldsymbol{\omega} \wedge \mathrm{d}\boldsymbol{S}, \quad \boldsymbol{v}_{\mathrm{rel}} = \boldsymbol{v} - \boldsymbol{U} \tag{4.4.4}$$

式中，$\boldsymbol{v}_{\mathrm{rel}}$ 是流体相对于 S 的平动速度的速度；$X_i = x_i - \varphi_i^*(\boldsymbol{x}, t)$ 是 Kirchhoff 向量，在紧致格林函数(第 3.4 节)的定义中已经遇到过；$M_{ij} = M_{ji} = -\rho_0 \oint_S n_j \varphi_i^* \mathrm{d}S$ 是附加质量张量；X_i 表示一个理想流体流经 S 的速度势，其中流体在距离 S 较远处具有 i 方向的单位速度(它依赖于 t，因为使用了一个固定的坐标系)。

式(4.4.4)右边的第一项表示力的无黏分量，与附加质量有关。自由涡量的贡献由体积积分提供；最后一项来自 S 上面摩擦力的影响，在大雷诺数下，此项相对较小。现在，在 S 上 $\boldsymbol{v}_{\mathrm{rel}} = 0$，因此 S 上面以及与附近的涡量对体积分的贡献可以忽略不计；事实上，即使在无黏限制下，形成附着涡量的表面涡片对积分也没有贡献，因为 ∇X_i 与相对 Lamb 矢量 $\boldsymbol{\omega} \wedge \boldsymbol{v}_{\mathrm{rel}}$ 在 S 上正交。

为了从式(4.4.1)导出这个公式，我们引入通常的包围 S 的控制面 $f(\boldsymbol{x}, t) = 0$，在外部流动区域 $f > 0$，用 $H \equiv H(f)$ 乘以 Crocco 的等熵动量方程(4.2.5)，在所得方程上取旋度。使用公式

$$\frac{\mathrm{D}H}{\mathrm{D}t} \equiv \frac{\partial H}{\partial t} + \boldsymbol{v} \cdot \nabla H = 0$$

和在 S 上的无滑移条件，我们发现

$$\frac{\partial}{\partial t}(H\boldsymbol{\omega}) = -\frac{\partial}{\partial t}(\nabla H \wedge \boldsymbol{U}) - \operatorname{curl}((\nabla H \cdot \boldsymbol{U})\boldsymbol{U}) - \nabla H \wedge \nabla B$$
$$- \operatorname{curl}(H\boldsymbol{\omega} \wedge \boldsymbol{v}) - \nu \operatorname{curl}(H \operatorname{curl} \boldsymbol{\omega})$$

然后，由于在 S 里 $\boldsymbol{\omega}=\boldsymbol{0}$，则

$$\begin{aligned}\frac{\mathrm{d}}{\mathrm{d}t}\int \boldsymbol{x} \wedge \boldsymbol{\omega}(\boldsymbol{x},t)\mathrm{d}^3\boldsymbol{x} &= \frac{\mathrm{d}}{\mathrm{d}t}\int \boldsymbol{x} \wedge (H\boldsymbol{\omega})\mathrm{d}^3\boldsymbol{x} = \int \boldsymbol{x} \wedge \frac{\partial}{\partial t}(H\boldsymbol{\omega})\mathrm{d}^3\boldsymbol{x} \\ &= -\int \boldsymbol{x} \wedge \frac{\partial}{\partial t}(\nabla H \wedge \boldsymbol{U})\mathrm{d}^3\boldsymbol{x} - \int \boldsymbol{x} \wedge \operatorname{curl}((\nabla H \cdot \boldsymbol{U})\boldsymbol{U}\mathrm{d}^3\boldsymbol{x} \\ &\quad - \int \boldsymbol{x} \wedge (\nabla H \wedge \nabla B)\mathrm{d}^3\boldsymbol{x} - \int \boldsymbol{x} \wedge \operatorname{curl}(H\boldsymbol{\omega} \wedge \boldsymbol{v})\mathrm{d}^3\boldsymbol{x} \\ &\quad - \nu\int \boldsymbol{x} \wedge \operatorname{curl}(H \operatorname{curl} \boldsymbol{\omega})\mathrm{d}^3\boldsymbol{x} \\ &= 2\Delta\frac{\mathrm{d}\boldsymbol{U}}{\mathrm{d}t} + 0 + 2\oint_S B\,\mathrm{d}\boldsymbol{S} - 2\int_V \boldsymbol{\omega} \wedge \boldsymbol{v}\mathrm{d}^3\boldsymbol{x} - 2\nu\oint_S \boldsymbol{\omega} \wedge \mathrm{d}\boldsymbol{S}\end{aligned}$$

其中最后一行使用等式(4.4.3)。因此，采用后缀表示法，则有

$$\begin{aligned}\frac{\mathrm{d}I_i}{\mathrm{d}t} &\equiv \frac{1}{2}\frac{\mathrm{d}}{\mathrm{d}t}\int(\boldsymbol{x} \wedge \boldsymbol{\omega})_i \mathrm{d}^3\boldsymbol{x} = \Delta\frac{\mathrm{d}U_i}{\mathrm{d}t} + \oint_S B n_i \mathrm{d}S - \int_V \nabla x_i \cdot (\boldsymbol{\omega} \wedge \boldsymbol{v})\mathrm{d}^3\boldsymbol{x} \\ &\quad - \nu\oint_S \nabla x_i \cdot \boldsymbol{\omega} \wedge \mathrm{d}\boldsymbol{S}\end{aligned} \tag{4.4.5}$$

面积分 $\oint_S B n_i \mathrm{d}S$ 可以通过回顾以下关系消去：

$$\nabla^2\varphi_i^* = 0\text{，在 }S\text{ 上}\frac{\partial \varphi_i^*}{\partial x_n} \equiv n_j\frac{\partial \varphi_i^*}{\partial x_j} = n_i\text{，}\quad \text{在 }S\text{ 上}$$

因为当 $|\boldsymbol{x}| \to \infty$ 时 $\nabla^2\varphi_i^* \sim O(1/|\boldsymbol{x}|^3)$，散度定理表明 $\oint_S B n_i \mathrm{d}S = -\int_V \operatorname{div}(\nabla\varphi_i^* B)\mathrm{d}^3\boldsymbol{x} \equiv -\int_V \nabla\varphi_i^* \cdot \nabla B\mathrm{d}^3\boldsymbol{x}$。因此，使用 Crocco 等式(4.2.5)

$$\oint_S B n_i \mathrm{d}S = \int_V \operatorname{div}\left(\varphi_i^* \frac{\partial \boldsymbol{v}}{\partial t}\right)\mathrm{d}^3\boldsymbol{x} + \int_V \nabla\varphi_i^* \cdot \boldsymbol{\omega} \wedge \boldsymbol{v}\mathrm{d}^3\boldsymbol{x} - \nu\int_V \operatorname{div}(\nabla\varphi_i^* \wedge \boldsymbol{\omega})\mathrm{d}^3\boldsymbol{x}$$

右边的第一项和最后一项积分可通过散度定理进一步变换，对于第一项

$$\int_V \operatorname{div}\left(\varphi_i^* \frac{\partial \boldsymbol{v}}{\partial t}\right)\mathrm{d}^3\boldsymbol{x} = \frac{M_{ij}}{\rho_0}\frac{\mathrm{d}U_j}{\mathrm{d}t}$$

式中，$M_{ij} = M_{ji} = -\rho_0\oint_S n_j \varphi_i^* \mathrm{d}S$ 是式(3.8.6)的附加质量系数。

对于最后一项

$$-\nu\int_V \operatorname{div}(\nabla\varphi_i^* \wedge \boldsymbol{\omega})\mathrm{d}^3\boldsymbol{x} = \nu\oint_S \nabla\varphi_i^* \cdot \boldsymbol{\omega} \wedge \mathrm{d}\boldsymbol{S}$$

因此，替换式 (4.4.5)中的 $\oint_S B n_i \mathrm{d}S$，我们将得到

$$\frac{\mathrm{d}I_i}{\mathrm{d}t} = \Delta\frac{\mathrm{d}U_i}{\mathrm{d}t} + \frac{M_{ij}}{\rho_0}\frac{\mathrm{d}U_j}{\mathrm{d}t} - \int_V \nabla X_i \cdot \boldsymbol{\omega} \wedge \boldsymbol{v}\mathrm{d}^3\boldsymbol{x} - \nu\oint_S \nabla X_i \cdot \boldsymbol{\omega} \wedge \mathrm{d}\boldsymbol{S} \tag{4.4.6}$$

但是等式

$$\nabla X_i \cdot \boldsymbol{\omega} \wedge \boldsymbol{U} = \mathrm{div}\ (\boldsymbol{U}(\boldsymbol{v} \cdot \nabla X_i) - v(\boldsymbol{U} \cdot \nabla X_i) - (\boldsymbol{v} \cdot \boldsymbol{U})\nabla X_i)$$

意味着 $\int_V \nabla X_i \cdot \boldsymbol{\omega} \wedge \boldsymbol{U} \mathrm{d}^3 \boldsymbol{x} = 0$，因此式(4.4.6)也可以写为

$$\frac{\mathrm{d}I_i}{\mathrm{d}t} = \Delta \frac{\mathrm{d}U_i}{\mathrm{d}t} + \frac{M_{ij}}{\rho_0}\frac{\mathrm{d}U_j}{\mathrm{d}t} - \int_V \nabla X_i \cdot \boldsymbol{\omega} \wedge \boldsymbol{v}_{\mathrm{rel}} \mathrm{d}^3 \boldsymbol{x} - \nu \oint_S \nabla X_i \cdot \boldsymbol{\omega} \wedge \mathrm{d}\boldsymbol{S} \quad (4.4.7)$$

式中，$\boldsymbol{v}_{\mathrm{rel}} = \boldsymbol{v} - \boldsymbol{U}$。

现在通过将式(4.4.7)代入式(4.4.1)即可得到式(4.4.4)（注意 $m_0 = \rho_0 \Delta$）。

4.4.3　球体上的 Stokes 阻力

式(4.4.4)右边的第一项是用以加速物体附加质量所需的力。黏性表面摩擦力的第 i 分量是 $-\eta \oint_S (\boldsymbol{\omega} \wedge \mathrm{d}\boldsymbol{S})_i \equiv -\eta \oint_S \nabla x_i \cdot \boldsymbol{\omega} \wedge \mathrm{d}\boldsymbol{S}$。因此，在 S 上的法向压力的总贡献在式(4.4.4)中用下列项表示（因为 $X_i = x_i - \varphi_i^*$）

$$-\rho_0 \int_V \nabla X_i \cdot \boldsymbol{\omega} \wedge \boldsymbol{v}_{\mathrm{rel}} \mathrm{d}^3 \boldsymbol{x} + \eta \oint_S \nabla \varphi_i^* \cdot \boldsymbol{\omega} \wedge \mathrm{d}\boldsymbol{S}$$

式中，第二项是黏性分量，其大小与表面摩擦力相当，是由表面剪应力确定的压力场产生的。

球体上的 Stokes 阻力生动地说明了这一项的必要性。设球体半径为 a，并沿 x_1 轴以等速 $\boldsymbol{U} = (U, 0, 0)$ 平移，$U > 0$。在很小的雷诺数（$Re = aU/\nu \ll 1$）下，Crocco 方程(4.2.5)中的惯性项 $\boldsymbol{\omega} \wedge \boldsymbol{v}$ 和 $\nabla\left(\frac{1}{2}v^2\right)$ 可以去掉，这样（对于不可压缩流体）可以简化为在一个随球体一起运动的参考系中的蠕变流方程：

$$\nabla p = -\eta \,\mathrm{curl}\, \boldsymbol{\omega} \quad (4.4.8)$$

因此，压力和涡量都满足拉普拉斯方程 $\nabla^2 p = 0$、$\nabla^2 \boldsymbol{\omega} = \boldsymbol{0}$。根据对称性，$p$ 必须随 η 和 $\boldsymbol{U} \cdot \boldsymbol{x}$ 线性变化，在离球体很远的地方 p 应该消失的条件给出了偶极子解：

$$p = C\eta \frac{\boldsymbol{U} \cdot \boldsymbol{x}}{|\boldsymbol{x}|^3} \equiv -C\eta \,\mathrm{div}\left(\frac{\boldsymbol{U}}{|\boldsymbol{x}|}\right), \quad |\boldsymbol{x}| > a$$

式中，C 为常数。

同样，$\boldsymbol{\omega}$ 必须是 $\boldsymbol{U} \wedge \boldsymbol{x}$ 的线性函数：等式 $\mathrm{curl\ curl}\ (\boldsymbol{U}/|\boldsymbol{x}|) = \mathrm{grad\ div}\ (\boldsymbol{U}/|\boldsymbol{x}|)$ 和等式(4.4.8)隐含 $\boldsymbol{\omega} = C\mathrm{curl}\ (\boldsymbol{U}/|\boldsymbol{x}|) \equiv C(\boldsymbol{U} \wedge \boldsymbol{x})/|\boldsymbol{x}|^3$（$|\boldsymbol{x}| > a$）。常数 C 的值最容易通过以下方式得到：将这个关于 $\boldsymbol{\omega}$ 的表达式代入 Biot-Savart 公式(4.3.1)中并在球心 $\boldsymbol{x} = \boldsymbol{0}$ 处求出公式右侧的值，其中 $\boldsymbol{v} \equiv \boldsymbol{U}$。这就得到了 $C = 3a/2$，因此

$$\boldsymbol{\omega} = \mathrm{curl}\left(\frac{3a\boldsymbol{U}}{2|\boldsymbol{x}|}\right), \quad |\boldsymbol{x}| > a \quad (4.4.9)$$

作用在流体上的净力 F_1 在 x_1 方向上，且由式(4.4.4)右边的最后一个积分给出。它的大小等于 $D_S + D_P$，其中 D_S 和 D_P 分别是由表面摩擦力和黏性表面压力在球体上

产生的 Stokes 阻力分量。对于球体 $\varphi_1^* = -a^3 x_1/2|\boldsymbol{x}|^3$，我们很容易计算出 $F_1 = 6\pi\eta Ua$，并且

$$D_S = \eta \oint_S (\boldsymbol{\omega} \wedge \mathrm{d}\boldsymbol{S})_1 = -4\pi\eta Ua, \quad D_P = -\eta \oint_S \nabla\varphi_1^* \cdot \boldsymbol{\omega} \wedge \mathrm{d}\boldsymbol{S} = -2\pi\eta Ua$$

因此，压差阻力等于表面摩擦阻力的一半。

D_P 作为阻力的分量归因于球面上的法向压力，这种解释可以直接使用蠕变流近似式(4.4.8)来证实。因为在 S 上我们发现 $n_1 = \boldsymbol{n} \cdot \nabla\varphi_1^*$，利用散度定理，可得

$$\begin{aligned} D_P &= -\oint_S p n_1 \mathrm{d}S \equiv -\oint_S p\,\nabla\varphi_1^* \cdot \mathrm{d}\boldsymbol{S} = \int_V \nabla p \cdot \nabla\varphi_1^*\, \mathrm{d}^3\boldsymbol{x} \\ &= -\eta \int_V \mathrm{curl}\,\boldsymbol{\omega} \cdot \nabla\varphi_1^*\, \mathrm{d}^3\boldsymbol{x} = -\eta \oint_S \nabla\varphi_1^* \cdot \boldsymbol{\omega} \wedge \mathrm{d}\boldsymbol{S} \end{aligned}$$

其中式(4.4.8)和等式 $\mathrm{div}\,(\boldsymbol{A} \wedge \boldsymbol{B}) = \mathrm{curl}\,\boldsymbol{A} \cdot \boldsymbol{B} - \boldsymbol{A} \cdot \mathrm{curl}\,\boldsymbol{B}$ 已在第二行使用。

4.5 复 势

本章的其余部分将简要描述二维不可压缩流动的复势表示及其在这种流动中确定线涡运动方程的应用。这些结果将在后续章节中用于研究旋涡与表面相互作用发声的简单模型。

4.5.1 二维拉普拉斯方程

假设

$$w(z) = \varphi(x, y) + \mathrm{i}\psi(x, y), \quad z = x + \mathrm{i}y$$

在 Z 平面的区域 $\mathcal{D}$ 中是正则的(解析的)。实部 $\varphi(x, y)$ 和虚部 $\psi(x, y)$ 都是拉普拉斯方程的解。

$$\frac{\partial^2 \varphi}{\partial x^2} + \frac{\partial^2 \varphi}{\partial y^2} = 0, \frac{\partial^2 \psi}{\partial x^2} + \frac{\partial^2 \psi}{\partial y^2} = 0, \quad \text{在}\mathcal{D}\text{中}$$

设 $f(z)$ 在区域 $\mathcal{D}$ 上是正则的，并定义一个(共形)变换 $Z = f(z)$，将区域 $\mathcal{D}$ 映射到 $Z = X + \mathrm{i}Y$ 平面上的一个区域 $\mathcal{D}'$。设 $\mathcal{W}(z)$ 在区域 $\mathcal{D}'$ 上是正则的，其实部和虚部分别为 $\Phi(X, Y)$、$\Psi(X, Y)$，那么

$$\frac{\partial^2 \Phi}{\partial X^2} + \frac{\partial^2 \Phi}{\partial Y^2} = 0, \frac{\partial^2 \Psi}{\partial X^2} + \frac{\partial^2 \Psi}{\partial Y^2} = 0, \quad \text{在}\mathcal{D}'\text{中}$$

变换 $Z = f(z)$ 使我们可以定义一个相应的函数 $w(z) \equiv \varphi(x, y) + \mathrm{i}\psi(x, y) = \mathcal{W}(f(z))$，它在区域 $\mathcal{D}$ 上正则的，且导数为 $w'(z) = f'(z)\mathcal{W}'(f(z))$。对于在区域 $\mathcal{D}$ 和区域 $\mathcal{D}'$ 中对应的点，我们有

$$\varphi(x, y) = \Phi(X(x, y), Y(x, y)), \quad \psi(x, y) = \Psi(X(x, y), Y(x, y))$$

换句话说，区域 $\mathcal{D}'$ 中的拉普拉斯方程的解 Φ 和 Ψ 也是区域 $\mathcal{D}$ 中的拉普拉斯方程的解。

这些结果具有以下意义：在给定的二维有界区域$\mathcal{D}$内，拉普拉斯方程的解等价于变换区域$\mathcal{D}'$内拉普拉斯方程的解。如果有可能解决后一个问题，则可以通过变换回 z 平面来找到原问题在区域$\mathcal{D}$的解。困难可能出现在 $f'(z)=0$ 的孤立点和 $f(z)$非正则的点，但这些通常可以通过仔细检查这些点附近的变换特征来处理。

4.5.2 二维流体动力

通过引入复势 $w(z)=\varphi(x,y)+\mathrm{i}\psi(x,y)$，可以研究理想不可压缩流体在平行于 xy 面的平面中的无旋运动。速度 v 为

$$\boldsymbol{v}=\nabla\varphi=(\partial\varphi/\partial x,\partial\varphi/\partial y)$$

函数 ψ 称为流函数。对于定常运动，在(x,y)处的速度不随时间而变化，流体微团沿着固定的流线系统运动，每一条流线都是曲线族（$\psi(x,y)$等于常数）中的一员。

$\varphi(x,y)$和 $\psi(x,y)$两者都是拉普拉斯方程的解，并满足 Cauchy－Riemann 方程：

$$\frac{\partial\varphi}{\partial x}=\frac{\partial\psi}{\partial y},\quad \frac{\partial\varphi}{\partial y}=-\frac{\partial\psi}{\partial x}$$

这意味着$\nabla\varphi\cdot\nabla\psi=0$，亦即，流线与等势线（$\varphi=$常数）呈直角正交。如果 $\boldsymbol{v}=(u,v)$，则复速度

$$w'(z)=\frac{\partial\varphi}{\partial x}-\mathrm{i}\frac{\partial\varphi}{\partial y}\equiv u-\mathrm{i}v$$

也是正则的。

事实上，$w(z)$是关于 z 的正则函数可以大大简化许多问题的求解。这将通过考虑基于复变量理论的两种方法来说明。

方法 1：利用每一个正则函数 $w(z)$的实部和虚部，求出一个可能的流动的速度势和流函数。因此，可以通过研究任意选定的 $w(z)$的性质来构造一个流动门类。

例 1　$w=Uz$，$U=$实常数：

$$\varphi=Ux,\psi=Uy\text{。因此，}\boldsymbol{v}=(U,0)$$

流体沿平行于 x 方向的流线以速度 U 匀速运动。

例 2

$$w=U\left(z+\frac{a^2}{z}\right),U=\text{实常数},a>0,|z|>a \tag{4.5.1}$$

在离原点很远的地方 $w\to Uz$，且在平行于 x 轴的方向上运动变为速度为 U 的匀速运动。根据极坐标形式 $z=r\mathrm{e}^{\mathrm{i}\theta}$

$$w=U\left(r\mathrm{e}^{\mathrm{i}\theta}+\frac{a^2}{r}\mathrm{e}^{-i\theta}\right)\text{，因此，}\varphi=U\cos\theta\left(r+\frac{a^2}{r}\right)$$

速度的径向分量

$$\frac{\partial\varphi}{\partial r}=U\cos\theta\left(1-\frac{a^2}{r^2}\right)$$

在 $r=a$ 消失。因此，该运动表示在 x 方向上绕过半径为 a 且中心位于原点的刚性圆柱体的定常流动(图 4.5.1，参见第 3.6 节)。

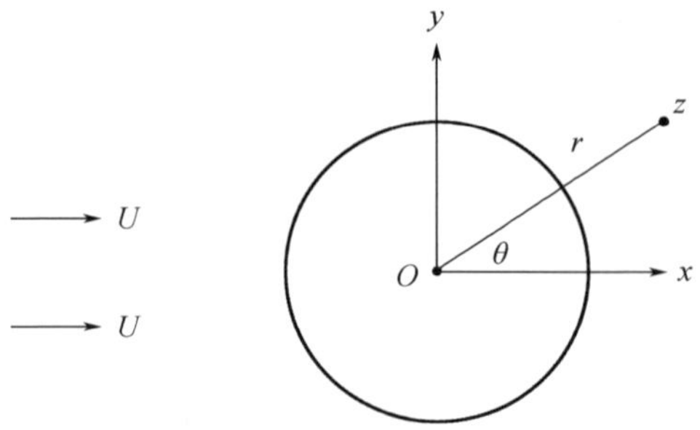

图 4.5.1

例 3

$$w=-\mathrm{i}U\left(z-\frac{a^2}{z}\right),\quad U=\text{实常数},\quad |z|>a>0,\quad \left(\varphi=U\sin\theta\left(r+\frac{a^2}{r}\right)\right) \tag{4.5.2}$$

描述了在 y 方向上通过半径为 a 且中心在原点的刚性圆柱的势流。

例 4 函数

$$w=\frac{1}{2\pi}\ln z,\quad \left(\varphi=\frac{1}{2\pi}\ln r,\psi=\frac{\theta}{2\pi},z=r\mathrm{e}^{\mathrm{i}\theta}\right)$$

除了 $z=0$ 外是正则的。流动沿流线($\theta=$常数)径向从原点向外发展，速度为$\partial\varphi/\partial r=1/2\pi r$。原点是个流体奇点，在奇点处流体是以等于$\oint_C \nabla\varphi\cdot\boldsymbol{n}\mathrm{d}s$ 的速率产生的，式中 C 为任意包围原点且外法线为 $\boldsymbol{n}$ 的简单闭曲线，$\mathrm{d}s$ 是 C 上弧长的元素。特别地，取 C 为半径为 r 的圆：

$$\oint_C \nabla\varphi\cdot\boldsymbol{n}\mathrm{d}s=\int_0^{2\pi}\frac{\partial\varphi}{\partial r}r\mathrm{d}\theta=1$$

因此，原点是一个强度为 1 的简单源。当源位于 $z_0=x_0+\mathrm{i}y_0$ 时

$$w=\frac{1}{2\pi}\ln(z-z_0),\quad \left(\varphi=\frac{1}{2\pi}\ln|z-z_0|=\frac{1}{2\pi}\ln\sqrt{(x-x_0)^2+(y-y_0)^2}\right)$$

例 5 函数

$$w=\frac{-\mathrm{i}\Gamma}{2\pi}\ln z,\quad \left(\varphi=\frac{\Gamma\theta}{2\pi},\psi=-\frac{\Gamma}{2\pi}\ln r,z=r\mathrm{e}^{\mathrm{i}\theta}\right)$$

除 $z=0$ 外是正则的，描述了在 $z=0$ 处集中且强度为 Γ 的线涡之外的无旋流。流线是圆心在 $z=0$ 的圆，而流体速度$\partial\varphi/r\partial\theta=\Gamma/2\pi r$ 是逆时针方向的(对于 $\Gamma>0$)。环量$\int_C \boldsymbol{v}\cdot\mathrm{d}\boldsymbol{x}=\Gamma$，其中 C 是环绕旋涡一次的任意闭曲线，该闭曲线沿正方向横移 (区域内部在闭曲线左边)。当旋涡在 $z_0=x_0+\mathrm{i}y_0$ 时

$$w = \frac{-\mathrm{i}\Gamma}{2\pi}\ln(z - z_0)$$

例 6　函数

$$w = \frac{1}{2\pi}(\ln(z - z_0) + \ln(z - z_0^*)), \quad \left(\varphi = \frac{1}{2\pi}(\ln r_1 + \ln r_2)\right)$$

表示位于 $z_0 = x_0 + \mathrm{i}y_0$ 和 $z_0^* = x_0 - \mathrm{i}y_0$ 处的两个单位点源产生的流动(图 4.5.2)。运动相对于 x 轴是对称的，且在 $y=0$ 上 $\partial\varphi/\partial y = 0$。因此，在 $y>0$ 区域中，此势也描述了与刚性壁($y=0$)相邻的 z_0 处点源(该壁的存在用于考虑镜像源)所产生的流动。

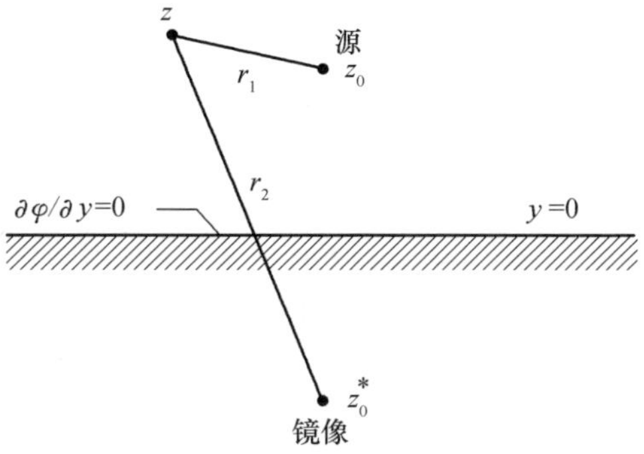

图 4.5.2

例 7　函数

$$w = \frac{-\mathrm{i}\Gamma}{2\pi}\ln(z - z_0) + \frac{\mathrm{i}\Gamma}{2\pi}\ln(z - z_0^*)$$

表示由两个分别位于 $z_0 = x_0 + \mathrm{i}y_0$、$z_0^* = x_0 + \mathrm{i}y_0$ 且环量为 $\pm\Gamma$ 的线涡(图 4.5.3)所产生的流动。x 轴上的流函数 $\psi = \mathrm{Im}\, w = 0$，因此它是流动的流线，在其上 $\partial\varphi/\partial y = 0$。在 $y>0$ 区域中，势描述了在 $y=0$ 刚性壁(其影响可由一个大小相等方向相反的镜像涡来表征)附近的 z_0 处强度为 Γ 的旋涡所产生的流动。每个旋涡以由其镜像速度势所决定的速度 $u = \Gamma/4\pi y_0$ 做平行于壁面的移动。由每个旋涡的自势(例 5)产生的局部旋转流动的平均值在旋涡轴上消失，因此不能使其平移。

方法 2　流经 z 平面的刚性边界系统的流动，经过一个共形变换 $Z = f(z)$ 后，可以表示成一个在 Z 平面上的等价流动。通常选择此变换来简化边界条件 Z_0，从而允许以一种相对直接的方式在 Z 平面中找到解。该变换保留了流体的点源和涡奇点。实际上，如果 $Z = Z_0$ 是在 $z = z_0$ 强度为 Γ 的旋涡的镜像，则(其中 $Z - Z_0 \approx f'(z_0)(z - z_0)$)附近的复势由下式确定

$$\begin{aligned}\mathcal{W}(Z) = w(z) &= \frac{-\mathrm{i}\Gamma}{2\pi}\ln(z - z_0) + z_0\text{ 处有限项} = \frac{-\mathrm{i}\Gamma}{2\pi}\ln\left(\frac{Z - Z_0}{f'(z_0)}\right) + Z_0\text{ 处有限项} \\ &= \frac{-\mathrm{i}\Gamma}{2\pi}\ln(Z - Z_0) + Z_0\text{ 处有限项}\end{aligned}$$

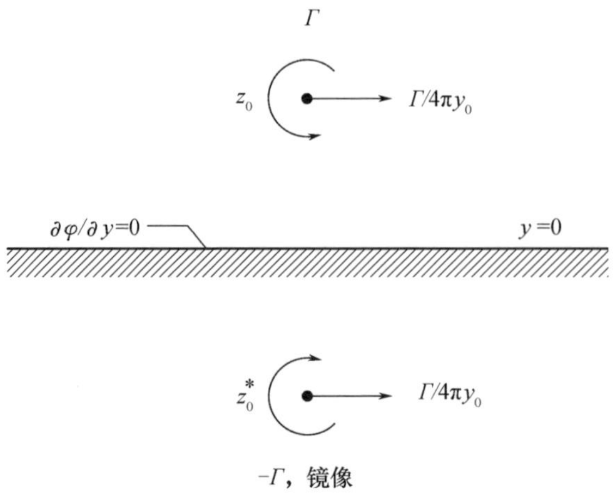

图 4.5.3

因此，z 平面内的旋涡映射成在 Z 平面镜像点处相等的旋涡。

例 8　根据极坐标(r,θ)推导出绕刚性半平面（$x<0$、$y=0$）边缘的无旋流动速度势为如下表达式：

$$\varphi=\alpha\sqrt{r}\sin\frac{\theta}{2},\quad \alpha=\text{实常数}$$

并绘制流线。

变换 $Z=\mathrm{i}\sqrt{z}$ 将沿负实轴切割的 z 平面（这样 $-\pi<\arg z<\pi$）映射到 Z 平面的上半部分。Z 平面内平行于边界 $Y=0$ 的正 X 方向上的流动复势对应于顺时针流经半平面边缘的流动，具有一般表示$\mathcal{W}=UZ$，其中 U 为实数。在 z 平面，这变成：

$$w=\mathrm{i}U\sqrt{r}\equiv-U\sqrt{r}\sin\left(\frac{\theta}{2}\right)+\mathrm{i}U\sqrt{r}\cos\left(\frac{\theta}{2}\right),\quad -\pi<\theta<\pi$$

因此速度的极坐标表达为

$$\boldsymbol{v}=(v_r,v_\theta)=\left(\frac{\partial\varphi}{\partial r},\frac{1}{r}\frac{\partial\varphi}{\partial\theta}\right)=\frac{-U}{2\sqrt{r}}\left(\sin\frac{\theta}{2},\cos\frac{\theta}{2}\right)$$

这满足了半平面上的刚性壁条件，因为垂直于壁的速度分量是 v_θ，在 $\theta=\pm\pi$ 其消失为零。图中的流线是抛物线：

$$\sqrt{r}\cos\left(\frac{\theta}{2}\right)=\text{常数，即 } y=\pm2\beta\sqrt{1-\frac{x}{\beta}}\,。$$

式中，$x<\beta$，β 为正常数，如图 4.5.4 所示。当 $U>0$ 时，流体微团围绕边缘沿抛物线形流线做顺时针方向运动。$\beta=0$ 的流线对应于半平面的上下两个表面，映射成 Z 平面内壁面上的流线 $Y=0$。在锐利边缘处，当 $r\to0$ 时，流速呈类似 $1/\sqrt{r}$ 的无穷大。

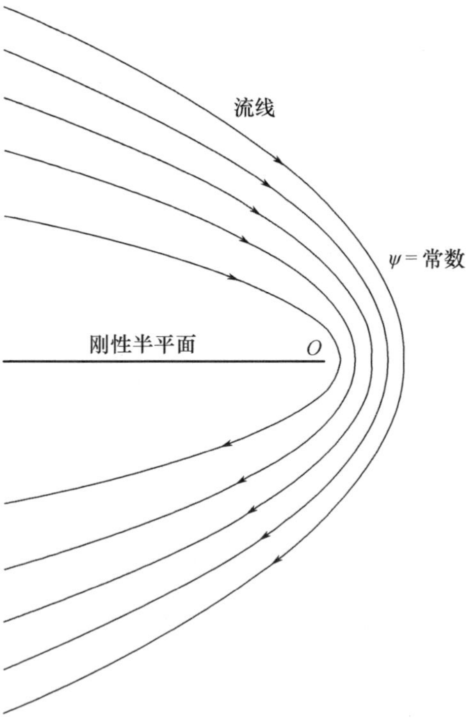

图 4.5.4

4.6　线涡的运动

在平行于 $x_3=0$ 的平面中，二维不可压缩、无黏流的涡线都平行于 x_3 方向，涡量方程(4.2.7)简化为

$$\frac{\mathrm{D}\omega_3}{\mathrm{D}t}=0$$

因此，线涡以涡核处局部速度做恒定对流。对于在平面 $z=x_1+\mathrm{i}x_2$ 内位于 $z=z_0(t)$ 处强度为 Γ 的旋涡，由于其自身势会引起奇异速度，所以速度到达核心将变为无穷大：

$$-\frac{\mathrm{i}\Gamma}{2\pi}\ln(z-z_0)$$

但旋涡引起的绕核旋转不能引起旋涡本身的运动，在计算旋涡的对流速度之前，必须从复势 $w(z)$ 中去掉这个势。

在应用中，复势 $w(z)$ 通常以如下形式出现：

$$w(z)=-\frac{\mathrm{i}\Gamma}{2\pi}\ln(\zeta(z)-\zeta(z_0))+F(z) \tag{4.6.1}$$

式中，$\zeta(z)$、$F(z)$ 在涡核 $z=z_0$ 附近是关于 z 的正则函数。特别是，当 $|z-z_0|$ 很小的

时候，我们有

$$\zeta(z)=\zeta(z_0)+(z-z_0)\zeta'(z_0)+\frac{(z-z_0)^2}{2}\zeta''(z_0)+\cdots$$

其中，撇号“′”表示关于 z 的微分。因此，从 $w(z)$ 中减去自势，我们发现，在旋涡附近：

$$W(z)=w(z)+\frac{\mathrm{i}\Gamma}{2\pi}\ln(z-z_0)=-\frac{\mathrm{i}\Gamma}{2\pi}\ln(\zeta(z)-\zeta(z_0))+\frac{\mathrm{i}\Gamma}{2\pi}\ln(z-z_0)+F(z)$$

$$\approx-\frac{\mathrm{i}\Gamma}{2\pi}\ln\left[\zeta'(z_0)+\frac{1}{2}\zeta''(z_0)(z-z_0)\right]+F(z) \tag{4.6.2}$$

旋涡的复速度是 $W'(z_0)\equiv\{W'(z_0)\}_{z=z_0}$，亦即

$$\frac{\mathrm{d}z_0^*}{\mathrm{d}t}\equiv\frac{\mathrm{d}x_{01}}{\mathrm{d}t}-\mathrm{i}\frac{\mathrm{d}x_{02}}{\mathrm{d}t}=W'(z_0)$$

使用式(4.6.2)，这将变成

$$\frac{\mathrm{d}x_{01}}{\mathrm{d}t}-\mathrm{i}\frac{\mathrm{d}x_{02}}{\mathrm{d}t}=-\frac{\mathrm{i}\Gamma\zeta''(z)}{4\pi\zeta'(z)}+F'(z_0) \tag{4.6.3}$$

该方程的实部和虚部提供了两个关于 t 时刻旋涡位于 $(x_{01}(t),x_{02}(t))$ 的非线性一阶常微分方程。

4.6.1　涡路径方程的数值积分

在大多数情况下，需要对式(4.6.3)进行数值积分。时间和空间变量应根据适当的时间和长度尺度进行无量纲化，这些尺度由问题定义（几个例子将在第 8 章中讨论）。积分是从轨迹上的一个规定点开始的，且要求旋涡通过此轨迹。

让我们考虑用四阶 Runge-Kutta（龙格一库塔）算法积分。用下列形式写出运动式(4.6.3)：

$$\frac{\mathrm{d}z_0}{\mathrm{d}t}=f^*(z_0)\text{，其中 }f(z_0)=-\frac{\mathrm{i}\Gamma\zeta''(z_0)}{4\pi\zeta'(z_0)}+F'(z_0)$$

设 h 为适当小的积分时间步长（不必为常数）。假设在时间 t_n 时，旋涡位于 $z_0(t_n)=z_0^n$。为了确定在时间 $t_{n+1}=t_n+h$ 时刻的复位置 z_0^{n+1}，我们计算

$$k_1=hf^*(z_0^n),\ k_2=hf^*(z_0^n+\frac{1}{2}k_1),\ k_3=hf^*(z_0^n+\frac{1}{2}k_2),\ k_4=hf^*(z_0^n+k_3)$$

然后发现

$$z_0^{n+1}=z_0^n+\frac{1}{6}(k_1+2k_2+2k_3+k_4)$$

例 1　计算沿负实轴（$x_1<0,x_2=0$；图 4.6.1(a)）的刚性半平面附近强度为 $\Gamma>0$ 的线涡的轨迹。

取下述变换

$$\zeta=\mathrm{i}\sqrt{z},z=x_1+\mathrm{i}x_2,-\pi<\arg z<\pi \tag{4.6.4}$$

将流体区域 $-\pi<\arg z<\pi$ 映射到 ζ 平面的上半部分 $\operatorname{Im}\zeta>0$（图 4.6.1(b)）。让在 $z_0(t)$ 处的旋涡映射成在 $\zeta=\zeta_0(t)$ 处的旋涡。在 ζ 平面内运动的速度势 $w(\zeta)$ 是通过引入在 $\zeta=\zeta_0^*(t)$ 处强度为 $-\Gamma$ 的镜像涡来求出的，如第 4.5 节的例 7 所述，在这种情况下

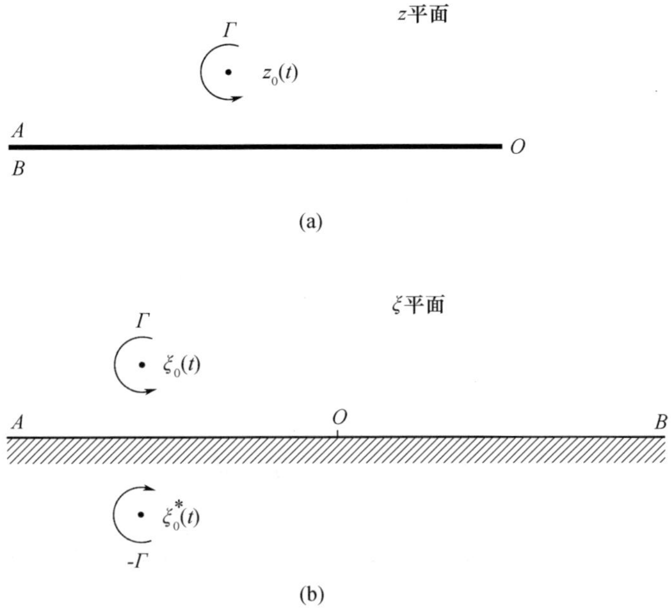

图 4.6.1

$$w=-\frac{\mathrm{i}\Gamma}{2\pi}\ln(\zeta-\zeta_0)+\frac{\mathrm{i}\Gamma}{2\pi}\ln(\zeta-\zeta_0^*)$$

在 z 平面，这变成

$$w(z)=-\frac{\mathrm{i}\Gamma}{2\pi}\ln(\zeta(z)-\zeta(z_0))+\frac{\mathrm{i}\Gamma}{2\pi}\ln(\zeta(z)-\zeta^*(z_0))$$

其形式为式(4.6.1)。因此，运动方程(4.6.3)变成

$$\frac{\mathrm{d}x_{01}}{\mathrm{d}t}-\mathrm{i}\frac{\mathrm{d}x_{02}}{\mathrm{d}t}=\frac{\mathrm{i}\Gamma}{8\pi z_0}+\frac{\mathrm{i}\Gamma}{4\pi\sqrt{z_0}\left[\sqrt{z_0}+(\sqrt{z_0})^*\right]}$$

这可以用闭合形式积分。令 $z_0=r\mathrm{e}^{\mathrm{i}\theta}$。则方程的实部和虚部为

$$\frac{\mathrm{d}x_{01}}{\mathrm{d}t}\equiv\cos\theta\frac{\mathrm{d}r}{\mathrm{d}t}-r\sin\theta\frac{\mathrm{d}\theta}{\mathrm{d}t}=\frac{\Gamma}{8\pi r}\left(\sin\theta+\tan\frac{\theta}{2}\right)$$

$$\frac{\mathrm{d}x_{02}}{\mathrm{d}t}\equiv\sin\theta\frac{\mathrm{d}r}{\mathrm{d}t}+r\cos\theta\frac{\mathrm{d}\theta}{\mathrm{d}t}=-\frac{\Gamma}{8\pi r}(\cos\theta+1)$$

因此

$$\frac{\mathrm{d}r}{\mathrm{d}t}=-\frac{\Gamma}{8\pi r}\tan\frac{\theta}{2},\quad\frac{\mathrm{d}\theta}{\mathrm{d}t}=-\frac{\Gamma}{4\pi r^2}\tag{4.6.5}$$

也就是

$$r\frac{\mathrm{d}\theta}{\mathrm{d}t}=2\cot\frac{1}{2}\theta$$

因此

$$r=\ell\sec\frac{\theta}{2},\quad \ell=常数 \tag{4.6.6}$$

这是图 4.6.2 所示轨迹的极坐标方程。长度常数 ℓ 等于旋涡最接近半平面边缘的距离，发生在 $\theta=0$。将 r 代入式(4.6.5)中第二个方程，我们将得到

$$\sec^2\left(\frac{1}{2}\theta\right)\frac{\mathrm{d}\theta}{\mathrm{d}t}=-\frac{\Gamma}{4\pi\ell^2}。因此，\theta=2\arctan\left(-\frac{\Gamma t}{8\pi\ell^2}\right)$$

时间是从 $\theta=0$ 这一时刻开始计算的。r 对 t 的依赖关系现在通过代入式(4.6.6)中得到。

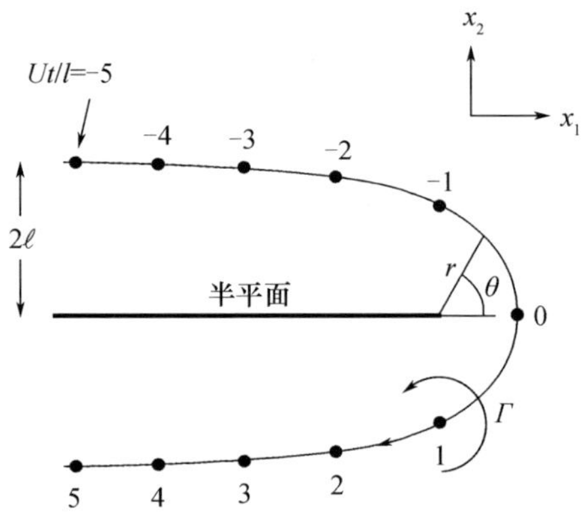

图 4.6.2

将这些结果整合在一起，我们有

$$\begin{cases}r=\ell\sqrt{1+\left(\dfrac{Ut}{\ell}\right)^2},\quad \theta=2\tan^{-1}\left(\dfrac{Ut}{\ell}\right);\\[2ex] \dfrac{x_{01}}{\ell}=\dfrac{1-(Ut/\ell)^2}{\sqrt{1+(Ut/\ell)^2}},\quad \dfrac{x_{02}}{\ell}=\dfrac{-2Ut/\ell}{\sqrt{1+(Ut/\ell)^2}}\end{cases} \tag{4.6.7}$$

式中，$U=\dfrac{\Gamma}{8\pi\ell}$。因此，(对于 $\Gamma>0$)旋涡在 $x_{01}=-\infty$、$x_{02}=2\ell$ 处 $t=-\infty$ 时刻从半平面上方开始向边缘平移，初速度 U 平行于平面。它在 $x_{01}=\ell$ 处 $t=0$ 时刻穿过 x_1 轴，并沿着半平面下方的对称路径前进。

例 2：圆柱体外的旋涡运动 旋涡 Γ 位于 $z_0=re^{i\theta}$，处于半径为 $a(<r)$、圆心在原点的刚性圆柱体外(图 4.6.3)。圆柱体周围没有净环量。通过在圆柱体的反向点 $z=a^2/z_0^*$ 处放置一个镜像涡 $-\Gamma$，以及在圆柱体中心处放置一个涡 $+\Gamma$，可以得到复势。两个内部涡流确保了圆柱体周围的总环量消失。然后

$$w(z)=-\frac{\mathrm{i}\Gamma}{2\pi}\ln(z-z_0)+\frac{\mathrm{i}\Gamma}{2\pi}\ln\left(z-\frac{a^2}{z_0^*}\right)-\frac{\mathrm{i}\Gamma}{2\pi}\ln z$$

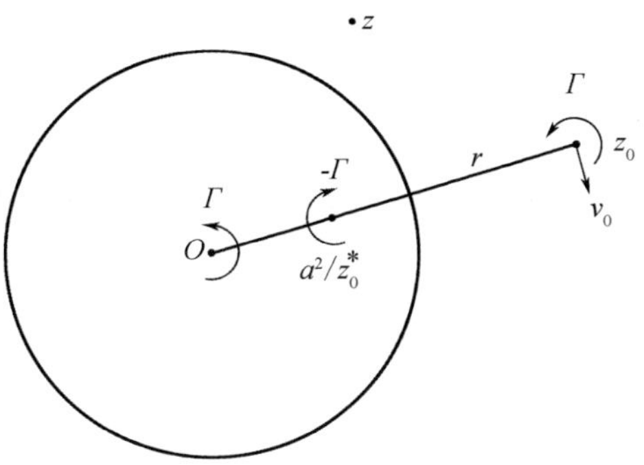

图 4.6.3

上式中右边的第一项是旋涡的自势(用式(4.6.1))的记号 $\zeta\equiv z$),因此旋涡的运动方程为

$$\frac{\mathrm{d}z_0^*}{\mathrm{d}t}=\frac{\mathrm{i}\Gamma z_0^*}{2\pi(r^2-a^2)}-\frac{\mathrm{i}\Gamma}{2\pi z_0}\equiv\frac{\mathrm{i}\Gamma a^2}{2\pi z_0(r^2-a^2)}$$

通过乘以 z_0 和加上复共轭方程,我们看到 r 为常数,并且

$$r\frac{\mathrm{d}}{\mathrm{d}t}\mathrm{e}^{-\mathrm{i}\theta}\equiv-\mathrm{i}r\mathrm{e}^{-\mathrm{i}\theta}\frac{\mathrm{d}\theta}{\mathrm{d}t}=\frac{\mathrm{i}\Gamma a^2\mathrm{e}^{-\mathrm{i}\theta}}{2\pi r(r^2-a^2)}$$

因此

$$\frac{\mathrm{d}\theta}{\mathrm{d}t}=\frac{-\Gamma a^2}{2\pi r^2(r^2-a^2)}$$

且(对于 $\Gamma>0$)旋涡轨迹是一个沿顺时针方向横移的圆,其速度为

$$v_0=\frac{\Gamma a^2}{2\pi r(r^2-a^2)}\tag{4.6.7}$$

习　题　4

1. 证明在无粘、等熵的流动中(其中 $\mathrm{div}\,\boldsymbol{v}\neq0$)涡量方程(4.2.7)的形式为

$$\frac{\mathrm{D}}{\mathrm{D}t}\left(\frac{\boldsymbol{\omega}}{\rho}\right)=\left(\frac{\boldsymbol{\omega}}{\rho}\cdot\nabla\right)\boldsymbol{v}$$

2. 使用关系 $\int(y_i\omega_j(\boldsymbol{y},t)+y_j\omega_i(\boldsymbol{y},t))\mathrm{d}^3\boldsymbol{y}=0$ 证明

$$\frac{1}{4\pi|\boldsymbol{x}|^3}\int(\boldsymbol{x}\cdot\boldsymbol{y})\boldsymbol{\omega}(\boldsymbol{y},t)\mathrm{d}^3\boldsymbol{y}=\nabla\left(\frac{1}{4\pi|\boldsymbol{x}|}\right)\wedge\left(\frac{1}{2}\int\boldsymbol{y}\wedge\boldsymbol{\omega}(\boldsymbol{y},t)\mathrm{d}^3\boldsymbol{y}\right)$$

并推导出公式(4.3.3)。

3. 计算一个展长为无穷大、宽度为 $2a$ 的刚性条带的附加质量系数 M_{ij}。

4. 计算一个半径为 a、无限长的刚性圆柱体的附加质量系数 M_{ij}。

5. 计算环量为 Γ 的平行线涡作用在半径为 a 的刚性圆柱体上的非定常升力和阻力,其中涡处于垂直于圆柱体的均匀平均流中。假设运动是理想的，圆柱体周围的净环量为零。

6. 在假设旋涡仅由平均流带动着对流的情况下重复问题5（即忽略圆柱内镜像涡 Γ 产生的运动诱导分量）。

7. 半径为 a 的刚性球沿 x_1 轴以等速 $\boldsymbol{U}=(U,0,0)$ 平移，其中 $U>0$。用蠕动流近似 $\boldsymbol{\omega}=\mathrm{curl}\ (3a\boldsymbol{U}/|\boldsymbol{x}|)$（坐标原点取在球心），推导出 Stokes（斯托克斯）阻力公式 $D=6\pi\eta Ua$。

8. 水中的气泡受声音影响以速度 $\boldsymbol{U}(t)$ 作平移运动，声波波长远大于气泡半径。如果气泡附近的声质点速度在无气泡的情况下等于 $\boldsymbol{V}(t)$，证明忽略气泡内空气质量时，$\boldsymbol{U}=3\boldsymbol{V}$。

9. 计算与刚性条带平行的强度为 Γ 的线涡轨迹，其中条带位于 $-a<x_1<a$、$x_2=0$、$-\infty<x_3<\infty$。假设在无穷远处流体处于静止状态，并且条带周围没有净环量。确定条带上的非定常力。

10. 计算平行于半长轴和半短轴分别等于 a 和 b 的刚性椭圆柱的强度为 Γ 的线涡的轨迹。假设无穷远处流体处于静止状态，并且圆柱周围没有净环量。

11. 强度为 Γ 的线涡靠近一个刚性直角拐角，该拐角的边沿正 x_1 和 x_2 轴，旋涡平行于拐角的边缘。证明旋涡沿一条极坐标表示为 $r\sin 2\theta=$ 常数的路径横移。

12. 两条平行线涡组成的旋涡对，其强度为 $\pm\Gamma$，它们相互诱导向平行于旋涡中心线的刚性平面移动，计算旋涡对的轨迹。

13. 计算毗邻刚性半平面（$x_1<0$、$x_2=0$）强度为 Γ 的线涡轨迹，其中均匀平均流速为 U，方向沿 x_1 正方向。

14. 证明变换 $\zeta=\sqrt{z^2/a^2+1}$、$a>0$ 将上平面 z 映射为上平面 ζ，其中上平面 z 是由一个介于 $z=0$、$z=\mathrm{i}a$ 之间的薄的刚性挡板切割。推导位于 $z=z_0(t)$ 的一个线涡 Γ 沿由下面方程确定的轨迹横移：

$$\frac{\mathrm{d}z_0^*}{\mathrm{d}t}=-\frac{\mathrm{i}\Gamma}{4\pi}\left\{\frac{a^2}{z_0(z_0^2+a^2)}-\frac{2z_0}{z_0^2+a^2-|z_0^2+a^2|}\right\}$$

假设流体在无穷远处处于静止状态。

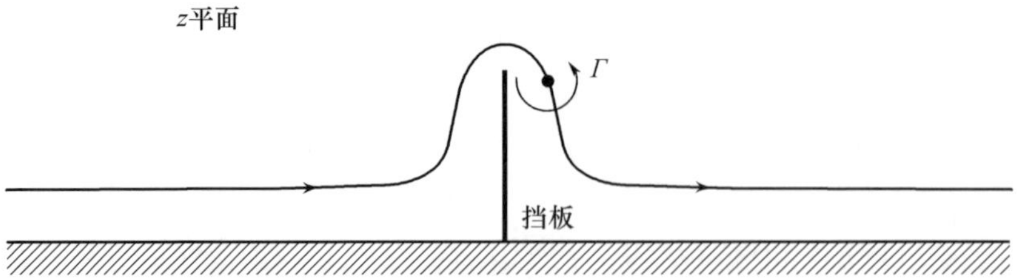

第 5 章 涡声

5.1 涡量在 Lighthill 理论中的作用

低马赫数下在无界、等熵的流体中，Lighthill 四极子源的值（式(2.2.2)）可用 Biot-Savart 诱导公式(4.3.1)近似：

$$T_{ij} \approx \rho_0 u_i u_j, \quad \boldsymbol{u}(\boldsymbol{x},t) = \operatorname{curl} \int \frac{\boldsymbol{\omega}(\boldsymbol{y},t)\mathrm{d}^3\boldsymbol{y}}{4\pi|\boldsymbol{x}-\boldsymbol{y}|} \tag{5.1.1}$$

为了更详细地研究这一点，考虑图 2.2.1 中由特征长度为 ℓ 的旋涡组成的声学紧致涡，并在涡中取坐标原点，令

$$\boldsymbol{v} = \boldsymbol{u} + \nabla\varphi$$

$\boldsymbol{u}$ 包含速度的整个不可压缩分量，且当 $|\boldsymbol{x}| \to \infty$ 时 $u \sim O(1/|\boldsymbol{x}|^3)$（见第 4.3 节）。由于 $\operatorname{div}\boldsymbol{u}=0$，标量势 φ 描述了可压缩运动，连续性方程变为

$$\nabla^2\varphi + \frac{1}{\rho}\frac{\mathrm{D}\rho}{\mathrm{D}t} = 0$$

但在涡流中 $p-p_0 \sim \rho_0 u^2$，其中特征频率 $\sim u/\ell$。因此

$$\frac{\mathrm{D}\rho}{\mathrm{D}t} \sim \frac{\rho_0 u^3}{\ell}\text{。因此，}\frac{1}{\rho}\frac{\mathrm{D}\rho}{\mathrm{D}t} = \frac{1}{\rho c^2}\frac{\mathrm{D}p}{\mathrm{D}t} \sim \frac{u}{\ell}M^2, M = \frac{u}{c_0}$$

因此，在数量级上

$$\nabla\varphi = O(uM^2)\text{，在涡流中}|\boldsymbol{x}| \sim \ell \tag{5.1.2}$$

现在写出下式

$$\frac{\partial^2(u_i u_j)}{\partial x_i \partial x_j} = \operatorname{div}(\boldsymbol{\omega} \wedge \boldsymbol{u}) + \nabla^2\left(\frac{1}{2}u^2\right) \tag{5.1.3}$$

并将由式(2.2.1)给出的 Lighthill 方程解 $p(\boldsymbol{x},t) = c_0^2(\rho-\rho_0)$ 以下述形式表示：

$$p(\boldsymbol{x},t) = p_1(\boldsymbol{x},t) + p_2(\boldsymbol{x},t)$$

此处，使用 $|\boldsymbol{x}| \to \infty$ 时的式(1.9.6)和式(1.9.8)两式：

$$p_1(\boldsymbol{x},t) = \frac{-\rho_0 x_i}{4\pi c_0^2|\boldsymbol{x}|^2}\frac{\partial}{\partial t}\int(\boldsymbol{\omega} \wedge \boldsymbol{u})_i\left(\boldsymbol{y}, t - \frac{|\boldsymbol{x}|}{c_0} + \frac{\boldsymbol{x}\cdot\boldsymbol{y}}{c_0|\boldsymbol{x}|}\right)\mathrm{d}^3\boldsymbol{y} \tag{5.1.4}$$

$$p_2(\boldsymbol{x},t)=\frac{\rho_0}{4\pi c_0^2|\boldsymbol{x}|}\frac{\partial^2}{\partial t^2}\int\frac{1}{2}u^2\left(\boldsymbol{y},t-\frac{|\boldsymbol{x}|}{c_0}+\frac{\boldsymbol{x}\cdot\boldsymbol{y}}{c_0|\boldsymbol{x}|}\right)\mathrm{d}^3\boldsymbol{y} \qquad (5.1.5)$$

当忽略旋涡内的延迟时变 $\boldsymbol{x}\cdot\boldsymbol{y}/c_0|\boldsymbol{x}|$ 时，恒等式(5.1.3)和散度定理隐含 $\int\boldsymbol{\omega}\wedge\boldsymbol{u}\mathrm{d}^3\boldsymbol{y}\equiv 0$，因为当 $|\boldsymbol{y}|\to\infty$ 时 $u\sim O(1/|\boldsymbol{y}|^3)$。为了估计式(5.1.4)中积分的值，因此有必要将被积函数用延迟时间展开到更高阶的近似：

$$(\boldsymbol{\omega}\wedge\boldsymbol{u})\left(\boldsymbol{y},t-\frac{|\boldsymbol{x}|}{c_0}+\frac{\boldsymbol{x}\cdot\boldsymbol{y}}{c_0|\boldsymbol{x}|}\right)=(\boldsymbol{\omega}\wedge\boldsymbol{u})\left(\boldsymbol{y},t-\frac{|\boldsymbol{x}|}{c_0}\right)+\frac{\boldsymbol{x}\cdot\boldsymbol{y}}{c_0|\boldsymbol{x}|}\frac{\partial}{\partial t}\left\{(\boldsymbol{\omega}\wedge\boldsymbol{u})\left(\boldsymbol{y},t-\frac{|\boldsymbol{x}|}{c_0}\right)\right\}+\cdots$$

我们现在发现

$$p_1(\boldsymbol{x},t)\approx\frac{-\rho_0 x_i x_j}{4\pi c_0^2|\boldsymbol{x}|^3}\frac{\partial^2}{\partial t^2}\int y_i(\boldsymbol{\omega}\wedge\boldsymbol{u})_j\left(\boldsymbol{y},t-\frac{|\boldsymbol{x}|}{c_0}\right)\mathrm{d}^3\boldsymbol{y}\sim\frac{\ell}{|\boldsymbol{x}|}\rho_0 u^2M^2,\quad |\boldsymbol{x}|\to\infty \qquad (5.1.6)$$

$p_2(\boldsymbol{x},t)$的量级用动量方程(4.2.3)估计。因为在源域内 $\operatorname{div}\boldsymbol{v}\sim O(M^2)$，所以我们可以写成

$$\frac{\partial\boldsymbol{u}}{\partial t}+\nabla\left(\int\frac{\mathrm{d}p}{\rho}+\frac{1}{2}v^2+\frac{\partial\varphi}{\partial t}\right)=-\boldsymbol{\omega}\wedge\boldsymbol{u}-\boldsymbol{\omega}\wedge\nabla\varphi-\nu\operatorname{curl}\boldsymbol{\omega}$$

取关于 $\boldsymbol{u}$ 的标量积：

$$\begin{aligned}&\frac{\partial}{\partial t}\left(\frac{1}{2}u^2\right)+\operatorname{div}\left\{\boldsymbol{u}\left(\int\frac{\mathrm{d}p}{\rho}+\frac{1}{2}v^2+\frac{\partial\varphi}{\partial t}\right)\right\}\\&=-\boldsymbol{u}\cdot\boldsymbol{\omega}\wedge\nabla\varphi-\nu\boldsymbol{u}\cdot\operatorname{curl}\boldsymbol{\omega}\\&=-\boldsymbol{u}\cdot\boldsymbol{\omega}\wedge\nabla\varphi-\nu(\operatorname{div}(\boldsymbol{u}\wedge\boldsymbol{\omega})-\omega^2)\end{aligned}$$

并在整个空间进行积分。来自散度项的贡献消失了，这是因为当 $|\boldsymbol{y}|\to\infty$ 时 $\boldsymbol{u}\left(\int\mathrm{d}p/\rho+\frac{1}{2}v^2+\partial\varphi/\partial t\right)$ 趋向于零的速度至少和 $1/|\boldsymbol{y}|^3$ 一样快，其中同样有 $\boldsymbol{\omega}=0$。因此，使用估计式(5.1.2)，有

$$\frac{\partial}{\partial t}\int\frac{1}{2}u^2(\boldsymbol{y},t)\mathrm{d}^3\boldsymbol{y}=-\int(\boldsymbol{u}\cdot\boldsymbol{\omega}\wedge\nabla\varphi+\nu\omega^2)(\boldsymbol{y},t)\mathrm{d}^3\boldsymbol{y}\sim\ell^2u^3M^2+\frac{\ell^2u^3}{Re} \qquad (5.1.7)$$

在湍流中 $Re=u\ell/\nu$ 通常超过 10^4。右边的两项名义上分别表示由声辐射和黏性阻尼引起的湍流运动的耗散(然而，我们已经在第 2 章的式(2.2.5)中看到，辐射阻尼的一个更精确的估计为 $\ell^2u^3M^5$)。

因此，当在式(5.1.5)中忽略延迟时变时，我们将得到：

$$p_2(\boldsymbol{x},t)\sim\frac{\ell}{|\boldsymbol{x}|}\rho_0u^2M^4+\frac{\ell}{|\boldsymbol{x}|}\frac{\rho_0u^2M^2}{Re}$$

因此，在湍流中 $p_2\ll p_1$，其中 $M\ll 1$ 且 $Re\gg 1$。

我们得出结论：

$$\text{Lighthill 四极子}\frac{\partial^2(\rho_0 v_i v_j)}{\partial x_i \partial x_j}\text{的分量 div }(\rho_0 \boldsymbol{\omega} \wedge \boldsymbol{v})$$

是低马赫数时的主要声源。

5.2 涡声方程

Lighthill 方程(2.1.12)可以通过用**总焓**作为独立的声学变量来代替 Lighthill 方程的 $c_0^2(\rho-\rho_0)$的方式进行重写，以强调涡量在发声中的主要作用：

$$B=\int\frac{\mathrm{d}p}{\rho}+\frac{1}{2}v^2$$

总焓在动量方程的 Crocco 形式(4.2.3)中自然出现。接下来，我们将实际使用这个方程的近似式(4.2.5)，其中忽略了黏性项$\frac{4}{3}\nu\nabla(\mathrm{div}\,\boldsymbol{v})$。事实上，只要声音产生并传播到位于流动无源区的远处观测者时，此项的主要作用就是使声音衰减。这种衰减在应用中可能是有意义的，但在研究声音产生机制时没有特别的意义。在高雷诺数流动源中，除了可能存在于浸没在流体中的物体表面边界层内的黏性应力外，所有黏性应力都可以忽略不计。但表面摩擦力主要受涡量项$-\nu\,\mathrm{curl}\,\boldsymbol{\omega}$控制，它保留在式(4.2.5)中。

在无旋流中，Crocco 方程(4.2.5)简化为

$$\frac{\partial \boldsymbol{v}}{\partial t}=-\nabla B$$

也就是说

$$B=-\frac{\partial \varphi}{\partial t},\quad \text{在 }\boldsymbol{\omega}=0\text{ 的区域中} \tag{5.2.1}$$

这里 $\varphi(\boldsymbol{x},t)$是速度势，它决定了流体无旋区域中的整个运动。因此，B 在定常无旋流中是恒定的，在离声源很远的地方，B 中的脉动表示声波。

如果远场中平均流处于静止状态，则声压由下式给出：

$$p=\rho_0 B\equiv-\rho_0\frac{\partial \varphi}{\partial t} \tag{5.2.2}$$

为了根据 B 计算流体其他各处的压强，我们使用以下定义：

$$\int\frac{\mathrm{d}p}{\rho}=B-\frac{1}{2}v^2$$

对时间进行微分和使用 Crocco 方程(4.2.5)，我们有

$$\begin{aligned}\frac{1}{\rho}\frac{\partial p}{\partial t}&=\frac{\partial B}{\partial t}-\boldsymbol{v}\cdot\frac{\partial \boldsymbol{v}}{\partial t}\\&=\frac{\partial B}{\partial t}-\boldsymbol{v}\cdot(-\nabla B-\boldsymbol{\omega}\wedge\boldsymbol{v}-\nu\,\mathrm{curl}\,\boldsymbol{\omega})\end{aligned}$$

$$=\frac{\mathrm{D}B}{\mathrm{D}t}+\nu\boldsymbol{v}\cdot\operatorname{curl}\boldsymbol{\omega}$$

在高雷诺数流动源中,小的黏性修正可以忽略,其中 p 和 B 有以下关系:

$$\frac{1}{\rho}\frac{\partial p}{\partial t}=\frac{\mathrm{D}B}{\mathrm{D}t} \tag{5.2.3}$$

5.2.1 Lighthill 方程的重新表述

将 Crocco 方程(4.2.5)乘以密度 ρ,取散度可得

$$\operatorname{div}\left(\rho\frac{\partial\boldsymbol{v}}{\partial t}\right)+\nabla\cdot(\rho\,\nabla B)=-\operatorname{div}(\rho\boldsymbol{\omega}\wedge\boldsymbol{v}) \tag{5.2.4}$$

上式中左边的第一项可以用 B 表示,使用到以下形式的连续性方程

$$\operatorname{div}\boldsymbol{v}=-\frac{1}{\rho}\frac{\mathrm{D}\rho}{\mathrm{D}t}$$

这样第一项写作

$$\begin{aligned}\operatorname{div}\left(\rho\frac{\partial\boldsymbol{v}}{\partial t}\right)&=\nabla\rho\cdot\frac{\partial\boldsymbol{v}}{\partial t}+\rho\frac{\partial}{\partial t}\operatorname{div}\boldsymbol{v}\\&=\nabla\rho\cdot\frac{\partial\boldsymbol{v}}{\partial t}-\rho\frac{\partial}{\partial t}\left(\frac{1}{\rho}\frac{\mathrm{D}\rho}{\mathrm{D}t}\right)\\&=\nabla\rho\cdot\frac{\partial\boldsymbol{v}}{\partial t}-\rho\frac{\partial}{\partial t}\left(\frac{1}{\rho}\frac{\partial\rho}{\partial t}\right)-\frac{\partial\boldsymbol{v}}{\partial t}\cdot\nabla\rho-\rho\boldsymbol{v}\cdot\nabla\left(\frac{1}{\rho}\frac{\partial\rho}{\partial t}\right)\\&=-\rho\frac{\mathrm{D}}{\mathrm{D}t}\left(\frac{1}{\rho}\frac{\partial\rho}{\partial t}\right)\\&=-\rho\frac{\mathrm{D}}{\mathrm{D}t}\left(\frac{1}{\rho c^2}\frac{\partial p}{\partial t}\right)\\&=-\rho\frac{\mathrm{D}}{\mathrm{D}t}\left(\frac{1}{c^2}\frac{\mathrm{D}B}{\mathrm{D}t}\right)\end{aligned}$$

其中,在最后一行使用式(5.2.3)。将其代入式(5.2.4)并除以 ρ,我们得到了所期望的等熵流的**涡声方程**:

$$\left(\frac{\mathrm{D}}{\mathrm{D}t}\left(\frac{1}{c^2}\frac{\mathrm{D}}{\mathrm{D}t}\right)-\frac{1}{\rho}\nabla\cdot(\rho\nabla)\right)B=\frac{1}{\rho}\operatorname{div}(\rho\boldsymbol{\omega}\wedge\boldsymbol{v}) \tag{5.2.5}$$

上式中右侧涡源在无旋区内消失;如果各处 $\boldsymbol{\omega}=\mathbf{0}$,且没有移动边界,总焓 B 是恒定的,并且没有声波在流体中传播。如果声波不能从无穷远处进入,则只有在运动涡量存在的情况下,(等熵)流才能产生声音,式(5.2.5)的右侧可以作为声源的解析表征。左边的微分算子描述了声音在非均匀流体中的传播;正如在 Lighthill 方程的情况中,当声源区域非常大时,通常不允许忽略声音与涡量的相互作用,其中声是通过涡量传播。

5.2.2 无旋平均流中的声波

设一个无旋平均流,其速度势为 $\varphi_0(\boldsymbol{x})$,平均速度 $\boldsymbol{U}=\nabla\varphi_0$。在一个无界的流体中 $\boldsymbol{U}$

为常数；只有当流体有边界时，如在内部置入机翼，或外部被变截面管道壁包围（如果边界是多连通的，$\varphi_0(\boldsymbol{x})$可以是多值的，但平均速度总是单值的），平均速度才能随位置而变化。

考虑一个无旋扰动 $\varphi'(\boldsymbol{x},t)$，并设

$$\varphi(\boldsymbol{x},t)=\varphi_0(\boldsymbol{x})+\varphi'(\boldsymbol{x},t)$$

可以证明，φ 满足的一般非线性方程为

$$\frac{1}{c^2}\frac{\partial^2\varphi}{\partial t^2}+\frac{1}{c^2}\frac{\mathrm{D}}{\mathrm{D}t}\left(\frac{1}{2}(\nabla\varphi)^2\right)+\frac{1}{c^2}\frac{\partial}{\partial t}\left(\frac{1}{2}(\nabla\varphi)^2\right)-\nabla^2\varphi=0$$

这个方程的线性化形式描述了由 $\varphi'(\boldsymbol{x},t)$确定的小振幅声波的传播。然而当 $\boldsymbol{\omega}=\mathbf{0}$ 时，关于 $B=-\partial\varphi'/\partial t\equiv-\dot{\varphi}$ 的线性化方程更易从式(5.2.5)中导出，它变成如下形式：

$$\left(\frac{\mathrm{D}}{\mathrm{D}t}\left(\frac{1}{c^2}\frac{\mathrm{D}}{\mathrm{D}t}\right)-\frac{1}{\rho}\nabla\cdot(\rho\nabla)\right)\dot{\varphi}=0 \tag{5.2.6}$$

在式(5.2.6)中，微分算子的系数是平均量和微扰量的函数，但在没有声音的情况下，只要用它们的值代替这些系数，就可以得到线性化方程。在等熵流动中，平均密度和声速可以用可变的平均速度 $\boldsymbol{U}(\boldsymbol{x})$表示，并且

$$\frac{\mathrm{D}}{\mathrm{D}t}\approx\frac{\partial}{\partial t}+\boldsymbol{U}\cdot\nabla$$

此外，由于平均流并不依赖于时间，我们可以把扰动势 φ'而不是 $\dot{\varphi}$，作为声学变量。线性化后的方程变为

$$\left\{\left(\frac{\partial}{\partial t}+\boldsymbol{U}\cdot\nabla\right)\left[\frac{1}{c^2}\left(\frac{\partial}{\partial t}+\boldsymbol{U}\cdot\nabla\right)\right]-\frac{1}{\rho}\nabla\cdot(\rho\nabla)\right\}\varphi'=0$$

式中，$c\equiv c(\boldsymbol{x})$、$\rho\equiv\rho(\boldsymbol{x})$为在定常流动中当地声速和当地密度。

5.2.3　低马赫数时的涡声

当特征马赫数 M 较小时，密度和声速的局部平均值与它们各自在无穷远处的均值 ρ_0 和 c_0 有关，有以下形式关系：

$$\frac{c}{c_0}\sim1+O(M^2),\quad\frac{\rho}{\rho_0}\sim1+O(M^2)$$

因此，涡声方程(5.2.5)可以通过以下方法简化：(1)取 $c=c_0$ 和 $\rho=\rho_0$；(2)忽略传播的非线性效应和涡量对声的散射。声音的产生由一个更简单的方程来控制：

$$\left(\frac{1}{c_0^2}\frac{\partial^2}{\partial t^2}-\nabla^2\right)B=\mathrm{div}\,(\boldsymbol{\omega}\wedge\boldsymbol{v}) \tag{5.2.7}$$

在远场中，声压由线性化近似给出：

$$p(\boldsymbol{x},t)\approx\rho_0 B(\boldsymbol{x},t) \tag{5.2.8}$$

5.2.4　例 1(Powell 1963)：旋转涡对的发声

两个环量均为 Γ 的平行涡丝，相距 2ℓ，绕它们中间的 x_3 轴以角速度 $\Omega=\Gamma/4\pi\ell^2$ 旋

转(图 5.2.1),假设马赫数足够小,运动是不可压缩的。它们在 t 时刻的位置为

$$\bar{\boldsymbol{x}}=(x_1,x_2)=\pm\boldsymbol{s}\equiv\pm(s_1(t),s_2(t))=\pm\ell(\cos\Omega t,\sin\Omega t)$$

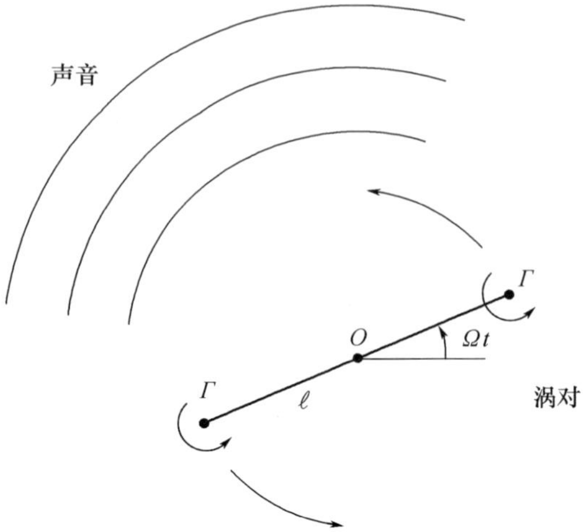

图 5.2.1

涡量分布为

$$\boldsymbol{\omega}=\Gamma\boldsymbol{k}(\delta(\bar{\boldsymbol{x}}-\boldsymbol{s})+\delta(\bar{\boldsymbol{x}}+\boldsymbol{s}))$$

式中,$\boldsymbol{k}$ 是 x_3 方向的单位矢量,平行于旋涡。旋涡对流的速度为

$$\text{在 } \bar{\boldsymbol{x}}=\pm\boldsymbol{s}(t)\text{处},\boldsymbol{v}=\pm\Omega\boldsymbol{k}\wedge\boldsymbol{s}(t),\text{其中 } U=\Omega\ell\ll c_0$$

因为 $\boldsymbol{k}\wedge(\boldsymbol{k}\wedge\boldsymbol{s})=-\boldsymbol{s}$,因此

$$\boldsymbol{\omega}\wedge\boldsymbol{v}=-\Gamma\Omega\boldsymbol{s}(t)[\delta(\bar{\boldsymbol{x}}-\boldsymbol{s})-\delta(\bar{\boldsymbol{x}}+\boldsymbol{s})]$$

如果用圆轨道半径 ℓ 的幂展开(可以证明这等于用 $M=U/c_0\ll1$ 的幂展开声压),则第一个非零项的第 i 个分量为

$$(\boldsymbol{\omega}\wedge\boldsymbol{v})_i\approx\frac{\partial}{\partial\bar{x}_j}(2\Gamma\Omega s_i(t)s_j(t))\delta(\bar{\boldsymbol{x}}))$$

所以旋涡声源等效于四极子

$$\operatorname{div}(\boldsymbol{\omega}\wedge\boldsymbol{v})\approx\frac{\partial^2}{\partial\bar{x}_i\partial\bar{x}_j}(2\Gamma\Omega s_i(t)s_j(t))\delta(\bar{\boldsymbol{x}}))$$

该四极子声源的涡声方程(5.2.7)的解为(参照式 (2.2.1))

$$B=\frac{1}{4\pi}\frac{\partial^2}{\partial\bar{x}_i\partial\bar{x}_j}\int 2\Gamma\Omega(s_is_j)\left(t-\frac{|\boldsymbol{x}-\boldsymbol{y}|}{c_0}\right)\frac{\delta(\bar{\boldsymbol{y}})\mathrm{d}^3\boldsymbol{y}}{|\boldsymbol{x}-\boldsymbol{y}|},\ \bar{\boldsymbol{y}}=(y_1,y_2)$$

在声学远场中,我们使用式(1.9.7):

$$\frac{\partial}{\partial\bar{x}_j}\approx\frac{-\bar{x}_j}{c_0(r^2+(x_3-y_3)^2)^{1/2}}\frac{\partial}{\partial t}$$

式中，$r=(x_1^2+x_2^2)^{1/2}$ 是从旋涡形心测得的垂直距离（x_3 轴）。因此，通过设置 $\xi=y_3-x_3$，我们可以在声学远场中写成（其中 $B\approx p/\rho_0$）：

$$p\approx\frac{\rho_0\Gamma\Omega\bar{x}_i\bar{x}_j}{2\pi c_0^2}\frac{\partial^2}{\partial t^2}\int_{-\infty}^{\infty}(s_is_j)\left(t-\frac{(r^2+\xi^2)^{1/2}}{c_0}\right)\frac{\mathrm{d}\xi}{(r^2+\xi^2)^{3/2}},\quad r\to\infty \tag{5.2.9}$$

式中

$$(s_is_j)(t)=\frac{\ell^2}{2}\begin{pmatrix}1+\cos 2\Omega t & \sin 2\Omega t\\ \sin 2\Omega t & 1-\cos 2\Omega t\end{pmatrix}$$

但由于式(5.2.9)中时间导数的存在，矩阵中的常数项可以省略。当 $\Omega r/c_0\to\infty$ 时，即径向距离 r 远远超过声波波长，在这一限制条件下，可以用下面例 2 中描述的近似方法计算式(5.2.9)中的积分：

$$\int_{-\infty}^{\infty}(s_is_j)\left(t-\frac{(r^2+\xi^2)^{1/2}}{c_0}\right)\frac{\mathrm{d}\xi}{(r^2+\xi^2)^{3/2}}$$
$$\approx\frac{\ell^2}{2r^2}\left(\frac{\pi c_0}{\Omega r}\right)^{\frac{1}{2}}\begin{bmatrix}\cos\left(2\Omega[t]-\frac{\pi}{4}\right) & \sin\left(2\Omega[t]-\frac{\pi}{4}\right)\\ \sin\left(2\Omega[t]-\frac{\pi}{4}\right) & -\cos\left(2\Omega[t]-\frac{\pi}{4}\right)\end{bmatrix}$$

式中，$[t]=t-r/c_0$。因此，引入极坐标 $\bar{\boldsymbol{x}}=r(\cos\theta,\sin\theta)$，我们发现：

$$\bar{x}_i\bar{x}_j\ \frac{\ell^2}{2r^2}\left(\frac{\pi c_0}{\Omega r}\right)^{\frac{1}{2}}\begin{bmatrix}\cos\left(2\Omega[t]-\frac{\pi}{4}\right) & \sin\left(2\Omega[t]-\frac{\pi}{4}\right)\\ \sin\left(2\Omega[t]-\frac{\pi}{4}\right) & -\cos\left(2\Omega[t]-\frac{\pi}{4}\right)\end{bmatrix}_{ij}$$

$$=\frac{\ell^2}{2}\left(\frac{\pi c_0}{\Omega r}\right)^{\frac{1}{2}}(\cos\theta,\sin\theta)\begin{bmatrix}\cos\left(2\Omega[t]-\frac{\pi}{4}\right) & \sin\left(2\Omega[t]-\frac{\pi}{4}\right)\\ \sin\left(2\Omega[t]-\frac{\pi}{4}\right) & -\cos\left(2\Omega[t]-\frac{\pi}{4}\right)\end{bmatrix}\begin{pmatrix}\cos\theta\\ \sin\theta\end{pmatrix}$$

$$=\frac{\ell^2}{2}\left(\frac{\pi c_0}{\Omega r}\right)^{\frac{1}{2}}\cos\left(2\theta-2\Omega[t]+\frac{\pi}{4}\right)$$

因此，式(5.2.9)变为

$$p\approx\frac{-\rho_0\Gamma\Omega^3\ell^2}{\pi c_0^2}\left(\frac{\pi c_0}{\Omega r}\right)^{\frac{1}{2}}\cos\left[2\theta-2\Omega\left(t-\frac{r}{c_0}\right)+\frac{\pi}{4}\right]$$
$$=-4\sqrt{\frac{\pi\ell}{r}}\rho_0U^2M^{3/2}\cos\left[2\theta-2\Omega\left(t-\frac{r}{c_0}\right)+\frac{\pi}{4}\right],\frac{\Omega r}{c_0}\to\infty \tag{5.2.10}$$

声音的振幅按 $1/\sqrt{r}$ 衰减（而不是 $1/r$），因为波在二维中呈圆柱形传播。声功率现在必须通过考虑积分来计算：

$$\int_{\Sigma}\frac{p^2}{\rho_0c_0}\mathrm{d}S$$

积分面为一个 r 为常数的大圆柱体的表面。取时间平均，我们可以证明每单位长度的旋涡声功率 $\sim \ell\rho_0 U^3 M^4$。这与三维湍流紧致体的辐射功率相差一个马赫数因子，并且为无界流域中二维湍流区产生的声功率的特征。

5.2.5　例 2

证明

$$\int_{-\infty}^{\infty} f\left(\frac{\xi}{r}\right) \mathrm{e}^{\mathrm{i}\kappa_0\sqrt{r^2+\xi^2}} \mathrm{d}\xi \approx r f(0)\left(\frac{2\pi}{\kappa_0 r}\right)^{\frac{1}{2}} \mathrm{e}^{\mathrm{i}\left(\kappa_0 r+\frac{\pi}{4}\right)}, \quad \kappa_0 r \to \infty \tag{5.2.11}$$

令 $\xi=\mu r$，则有

$$I \equiv \int_{-\infty}^{\infty} f\left(\frac{\xi}{r}\right) \mathrm{e}^{\mathrm{i}\kappa_0\sqrt{r^2+\xi^2}} \mathrm{d}\xi = r\int_{-\infty}^{\infty} f(\mu)\mathrm{e}^{\mathrm{i}\kappa_0 r\sqrt{1+\mu^2}} \mathrm{d}\mu$$

当 $\kappa_0 r \to \infty$ 时，由于指数因子振荡越来越快，对积分的主要贡献来自 μ 值的邻域，那里的振荡是平稳的。这发生在 $\mu=0$ 时。因此被积函数关于此点展开。在一阶近似中，$f(\mu)$ 可以用 $f(0)$ 代替，另外

$$\mathrm{e}^{\mathrm{i}\kappa_0 r\sqrt{1+\mu^2}} \approx \mathrm{e}^{\mathrm{i}\kappa_0 r + \mathrm{i}\kappa_0 r\mu^2/2}$$

因此

$$I = r\int_{-\infty}^{\infty} f(\mu)\mathrm{e}^{\mathrm{i}\kappa_0 r\sqrt{1+\mu^2}} \mathrm{d}\mu \approx r f(0)\mathrm{e}^{\mathrm{i}\kappa_0 r}\int_{-\infty}^{\infty} \mathrm{e}^{\mathrm{i}\kappa_0 r\mu^2/2}\mathrm{d}\mu$$

$$= r f(0)\mathrm{e}^{\mathrm{i}\kappa_0 r}\left(\frac{2\pi}{\kappa_0 r}\right)^{\frac{1}{2}} \mathrm{e}^{\frac{\mathrm{i}\pi}{4}}$$

可得式(5.2.11)。

特别地

$$\int_{-\infty}^{\infty} \left\{\cos 2\Omega\left(t-\frac{(r^2+\xi^2)^{\frac{1}{2}}}{c_0}\right) - \mathrm{i}\sin 2\Omega\left(t-\frac{(r^2+\xi^2)^{\frac{1}{2}}}{c_0}\right)\right\} \frac{\mathrm{d}\xi}{(r^2+\xi^2)^{\frac{3}{2}}}$$

$$= \mathrm{e}^{-2\mathrm{i}\Omega t}\int_{-\infty}^{\infty} \mathrm{e}^{\mathrm{i}\frac{2\Omega}{c_0}\sqrt{r^2+\xi^2}} \frac{\mathrm{d}\xi}{(r^2+\xi^2)^{3/2}}$$

$$\approx \frac{1}{r^2}\left(\frac{\pi c_0}{\Omega r}\right)^{\frac{1}{2}} \mathrm{e}^{-\mathrm{i}\left[2\Omega\left(t-\frac{r}{c_0}\right)-\frac{\pi}{4}\right]}, \quad \frac{\Omega r}{c_0} \to \infty$$

因此

$$\int_{-\infty}^{\infty} \cos 2\Omega\left(t-\frac{(r^2+\xi^2)^{\frac{1}{2}}}{c_0}\right)\frac{\mathrm{d}\xi}{(r^2+\xi^2)^{\frac{3}{2}}}$$

$$\approx \frac{1}{r^2}\left(\frac{\pi c_0}{\Omega r}\right)^{\frac{1}{2}} \cos\left[2\Omega\left(t-\frac{r}{c_0}\right)-\frac{\pi}{4}\right]$$

$$\int_{-\infty}^{\infty} \sin 2\Omega\left(t-\frac{(r^2+\xi^2)^{\frac{1}{2}}}{c_0}\right)\frac{\mathrm{d}\xi}{(r^2+\xi^2)^{\frac{3}{2}}}$$

$$\approx \frac{1}{r^2}\left(\frac{\pi c_0}{\Omega r}\right)^{\frac{1}{2}} \sin\left[2\Omega\left(t-\frac{r}{c_0}\right)-\frac{\pi}{4}\right]$$

5.3　涡-面相互作用噪声

小马赫数涡声方程(5.2.7)现在被应用于确定表面为 S 的固定物体附近的涡量产生的声音,物体可以做小幅振动(图 5.3.1)。这里的推导类似于第 2.3 节中 Curle 方程的推导。

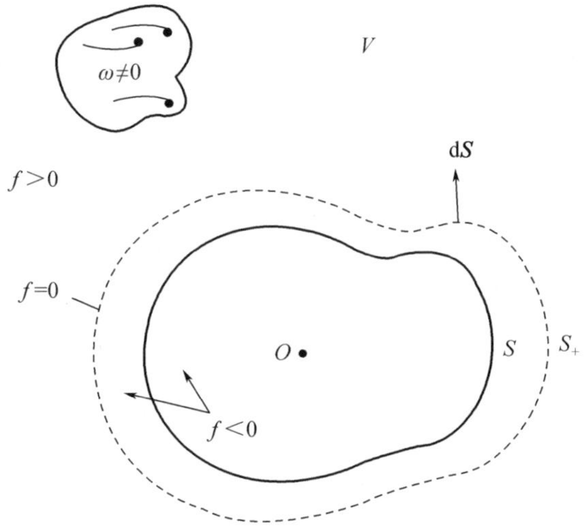

图 5.3.1

引入一个固定封闭的控制面 S_+,在面上 $f(\boldsymbol{x})=0$,根据 $\boldsymbol{x}$ 不在或在其内有 $f(\boldsymbol{x})\gtrless 0$。物体被假定在 S_+ 内部,允许 S_+ 向内收缩以与物体表面 S 共面。将式(5.2.7)乘以 $H\equiv H(f)$,形成了新变量为 HB 的非齐次波动方程。我们使用变换

$$\begin{aligned} H\,\nabla^2 B &\equiv H\,\mathrm{div}\,(\nabla B)=\mathrm{div}\,(H\,\nabla B)-\nabla H\cdot\nabla B \\ &=\nabla^2(HB)-\mathrm{div}\,(B\,\nabla H)-\nabla H\cdot\nabla B \end{aligned} \tag{5.3.1}$$

$$H\,\mathrm{div}\,(\boldsymbol{\omega}\wedge\boldsymbol{v})=\mathrm{div}\,(H\boldsymbol{\omega}\wedge\boldsymbol{v})-\nabla H\cdot\boldsymbol{\omega}\wedge\boldsymbol{v} \tag{5.3.2}$$

那么,式(5.2.7)就变成了

$$\left(\frac{1}{c_0^2}\frac{\partial^2}{\partial t^2}-\nabla^2\right)(HB)=-\mathrm{div}\,(B\,\nabla H)-\nabla H\cdot(\nabla B+\boldsymbol{\omega}\wedge\boldsymbol{v})+\mathrm{div}\,(H\boldsymbol{\omega}\wedge\boldsymbol{v})$$

这个方程在任何地方都是成立的,包括 S_+ 内的区域,在那里 $HB\equiv 0$。涉及 ∇H 的源项集中在控制面上。当 $\boldsymbol{x}$ 位于外部区域时,这些表面项考虑了 S_+ 内固体的存在;如果物

体是不存在的(S_+内充满流体)，表面源就构成了对于 $f>0$ 中即“外部世界”各种流体力学或声学过程的表征，这些也可能发生在 S_+ 内部。

利用 Crocco 方程(4.2.5)，我们可以进行代换：

$$\nabla H\cdot(\nabla B+\boldsymbol{\omega}\wedge\boldsymbol{v})=-\nabla H\cdot\left(\frac{\partial\boldsymbol{v}}{\partial t}+\nu\,\mathrm{curl}\,\boldsymbol{\omega}\right)$$

$$\equiv-\nabla H\cdot\frac{\partial\boldsymbol{v}}{\partial t}+\nu\,\mathrm{div}\,(\nabla H\wedge\boldsymbol{\omega})$$

因此涡声方程变为

$$\left(\frac{1}{c_0^2}\frac{\partial^2}{\partial t^2}-\nabla^2\right)(HB)=-\mathrm{div}\,(B\,\nabla H)+\nabla H\cdot\frac{\partial\boldsymbol{v}}{\partial t}+\mathrm{div}\,(H\boldsymbol{\omega}\wedge\boldsymbol{v})-\nu\,\mathrm{div}\,(\nabla H\wedge\boldsymbol{\omega})\tag{5.3.3}$$

方程(5.3.3)右边的源要么集中在控制面 S_+ 上，要么位于控制面 S_+ 以外的流体中；在这个控制面之外，它们完全决定于 B。这个区域的解可以通过使用满足以下条件的任何格林函数 $G(\boldsymbol{x},\boldsymbol{y},t-\tau)$求得：

$$\left(\frac{1}{c_0^2}\frac{\partial^2}{\partial t^2}-\nabla^2\right)G=\delta(\boldsymbol{x}-\boldsymbol{y})\delta(t-\tau),\text{其中 } t<\tau \text{ 时 } G=0$$

式中，$\boldsymbol{x}$、$\boldsymbol{y}$ 为流体中任意位置。在图 5.3.1 中，流体占据了固体表面 S 外的区域 V，因此，控制面 $S_+(f(\boldsymbol{x})=0)$位于 V 内。

因此，对于流体中的点 $\boldsymbol{x}$，式(5.3.3)的解为

$$HB(\boldsymbol{x},t)=\int_{-\infty}^{\infty}\int_V G(\boldsymbol{x},\boldsymbol{y},t-\tau)\Big\{-\mathrm{div}\,(B\,\nabla H)+\nabla H\cdot\frac{\partial\boldsymbol{v}}{\partial\tau}+\mathrm{div}\,(H\boldsymbol{\omega}\wedge\boldsymbol{v})$$

$$-\nu\,\mathrm{div}\,(\nabla H\wedge\boldsymbol{\omega})\Big\}\mathrm{d}^3\boldsymbol{y}\,\mathrm{d}\tau$$

式中，大括号内的所有源项都是 $\boldsymbol{y}$ 和 τ 的函数。那些涉及∇H 的项除在控制面 S_+之外都变为零。应用散度定理去掉散度项，然后用公式

$$\int_V(\cdot)\,\nabla H\,\mathrm{d}^3\boldsymbol{y}=\oint_{S_+}(\cdot)\,\mathrm{d}\boldsymbol{S}$$

(见第 2.3 节)。让我们说明被积函数大括号中第一项的求解过程

$$\int_V G\{-\mathrm{div}\,(B\,\nabla H)\}\mathrm{d}^3\boldsymbol{y}=-\int_V\{\mathrm{div}\,(GB\,\nabla H)-B\,\nabla G\cdot\nabla H\}\mathrm{d}^3\boldsymbol{y}$$

$$=\oint_{S+\Sigma}GB\,\nabla H\cdot\mathrm{d}\boldsymbol{S}+\int_V B\,\nabla G\cdot\nabla H\,\mathrm{d}^3\boldsymbol{y}$$

$$=0+\oint_{S_+}B\,\nabla G\cdot\mathrm{d}\boldsymbol{S}$$

$$=\oint_{S_+}B(\boldsymbol{y},\tau)\frac{\partial G}{\partial y_n}(\boldsymbol{x},\boldsymbol{y},t-\tau)\mathrm{d}\boldsymbol{S}(\boldsymbol{y})$$

其中，所有的向量算子都是依赖于 $\boldsymbol{y}$ 的，并且 Σ 是一个大的封闭的“位于无穷远处的表面”，其中 $\boldsymbol{\omega}=\boldsymbol{0}$。除了在 S_+上以外，因为各处$\nabla H=\boldsymbol{0}$，没有来自 S 和 Σ 的贡献。

在 S_+ 外部区域($f>0$)的一般解相应地变为

$$B(\boldsymbol{x},t)=\oint_{S_+}\left(B(\boldsymbol{y},\tau)\frac{\partial G}{\partial y_n}(\boldsymbol{x},\boldsymbol{y},t-\tau)+G(\boldsymbol{x},\boldsymbol{y},t-\tau)\frac{\partial v_{\mathrm{n}}}{\partial \tau}(\boldsymbol{y},\tau)\right)\mathrm{d}S(\boldsymbol{y})\mathrm{d}\tau$$

$$-\int_V H(f(\boldsymbol{y}))(\boldsymbol{\omega}\wedge\boldsymbol{v})(\boldsymbol{y},\tau)\cdot\frac{\partial G}{\partial \boldsymbol{y}}(\boldsymbol{x},\boldsymbol{y},t-\tau)\mathrm{d}^3\boldsymbol{y}\mathrm{d}\tau$$

$$+\nu\oint_{S_+}\boldsymbol{\omega}(\boldsymbol{y},\tau)\wedge\frac{\partial G}{\partial \boldsymbol{y}}(\boldsymbol{x},\boldsymbol{y},t-\tau)\cdot\mathrm{d}S(\boldsymbol{y})\mathrm{d}\tau \tag{5.3.4}$$

式中,为了简洁起见,我们省略了关于 τ 的积分符号,需要理解为在 $-\infty<\tau<\infty$ 范围内变化。

我们现在选择在物体表面 S 上法线导数为零的 G。当这样做时,允许 S_+ 控制面向内收缩到 S(因此式(5.3.4)的第一个积分中的第一项消失了),流体中的一般解变为

$$B(\boldsymbol{x},t)=-\int_V(\boldsymbol{\omega}\wedge\boldsymbol{v})(\boldsymbol{y},\tau)\cdot\frac{\partial G}{\partial \boldsymbol{y}}(\boldsymbol{x},\boldsymbol{y},t-\tau)\mathrm{d}^3\boldsymbol{y}\mathrm{d}\tau+\nu\oint_S\boldsymbol{\omega}(\boldsymbol{y},\tau)$$

$$\wedge\frac{\partial G}{\partial \boldsymbol{y}}(\boldsymbol{x},\boldsymbol{y},t-\tau)\cdot\mathrm{d}S(\boldsymbol{y})\mathrm{d}\tau+\oint_S G(\boldsymbol{x},\boldsymbol{y},t-\tau)\frac{\partial v_n}{\partial \tau}(\boldsymbol{y},\tau)\mathrm{d}\boldsymbol{S}(\boldsymbol{y})\mathrm{d}\tau$$

其中在 S 上

$$\frac{\partial G}{\partial y_n}(\boldsymbol{x},\boldsymbol{y},t-\tau)=0 \tag{5.3.5}$$

在声学远场中($|\boldsymbol{x}|\to\infty$)中,我们可以用 $p(\boldsymbol{x},t)/\rho_0$ 替代 $B(\boldsymbol{x},t)$。

第一个积分代表了在流体内分布涡源产生的声音。这些源与物体作用会产生声音,格林函数充分考虑了物体对声效率的影响。第二个积分涉及表面涡量的面积分,来源于 S 上摩擦力的贡献。为了解释最后这一项,回想一下控制面是在空间中固定的。这意味着流体可以穿过此控制面。当 S_+ 收缩到 S,这意味着 S 在空间中也是固定的。然而,当物体表面做小幅振动时,法向速度 v_{n} 仍然可以不为零,解中的这一项实际上与先前式(3.8.2)中给出的无涡源振动物体的解相同。

与此相关,还应注意:互易定理隐含着法向导数条件 $\frac{\partial G}{\partial y_n}(\boldsymbol{x},\boldsymbol{y},t-\tau)=0$, $\frac{\partial G}{\partial x_{\mathrm{n}}}(\boldsymbol{x},\boldsymbol{y},t-\tau)=0$,分别对于 S 上的 $\boldsymbol{y}$、$\boldsymbol{x}$ 总是同时满足的。

表面摩擦对声音的贡献(式(5.3.5)右边的第一个面积分)相对于来自体积涡量(第一个积分)的贡献名义上的量阶为

$$\frac{1}{Re}\ll 1,\quad Re=\frac{v\ell}{\nu}$$

这里 ℓ 是湍流或物体的特征长度尺度,v 是典型的速度。因此,在高雷诺数时,表面项可以被舍弃,在物体不振动的重要情形下,远场声由下式给出:

$$\frac{p}{\rho_0}(\boldsymbol{x},t)=-\int_V(\boldsymbol{\omega}\wedge\boldsymbol{v})(\boldsymbol{y},\tau)\cdot\frac{\partial G}{\partial \boldsymbol{y}}(\boldsymbol{x},\boldsymbol{y},t-\tau)\mathrm{d}^3\boldsymbol{y}\mathrm{d}\tau \tag{5.3.6}$$

5.4 声学紧致体的辐射

当表面 S 是声学紧致时，则可用紧致格林函数式(3.9.1)计算远场中的一般解(5.3.5)。当 $|\boldsymbol{x}|\to\infty$ 且原点在 S 内或接近 S 时，我们按照前面第 3.8 节中所描述的那样进行，以穿过 S 的延迟时间将格林函数展开到第一阶：

$$G(\boldsymbol{x},\boldsymbol{y},t-\tau)=\frac{1}{4\pi|\boldsymbol{X}-\boldsymbol{Y}|}\delta\left(t-\tau-\frac{|\boldsymbol{X}-\boldsymbol{Y}|}{c_0}\right)$$

$$\approx\frac{1}{4\pi|\boldsymbol{x}|}\delta\left(t-\tau-\frac{|\boldsymbol{x}|}{c_0}\right)+\frac{x_jY_j}{4\pi c_0|\boldsymbol{x}|^2}\delta'\left(t-\tau-\frac{|\boldsymbol{x}|}{c_0}\right),\quad |\boldsymbol{x}|\to\infty$$

式中，撇号“′”表示关于 t 的微分。这个近似中的第一项独立于 $\boldsymbol{y}$，显然对式(5.3.5)中的前两个积分没有贡献。只有当物体体积有脉动时，它才对最后的面积分有贡献。当这种情况发生时，通常会使得物体的单极子辐射比所有其他源大。因此，我们将忽略这种可能性，而只考虑 S 内体积为常数的表面振动。特别地，我们假定 S 作为一个刚体振动。因此，在这种情况下，格林函数展开式中的第一个近似可以再次被舍弃。

将此代入到式(5.3.5)中并进行关于 τ 的积分，在声学远场中(其中 $B=p/\rho_0$)可得

$$p(\boldsymbol{x},t)\approx\frac{-\rho_0x_j}{4\pi c_0|\boldsymbol{x}|^2}\frac{\partial}{\partial t}\left[\int(\boldsymbol{\omega}\wedge\boldsymbol{v})\cdot\nabla Y_j\,\mathrm{d}^3\boldsymbol{y}-\nu\oint_S\boldsymbol{\omega}\wedge\nabla Y_j\cdot\mathrm{d}\boldsymbol{S}(\boldsymbol{y})-\oint_S\frac{\partial U_n}{\partial t}Y_j\,\mathrm{d}\boldsymbol{S}(\boldsymbol{y})\right]\tag{5.4.1}$$

式中，方括号([ ])表示括号内的量将在延迟时间 $t-|\boldsymbol{x}|/c_0$ 上进行计算，并且 U_n 是 S 振动速度的法向分量。

当物体以速度 $\boldsymbol{U}(t)$ 进行平移振荡时，我们有

$$U_\mathrm{n}=U_in_i$$

式中，n_i 是指向流体的表面法线的第 i 个分量。则有

$$\rho_0\oint_S\frac{\partial U_\mathrm{n}}{\partial t}Y_j\,\mathrm{d}S=\rho_0\frac{\mathrm{d}U_i}{\mathrm{d}t}\oint_S(n_iy_j-n_i\varphi_j^*)\,\mathrm{d}S$$

$$=(m_0\delta_{ij}+M_{ij})\frac{\mathrm{d}U_i}{\mathrm{d}t}$$

式中，如果物体有体积 Δ，则 m_0 是被物体排出的流体质量，$m_0=\rho_0\Delta$，M_{ij} 是物体的附加质量张量(见式(3.8.6))。

因此，解(5.4.1)可以写成

$$p(\boldsymbol{x},t)\approx\frac{-x_j}{4\pi c_0|\boldsymbol{x}|^2}\frac{\partial}{\partial t}\Big[\rho_0\int(\boldsymbol{\omega}\wedge\boldsymbol{v})\cdot\nabla Y_j\,\mathrm{d}^3\boldsymbol{y}-$$

$$\eta\oint_S\boldsymbol{\omega}\wedge\nabla Y_j\cdot\mathrm{d}\boldsymbol{S}(\boldsymbol{y})-(m_0\delta_{ij}+M_{ij})\frac{\mathrm{d}U_i}{\mathrm{d}t}\Big]\tag{5.4.2}$$

参考式(4.4.4)可知，上式也可以写成

$$p(\boldsymbol{x},t) \approx \frac{x_j}{4\pi c_0 |\boldsymbol{x}|^2} \frac{\partial F_j}{\partial t}\left(t - \frac{|\boldsymbol{x}|}{c_0}\right) + \frac{m_0 x_j}{4\pi c_0 |\boldsymbol{x}|^2} \frac{\partial^2 U_j}{\partial t^2}\left(t - \frac{|\boldsymbol{x}|}{c_0}\right), \quad |\boldsymbol{x}| \to \infty \tag{5.4.3}$$

式中，$\boldsymbol{F}(t)$是物体施加在流体上的非定常力。这正是我们先前从 Curle 方程中推导出的结论(2.4.2)加上振动体的流体排挤效应，它等同于无涡量时得到的解(3.8.10)。

对尺度为 ℓ、速度为 v 的湍流，式(5.4.2)中涡量体积分布和表面分布的相对贡献（分别为第一个积分和第二个积分）可以通过以下方法分别估算：

$$\rho_0 v^2 M \frac{\ell}{|\boldsymbol{x}|}, \text{且 } \rho_0 v^2 M \frac{\ell}{|\boldsymbol{x}|} \frac{1}{Re}, \ Re = \frac{v\ell}{\nu}$$

因此，在高雷诺数湍流中，表面摩擦对偶极子力 $\boldsymbol{F}$ 的贡献通常可以忽略不计。由此，对于非振动的紧致体，远场声压的主要分量由下式给出

$$p(\boldsymbol{x},t) \approx \frac{-\rho_0 x_j}{4\pi c_0 |\boldsymbol{x}|^2} \frac{\partial}{\partial t} \int \left(\boldsymbol{\omega} \wedge \boldsymbol{v}\right)\left(\boldsymbol{y}, t - \frac{|\boldsymbol{x}|}{c_0}\right) \cdot \nabla Y_j(\boldsymbol{y}) \mathrm{d}^3 \boldsymbol{y}, \quad |\boldsymbol{x}| \to \infty \tag{5.4.4}$$

5.5 紧致横截面圆柱体的辐射

涡量与截面紧致的圆柱体(或近似圆柱体)表面 S（如图 3.6.3 所示的条形机翼）相互作用是一个重要的特殊示例。如果涡量在扩展的物体展向截面上延伸，那么在不同展向位置产生声音的延迟时间是有差异的，考虑这个差异可能是很重要的。

为此，我们将 Kirchhoff 向量写成以下形式：

$$\boldsymbol{Y} = \boldsymbol{Y}_\perp + \boldsymbol{k} y_3, \quad \boldsymbol{Y}_\perp = (Y_1(\boldsymbol{y}), Y_2(\boldsymbol{y}), 0) \tag{5.5.1}$$

式中，$\boldsymbol{k}$ 是 x_3 方向的单位向量。然后，由于与声波波长相比，在展向上源位置的变化不一定很小，因此式(5.3.6)中的紧致格林函数展开如下：

$$\begin{aligned} G(\boldsymbol{x},\boldsymbol{y},t-\tau) &= \frac{1}{4\pi|\boldsymbol{X}-\boldsymbol{Y}|}\delta\left(t-\tau-\frac{|\boldsymbol{X}-\boldsymbol{Y}|}{c_0}\right) \\ &\approx \frac{1}{4\pi|\boldsymbol{x}-\boldsymbol{k}y_3|}\delta\left(t-\tau-\frac{|\boldsymbol{x}-\boldsymbol{k}y_3|}{c_0}\right) \\ &\quad + \frac{x_j Y_{\perp j}}{4\pi c_0 |\boldsymbol{x}-\boldsymbol{k}y_3|^2}\delta'\left(t-\tau-\frac{|\boldsymbol{x}-\boldsymbol{k}y_3|}{c_0}\right) \\ &\approx \frac{1}{4\pi|\boldsymbol{x}|}\delta\left(t-\tau-\frac{|\boldsymbol{x}-\boldsymbol{k}y_3|}{c_0}\right) \\ &\quad + \frac{x_j Y_{\perp j}}{4\pi c_0 |\boldsymbol{x}|^2}\delta'\left(t-\tau-\frac{|\boldsymbol{x}-\boldsymbol{k}y_3|}{c_0}\right), \quad |\boldsymbol{x}| \to \infty \end{aligned} \tag{5.5.2}$$

例如，当静止圆柱体在低马赫数下与高雷诺数流体相互作用时，式(5.5.2)中的单极子项可以像以前一样舍弃，式(5.3.6)给出的声压变为

$$p(\boldsymbol{x},t) \approx \frac{-\rho_0 x_j}{4\pi c_0 |\boldsymbol{x}|^2} \frac{\partial}{\partial t}\int (\boldsymbol{\omega} \wedge \boldsymbol{v})\left(\boldsymbol{y}, t - \frac{|\boldsymbol{x} - \boldsymbol{k} y_3|}{c_0}\right) \cdot \nabla Y_{\perp j}(\boldsymbol{y}) \mathrm{d}^3 \boldsymbol{y}, \quad |\boldsymbol{x}| \to \infty \tag{5.5.3}$$

声音只是由在升力和阻力方向上的偶极子源产生的($j=1,2$)。这种近似也适用于展长很长但有限的薄翼,以及机翼弦长是关于 y_3 的缓慢变化函数的情况(如图 3.9.1 所示的椭圆机翼)。

5.6 涡声冲量理论

紧致体附近涡量产生声音的公式可以从表示速度 $\boldsymbol{v}(\boldsymbol{x},t)$ 的式(4.3.3)直接导出,其中速度在流体力学远场中用冲量 $\boldsymbol{I}(t)$ 表示。

$$\boldsymbol{v}(\boldsymbol{x},t) \approx \nabla\varphi, \quad 当 |\boldsymbol{x}| \gg \ell$$

其中,ℓ 是相互作用区域(物体)的长度尺度。

$$\varphi(\boldsymbol{x},t) = \mathrm{div}\left(\frac{\boldsymbol{I}(t)}{4\pi|\boldsymbol{x}|}\right), \quad \boldsymbol{I}(t) = \frac{1}{2}\int \boldsymbol{y} \wedge \boldsymbol{\omega}(\boldsymbol{y},t)\mathrm{d}^3\boldsymbol{y} \tag{5.6.1}$$

关于 $\varphi(\boldsymbol{x},t)$ 的表达式确定了在远离物体区域的无旋域内的不可压缩运动。这正是流体动力偶极子的速度势,被视为表征流动发声的外传声偶极子的声近场(参见式(1.7.4)和(1.7.9))。在式(5.6.1)中简单地用 $\boldsymbol{I}(t-|\boldsymbol{x}|/c_0)$ 代替 $\boldsymbol{I}(t)$,就可以得到此声学偶极子。在离物体很远的地方(未受干扰的流体是静止的)压力 $p(\boldsymbol{x},t)=-\rho_0\partial\varphi/\partial t$,上述过程引出了用涡量表示声音的公式:

$$\begin{aligned} p(\boldsymbol{x},t) &\approx -\rho_0 \frac{\partial}{\partial x_j}\left(\frac{1}{4\pi|\boldsymbol{x}|}\frac{\partial I_j}{\partial t}(t-|\boldsymbol{x}|/c_0)\right) \\ &\approx \frac{\rho_0 x_j}{4\pi c_0 |\boldsymbol{x}|^2}\frac{\partial^2 I_j}{\partial t^2}\left(t - \frac{|\boldsymbol{x}|}{c_0}\right), \quad |\boldsymbol{x}| \to \infty \\ &= \frac{\rho_0 x_j}{8\pi c_0 |\boldsymbol{x}|^2}\frac{\partial^2}{\partial t^2}\int (\boldsymbol{y} \wedge \boldsymbol{\omega})_j\left(\boldsymbol{y}, t - \frac{|\boldsymbol{x}|}{c_0}\right)\mathrm{d}^3\boldsymbol{y} \end{aligned} \tag{5.6.2}$$

式(4.4.1)表明其与紧致近似式(5.4.3)是等价的。然而,式(5.6.2)中 $\boldsymbol{\omega}$ 是广义涡量,包括 S 上的附着涡量。这应该与涉及 Kirchhoff 矢量的表示式(5.4.2)相比较,其中附着涡量只存在于摩擦对声音贡献的面积分中。但是,式(5.4.2)只适用于平移运动的物体,而式(5.6.2)适用于进行任何平移和旋转组合的物体(图 4.1.1)。

对于无界流体(忽略可压缩性)而言,涡量的冲量 $\boldsymbol{I}$ 是常数。我们知道声音现在是由四极子源产生的,它可以用涡量来表示,如式(5.1.6)所示。Möhring (1978)已经证明,可将四极子声音表示为涡量二阶矩的三阶时间导数,类似于式(5.6.2)中的一阶矩(见问题 5),即

$$p(\boldsymbol{x},t) \approx \frac{\rho_0 x_i x_j}{12\pi c_0^2 |\boldsymbol{x}|^3} \frac{\partial^3}{\partial t^3} \int y_i (\boldsymbol{y} \wedge \boldsymbol{\omega})_j (\boldsymbol{y}, t - |\boldsymbol{x}|/c_0) \mathrm{d}^3 \boldsymbol{y}, |\boldsymbol{x}| \to \infty \tag{5.6.3}$$

习　题　5

1. **Kirchhoff 自旋涡**：平行于 x_3 轴的柱状旋涡具有椭圆截面，由极坐标方程 $r = a\{1+\epsilon\cos(2\theta-\Omega t/2)\}$ 所定义，其中 $\epsilon \ll 1$、Ω 是涡核处的平均涡量。椭圆以角速度 $\frac{1}{4}\Omega$ 旋转，核内的速度分布由下式给出：

$$\boldsymbol{v} = (v_1, v_2) = -\frac{1}{2}\Omega r(\sin\theta + \epsilon\sin(\theta - \Omega t/2), -\cos\theta + \epsilon\cos(\theta - \Omega t/2))$$

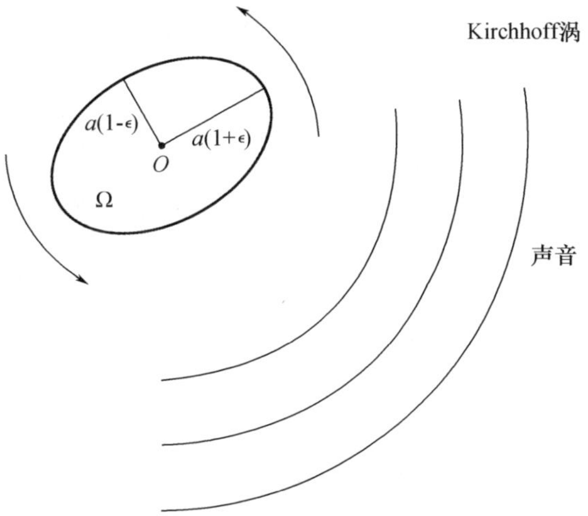

证明：展开到 ϵ 的第一阶，涡等效于二维四极子：

$$\mathrm{div}(\boldsymbol{\omega} \wedge \boldsymbol{v}) \approx \frac{\partial^2}{\partial x_i \partial x_j}(T_{ij}\delta(x_1)\delta(x_2)), \quad i,j = 1,2$$

其中

$$T_{ij} = \frac{\epsilon\pi\Omega^2 a^4}{8}\begin{pmatrix} \cos(\Omega t/2) & \sin(\Omega t/2) \\ \sin(\Omega t/2) & -\cos(\Omega t/2) \end{pmatrix}$$

声压为

$$p \approx -\frac{\epsilon}{8}\sqrt{\frac{2\pi a}{r}}\rho_0 U^2 M^{3/2}\cos\left[2\theta - \frac{\Omega}{2}\left(t - \frac{r}{c_0}\right) + \frac{\pi}{4}\right], \quad \frac{\Omega r}{c_0} \to \infty$$

式中，$U = \frac{1}{2}a\Omega$，$M = U/c_0$。

2. **同轴涡环**：使用式(5.2.7)计算 N 个与 x_1 轴同轴的涡环组成的声学紧致系统的

非定常运动产生的声音。取第 n 个涡的涡量为 $\boldsymbol{\omega}_n=\Gamma_n\delta(x_1-X_n(t))\delta(r-R_n(t))\boldsymbol{i}_\theta$，其中$(r,\theta,x_1)$为柱坐标，$R_n(t)$为涡环半径，$X_n(t)$是它在 x_1 方向上的位置，$\boldsymbol{i}_\theta$ 是在周向方向上的单位矢量。证明

$$p\approx\frac{\rho_0}{8c_0^2|\boldsymbol{x}|}(3\cos^2\Theta-1)\frac{\partial^2}{\partial t^2}\left[\sum_n\Gamma_nX_n\frac{\mathrm{d}R_n^2}{\mathrm{d}t}\right],\quad |\boldsymbol{x}|\to\infty$$

式中，Θ 是观察者方向与 x_1 轴正向之间的夹角，方括号中的项在 $\tau=t-|\boldsymbol{x}|/c_0$ 计算。

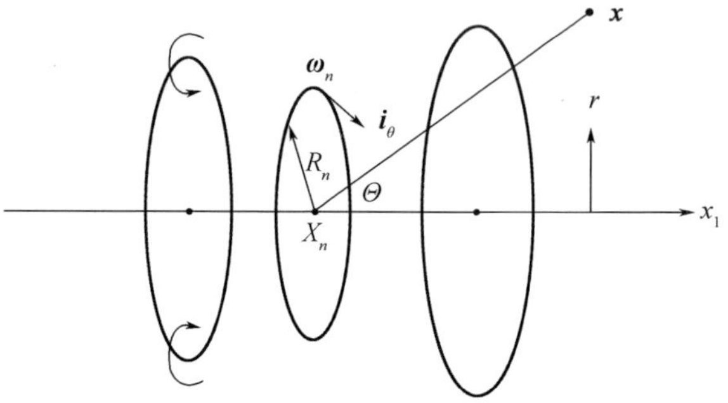

在理想、不可压缩流体中，能量和动量守恒意味着：

$$\sum_n\Gamma_nR_n\left(R_n\frac{\mathrm{d}X_n}{\mathrm{d}t}-X_n\frac{\mathrm{d}R_n}{\mathrm{d}t}\right)=\text{常数},\ \sum_n\Gamma_nR_n^2=\text{常数}$$

用这些方程式来证明

$$p\approx\frac{\rho_0}{12c_0^2|\boldsymbol{x}|}(3\cos^2\Theta-1)\left[\frac{\mathrm{d}^3S}{\mathrm{d}t^3}\right],\quad |\boldsymbol{x}|\to\infty$$

式中，$S(t)\approx\sum_n\Gamma_nR_n^2X_n$。

3. 计算一个与 x_1 轴同轴的总环量为 Γ 的涡环所产生的声音，该涡环的核心具有椭圆截面，其长轴和短轴 $2a$、$2b\ll R$，R 为涡环的平均半径。假设旋涡形心的 x_1 坐标 $X(t)$满足

$$\frac{\mathrm{d}X}{\mathrm{d}t}=\frac{\Gamma}{4\pi R}\left[\ln\left(\frac{16R}{a+b}\right)-\frac{1}{4}+\frac{3(a-b)}{2(a+b)}\cos 2\Omega t\right],\quad \Omega=\frac{\Gamma}{\pi(a+b)^2}$$

使用问题 2 的符号表示法，证明

$$p\approx\frac{\rho_0\Gamma R^2(3\cos^2\Theta-1)}{12c_0^2|\boldsymbol{x}|}\left[\frac{\mathrm{d}^3X}{\mathrm{d}t^3}\right]_{t-\frac{|\boldsymbol{x}|}{c_0}},\quad |\boldsymbol{x}|\to\infty$$

$$=\frac{\rho_0U^2M^2}{8\pi^3}\frac{R(3\cos^2\Theta-1)}{|\boldsymbol{x}|}\left(\frac{a-b}{a+b}\right)\cos\left(\frac{2\Gamma}{\pi(a+b)^2}\left[t-\frac{|\boldsymbol{x}|}{c_0}\right]\right),$$

式中，$U=\dfrac{\Gamma}{a+b}M=\dfrac{U}{c_0}$。

4. 推导无界流体中涡量紧致区产生声压的 Möhring 公式(5.6.3)。取 $\boldsymbol{y}$ 与高雷诺数涡量方程$\partial\boldsymbol{\omega}/\partial t+\mathrm{curl}\,(\boldsymbol{\omega}\wedge\boldsymbol{v})=0$（以 $\boldsymbol{y}$ 和 t 为自变量表示）的向量积，乘以 y_i，并用

等式

$$\boldsymbol{y} \wedge \operatorname{curl} \boldsymbol{A} = 2\boldsymbol{A} + \nabla(\boldsymbol{y} \cdot \boldsymbol{A}) - \frac{\partial}{\partial y_j}(y_j \boldsymbol{A})$$

推导证明式(5.1.6)中的积分可以写成以下形式

$$\int y_i(\boldsymbol{\omega} \wedge \boldsymbol{v})_j \mathrm{d}^3 \boldsymbol{y} = -\frac{1}{3}\frac{\partial}{\partial t}\int y_i(\boldsymbol{y} \wedge \boldsymbol{\omega})_j \mathrm{d}^3 \boldsymbol{y} + \frac{1}{3}\delta_{ij}\int \frac{1}{2}v^2 \mathrm{d}^3 \boldsymbol{y}$$

注意到估计值(5.1.7),现在的结果允许舍弃右边的第二个积分。

5. 二维自由空间格林函数，满足下式

$$\left(\frac{1}{c_0^2}\frac{\partial^2}{\partial t^2} - \nabla^2\right) G = \delta(x_1 - y_1)\delta(x_2 - y_2)\delta(t - \tau), \text{其中 } t < \tau \text{ 时 } G = 0$$

可由如下三维格林函数在 $-\infty < y_3 < \infty$ 上积分导出

$$\frac{1}{4\pi|\boldsymbol{x} - \boldsymbol{y}|}\delta\left(t - \tau - \frac{|\boldsymbol{x} - \boldsymbol{y}|}{c_0}\right)$$

推导出

$$G(\boldsymbol{x}, \boldsymbol{y}, t - \tau) = \frac{H(t - \tau - |\boldsymbol{x} - \boldsymbol{y}|/c_0)}{2\pi\sqrt{(t - \tau)^2 - |\boldsymbol{x} - \boldsymbol{y}|^2/c_0^2}}, \boldsymbol{x} = (x_1, x_2), \boldsymbol{y} = (y_1, y_2)$$

且在波前附近 $|\boldsymbol{x} - \boldsymbol{y}| \approx c_0(t - \tau)$,导出

$$G(\boldsymbol{x}, \boldsymbol{y}, t - \tau) \approx \frac{H(t - \tau - |\boldsymbol{x} - \boldsymbol{y}|/c_0)}{2\pi\sqrt{2|\boldsymbol{x} - \boldsymbol{y}|/c_0}\sqrt{(t - \tau) - |\boldsymbol{x} - \boldsymbol{y}|/c_0}}$$

6. 考虑在一个无界二维流(与 x_3 无关)中涡量紧致分布所产生的声音,其中涡量 $\boldsymbol{\omega}$ 平行于方向 $\boldsymbol{k}$ (x_3 轴)。证明

$$\int y_i(\boldsymbol{\omega} \wedge \boldsymbol{v})_j \mathrm{d}y_1 \mathrm{d}y_2 \approx -\frac{1}{2}\frac{\partial}{\partial t}\int y_i(\boldsymbol{y} \wedge \boldsymbol{\omega})_j \mathrm{d}y_1 \mathrm{d}y_2, \quad \text{其中 } i, j = 1, 2$$

推导 Möhring (1980)的二维表达式

$$p(\boldsymbol{x}, t) \approx \frac{\rho_0 x_i x_j}{4\pi c_0^2 |\boldsymbol{x}|^2}\frac{\partial^3}{\partial t^3}\int \mathrm{d}y_1 \mathrm{d}y_2 \int_{-\infty}^{t - |\boldsymbol{x}|/c_0} \frac{y_i(\boldsymbol{y} \wedge \boldsymbol{\omega})_j(\boldsymbol{y}, \tau)\mathrm{d}\tau}{\sqrt{(t - \tau)^2 - |\boldsymbol{x}|^2/c_0^2}}$$

$$\approx \frac{\rho_0 x_i x_j}{4\pi c_0^2 |\boldsymbol{x}|^2}\sqrt{\frac{c_0}{2|\boldsymbol{x}|}}\frac{\partial^3}{\partial t^3}\int \mathrm{d}y_1 \mathrm{d}y_2 \int_{-\infty}^{t - |\boldsymbol{x}|/c_0} \frac{y_i(\boldsymbol{y} \wedge \boldsymbol{\omega})_j(\boldsymbol{y}, \tau)\mathrm{d}\tau}{\sqrt{t - \tau - |\boldsymbol{x}|/c_0}}, \quad |\boldsymbol{x}| \to \infty$$

7. 利用问题 6 的结果导出旋转涡对产生的声音解(5.2.10)式。

8. 利用问题 6 的结果求解问题 1。

第 6 章

二维涡一面相互作用噪声

6.1 二维紧致格林函数

在这一章中，我们应用一般的高雷诺数解(5.3.6)来确定由直线涡与固定固体边界的二维相互作用所产生的声音。假定在平行于涡量的 x_3 方向上所有条件都是均匀分布的。我们将首先通过确定一个合适的 G 的二维表征来导出下式一般解的二维类比：

$$\frac{p}{\rho_0}(\boldsymbol{x},t)=-\int_V(\boldsymbol{\omega}\wedge\boldsymbol{v})(\boldsymbol{y},\tau)\cdot\frac{\partial G}{\partial\boldsymbol{y}}(\boldsymbol{x},\boldsymbol{y},t-\tau)\mathrm{d}^3\boldsymbol{y}\mathrm{d}\tau \qquad (6.1.1)$$

涡量对流速度 $\boldsymbol{v}$ 和 Lamb 矢量 $\boldsymbol{\omega}\wedge\boldsymbol{v}$ 都平行于 x_1x_2 平面，因此只有梯度 $\partial G/\partial\boldsymbol{y}$ 的 y_1 和 y_2 分量对积分有贡献。此外，由于 $(\boldsymbol{\omega}\wedge\boldsymbol{v})(\boldsymbol{y},\tau)$ 只依赖于 y_1、y_2 和 τ，关于展向坐标 y_3 的积分只包含格林函数，可以在对声音作任何进一步计算之前完成。

令

$$G_2=\int_{-\infty}^{\infty}G(\boldsymbol{x},\boldsymbol{y},t-\tau)\mathrm{d}y_3 \qquad (6.1.2)$$

对于二维问题，G 是一个关于 y_3-x_3 的函数，因此该函数 G_2 将满足格林函数方程：

$$\left(\frac{1}{c_0^2}\frac{\partial^2}{\partial t^2}-\nabla^2\right)G_2=\delta(x_1-y_1)\delta(x_2-y_2)\delta(t-\tau)\text{，其中 } t<\tau \text{ 时 } G_2=0 \qquad (6.1.3)$$

它是通过对三维式(3.1.4)在 $-\infty<y_3<\infty$ 上进行积分得到的。在二维情况下，G_2 表示由平行于 x_3 轴沿整条直线 $x_1=y_1$、$x_2=y_2$ 延伸的均匀线源生成的场。

类似地，圆柱体的紧致格林函数(母线平行于 x_3)

$$G(\boldsymbol{x},\boldsymbol{y},t-\tau)=\frac{1}{4\pi|\boldsymbol{X}-\boldsymbol{Y}|}\delta\left(t-\tau-\frac{|\boldsymbol{X}-\boldsymbol{Y}|}{c_0}\right)$$

$$X_{1,2}=x_{1,2}-\varphi_{1,2}^*(\boldsymbol{x}),\quad Y_{1,2}=y_{1,2}-\varphi_{1,2}^*(\boldsymbol{y}),\quad Y_3=y_3,\quad X_3=x_3$$

是 y_3-x_3 的函数，通过在 $-\infty<y_3<\infty$ 积分可以找到相应的二维紧致格林函数。

设 $\xi=y_3-x_3$，$\bar{\boldsymbol{x}}=(x_1,x_2)$，并令 $|\bar{\boldsymbol{x}}|=(x_1^2+x_2^2)^{1/2}\to\infty$。将坐标原点取在圆柱体内，则有

$$G_2 \approx \frac{1}{4\pi}\int_{-\infty}^{\infty} \delta\left(t-\tau-\frac{\sqrt{|\bar{\boldsymbol{x}}|^2+\xi^2}}{c_0}+\frac{\bar{\boldsymbol{x}}\cdot\boldsymbol{Y}}{c_0\sqrt{|\bar{\boldsymbol{x}}|^2+\xi^2}}\right)\frac{\mathrm{d}\xi}{\sqrt{|\bar{\boldsymbol{x}}|^2+\xi^2}}, \text{当} |\bar{\boldsymbol{x}}| \to \infty \text{时}$$

这里 $\bar{\boldsymbol{x}}\cdot\boldsymbol{Y}=x_1Y_1+x_2Y_2$ 独立于 ξ。要使用该函数计算式(6.1.1)，必须将 δ 函数展开到 $\boldsymbol{Y}$ 的一阶：

$$G_2 \approx \frac{1}{4\pi}\int_{-\infty}^{\infty} \delta\left(t-\tau-\frac{\sqrt{|\bar{\boldsymbol{x}}|^2+\xi^2}}{c_0}\right)\frac{\mathrm{d}\xi}{\sqrt{|\bar{\boldsymbol{x}}|^2+\xi^2}}$$
$$+\frac{\bar{\boldsymbol{x}}\cdot\boldsymbol{Y}}{4\pi c_0}\int_{-\infty}^{\infty} \delta'\left(t-\tau-\frac{\sqrt{|\bar{\boldsymbol{x}}|^2+\xi^2}}{c_0}\right)\frac{\mathrm{d}\xi}{(|\bar{\boldsymbol{x}}|^2+\xi^2)}$$

上式中只有右边的第二项依赖于 $\boldsymbol{y}$，从而对辐射积分式(6.1.1)有贡献。因此，我们可以取

$$\begin{aligned}
G_2 &\approx \frac{\bar{\boldsymbol{x}}\cdot\boldsymbol{Y}}{4\pi c_0}\int_{-\infty}^{\infty} \delta'\left(t-\tau-\frac{\sqrt{|\bar{\boldsymbol{x}}|^2+\xi^2}}{c_0}\right)\frac{\mathrm{d}\xi}{(|\bar{\boldsymbol{x}}|^2+\xi^2)} \\
&=\frac{\bar{\boldsymbol{x}}\cdot\boldsymbol{Y}}{2\pi c_0}\frac{\partial}{\partial t}\int_{0}^{\infty} \delta\left(t-\tau-\frac{\sqrt{|\bar{\boldsymbol{x}}|^2+\xi^2}}{c_0}\right)\frac{\mathrm{d}\xi}{(|\bar{\boldsymbol{x}}|^2+\xi^2)} \\
&=\frac{\bar{\boldsymbol{x}}\cdot\boldsymbol{Y}}{2\pi c_0}\frac{\partial}{\partial t}\left\{\frac{H(t-\tau-|\bar{\boldsymbol{x}}|/c_0)}{(|\bar{\boldsymbol{x}}|^2+\xi^2)\left|\dfrac{\partial}{\partial\xi}\dfrac{\sqrt{|\bar{\boldsymbol{x}}|^2+\xi^2}}{c_0}\right|}\right\}_{\xi=\sqrt{c_0^2(t-\tau)^2-|\bar{\boldsymbol{x}}|^2}} \\
&=\frac{\bar{\boldsymbol{x}}\cdot\boldsymbol{Y}}{2\pi c_0}\frac{\partial}{\partial t}\left\{\frac{H(t-\tau-|\bar{\boldsymbol{x}}|/c_0)}{(t-\tau)\sqrt{c_0^2(t-\tau)^2-|\bar{\boldsymbol{x}}|^2}}\right\}
\end{aligned}$$

此后，在本章中，我们将把所有的空间向量都看作是二维的，例如 $\boldsymbol{x}=(x_1,x_2)$，$\boldsymbol{y}=(y_1,y_2)$，并将 $\bar{\boldsymbol{x}}$ 的上横线和 G_2 的下标 2 去掉等。二维紧致格林函数的偶极子分量变为

$$G(\boldsymbol{x},\boldsymbol{y},t-\tau) \approx \frac{\boldsymbol{x}\cdot\boldsymbol{Y}}{2\pi c_0}\frac{\partial}{\partial t}\left\{\frac{H(t-\tau-|\boldsymbol{x}|/c_0)}{(t-\tau)\sqrt{c_0^2(t-\tau)^2-|\boldsymbol{x}|^2}}\right\}, \quad |\boldsymbol{x}| \to \infty \tag{6.1.4}$$

与仅在球面扩展波前非零的三维格林函数不同，G 在波前有一个无限大尖峰，位于 $t-\tau-|\boldsymbol{x}|/c_0=0$，随后是缓慢衰减的尾部。在远场中的任何一点 $\boldsymbol{x}$，第一个声音从式(6.1.3)线源上最近的一点到达，在沿着垂直于源的射线传播了 $|\boldsymbol{x}|$ 的距离后，存在一个时间延迟 $|\boldsymbol{x}|/c_0$；但是在 $\boldsymbol{x}$ 处的观察者在这个波前通过后不断地接收到声音，这个声音是由无限长线源的更远部分产生的；波前在 $\tau+|\boldsymbol{x}|/c_0$ 时到达，在稍后的时间 t 从那些与 $\boldsymbol{x}$ 的距离等于 $c_0(t-\tau)$ 的源点接收到声音。

远场表达式(6.1.4)可以通过对波前的扩展（其中 $t-\tau=|\boldsymbol{x}|/c_0$）来进一步近似，波前包含了大部分的声能。就在波前的紧后方：

$$(t-\tau)\sqrt{c_0^2(t-\tau)^2-|\boldsymbol{x}|^2} \equiv (t-\tau)\sqrt{c_0(t-\tau)+|\boldsymbol{x}|}\sqrt{c_0(t-\tau)-|\boldsymbol{x}|}$$

$$\approx \frac{|\boldsymbol{x}|}{c_0}\sqrt{2|\boldsymbol{x}|}\sqrt{c_0(t-\tau)-|\boldsymbol{x}|},\quad \text{对于 } t-\tau \sim \frac{|\boldsymbol{x}|}{c_0}$$

因此，式(6.1.4)变为

$$G(\boldsymbol{x},\boldsymbol{y},t-\tau) \approx \frac{\boldsymbol{x}\cdot\boldsymbol{Y}}{2\pi\sqrt{2c_0}\,|\boldsymbol{x}|^{3/2}}\frac{\partial}{\partial t}\left\{\frac{H(t-\tau-|\boldsymbol{x}|/c_0)}{\sqrt{t-\tau-|\boldsymbol{x}|/c_0}}\right\},\quad |\boldsymbol{x}|\to\infty \tag{6.1.5}$$

（见习题 6 中的问题 1）。

对于圆柱体毗邻刚性平面壁（位于 $x_2=0$ 处）的特殊情况或者圆柱形壁面孔穴，或壁面上圆柱形凸体的特殊情况（图 3.9.2），由紧致格林函数(3.9.3)的二维形式处理。上述过程得到了二维紧致格林函数偶极子分量的如下表达式：

$$G(\boldsymbol{x},\boldsymbol{y},t-\tau) \approx \frac{x_1 Y_1}{\pi\sqrt{2c_0}\,|\boldsymbol{x}|^{3/2}}\frac{\partial}{\partial t}\left\{\frac{H(t-\tau-|\boldsymbol{x}|/c_0)}{\sqrt{t-\tau-|\boldsymbol{x}|/c_0}}\right\},\quad |\boldsymbol{x}|\to\infty \tag{6.1.6}$$

式中，$Y_1 \equiv Y_1(y_1,y_2)$是不可压缩流体沿平行于壁面的方向流经圆柱的速度势（在远离物体处具有单位速度）；G 表示平行于壁面并垂直于柱面轴的偶极子的场，壁的作用是产生一个等价的镜像偶极子，相对于壁面不存在时圆柱面的相应偶极子式(6.1.5)而言，壁面使得音量增加一倍。

6.2　线涡与柱形物体相互作用产生的声音

二维旋涡以低马赫数 $M\sim v/c_0$ 在直径为 ℓ 的静止的刚性柱体附近运动产生的声音具有特征波长$\sim\ell/M\gg\ell$。声压由使用紧致格林函数(6.1.5)的二维形式(6.1.1)确定，即

$$p(\boldsymbol{x},t) \approx \frac{-\rho_0 x_j}{2\pi\sqrt{2c_0}\,|\boldsymbol{x}|^{3/2}}\frac{\partial}{\partial t}\int_{-\infty}^{t-|\boldsymbol{x}|/c_0}\frac{\mathrm{d}\tau}{\sqrt{t-\tau-|\boldsymbol{x}|/c_0}}$$
$$\times\int(\boldsymbol{\omega}\wedge\boldsymbol{v}\cdot\nabla Y_j)(\boldsymbol{y},\tau)\,\mathrm{d}y_1\mathrm{d}y_2,\quad |\boldsymbol{x}|\to\infty \tag{6.2.1}$$

根据应用于静止物体的公式(4.4.4)的无黏形式，式(6.2.1)也可以写为

$$p(\boldsymbol{x},t) \approx \frac{x_j}{2\pi\sqrt{2c_0}\,|\boldsymbol{x}|^{3/2}}\frac{\partial}{\partial t}\int_{-\infty}^{t-|\boldsymbol{x}|/c_0}\frac{F_j(\tau)\,\mathrm{d}\tau}{\sqrt{t-\tau-|\boldsymbol{x}|/c_0}},\quad |\boldsymbol{x}|\to\infty \tag{6.2.2}$$

式中，F_j 为每单位长度的柱体在 j 方向上施加在流体上的力。

在这些二维问题中，涡量 $\boldsymbol{\omega}$ 是沿着 x_3 轴，在图 6.2.1 所在纸平面向外，平行于圆柱的母线。设 $\boldsymbol{k}$ 为这个方向上的单位矢量，并考虑一个强度为 Γ 的线涡，其位置和平移速度为

$$\boldsymbol{x}=\boldsymbol{x}_0(t),\quad \boldsymbol{v}=\frac{\mathrm{d}\boldsymbol{x}_0}{\mathrm{d}t}(t)$$

如果其他地方的运动是无旋的，我们有

$$\boldsymbol{\omega} = \Gamma \boldsymbol{k} \delta(\boldsymbol{x} - \boldsymbol{x}_0(t))$$

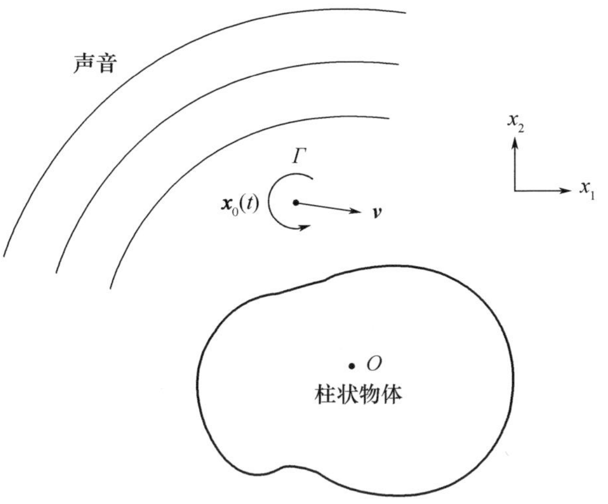

图 6.2.1

所以

$$(\boldsymbol{\omega} \wedge \boldsymbol{v}) = \Gamma \boldsymbol{k} \wedge \boldsymbol{v} \delta(\boldsymbol{x} - \boldsymbol{x}_0(t)) \equiv \Gamma \boldsymbol{k} \wedge \frac{\mathrm{d}\boldsymbol{x}_0}{\mathrm{d}t}(t) \delta(\boldsymbol{x} - \boldsymbol{x}_0(t)) \tag{6.2.3}$$

且当 $|\boldsymbol{x}| \to \infty$ 时，(6.2.1)给出了如下的声压一般公式：

$$\begin{aligned} p(\boldsymbol{x}, t) &\approx \frac{-\rho_0 \Gamma x_j}{2\pi\sqrt{2c_0}\,|\boldsymbol{x}|^{3/2}} \frac{\partial}{\partial t} \int_{-\infty}^{t-|\boldsymbol{x}|/c_0} \left(\boldsymbol{k} \wedge \frac{\mathrm{d}\boldsymbol{x}_0}{\mathrm{d}\tau}(\tau) \cdot \nabla Y_j(\boldsymbol{x}_0(\tau))\right) \frac{\mathrm{d}\tau}{\sqrt{t - \tau - |\boldsymbol{x}|/c_0}} \\ &= \frac{-\rho_0 \Gamma x_j}{2\pi\sqrt{2c_0}\,|\boldsymbol{x}|^{3/2}} \frac{\partial}{\partial t} \int_{-\infty}^{t-|\boldsymbol{x}|/c_0} \left\{\frac{\mathrm{d}x_{01}}{\mathrm{d}\tau} \frac{\partial Y_j}{\partial y_2} - \frac{\mathrm{d}x_{02}}{\mathrm{d}\tau} \frac{\partial Y_j}{\partial y_1}\right\}_{\boldsymbol{x}_0(\tau)} \frac{\mathrm{d}\tau}{\sqrt{t - \tau - |\boldsymbol{x}|/c_0}} \end{aligned} \tag{6.2.4}$$

6.2.1　例 1：圆柱体附近涡流运动产生的声音

假定没有平均流，并使旋涡强度 Γ 足够小，可将局部运动视为不可压缩。然后，旋涡将沿第 4.6 节讨论的圆形轨迹(例 2) 横移。

设圆柱半径为 a，旋涡轨迹半径为 r_0，取圆柱中心为坐标原点。如果 $\Gamma > 0$，旋涡将沿图 6.2.2 所示的顺时针方向运动，速度由式(4.6.8)给出(r 用 r_0 替换)。那么

$$\boldsymbol{v} = \frac{\mathrm{d}\boldsymbol{x}_0}{\mathrm{d}t}(t) = \Omega \boldsymbol{k} \wedge \boldsymbol{x}_0(t)$$

$$\Omega = \frac{-\Gamma a^2}{2\pi r_0^2(r_0^2 - a^2)}$$

$$\boldsymbol{x}_0 = r_0(\cos \Omega t, \sin \Omega t)$$

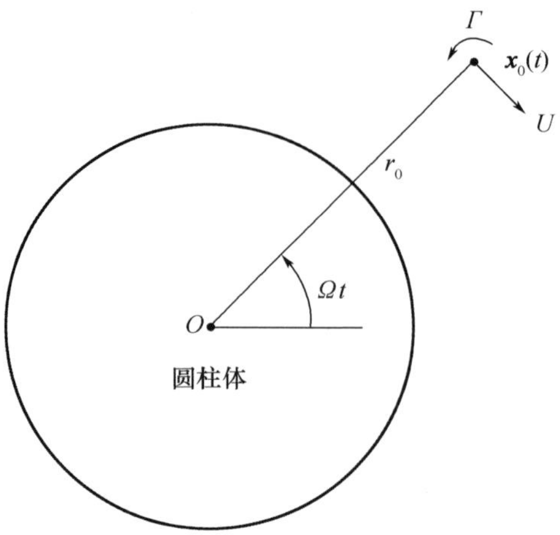

图 6.2.2

和

$$\boldsymbol{k} \wedge \frac{\mathrm{d}\boldsymbol{x}_0}{\mathrm{d}t} = \Omega \boldsymbol{k} \wedge (\boldsymbol{k} \wedge \boldsymbol{x}_0) = -\Omega \boldsymbol{x}_0$$

因此，式(6.2.4)变为

$$p(\boldsymbol{x},t) \approx \frac{\rho_0 \Gamma \Omega x_j r_0}{2\pi\sqrt{2c_0}\,|\boldsymbol{x}|^{3/2}} \frac{\partial}{\partial t}\int_{-\infty}^{t-|\boldsymbol{x}|/c_0} \frac{\partial Y_j}{\partial r}(\boldsymbol{x}_0(\tau)) \frac{\mathrm{d}\tau}{\sqrt{t-\tau-|\boldsymbol{x}|/c_0}} \quad (6.2.5)$$

这里 $r=\sqrt{y_1^2+y_2^2}$ 是至圆柱轴的径向距离。

表 3.9.1 给出了圆柱体的二维 Kirchhoff 矢量的分量：

$$Y_1 = \cos\vartheta\left(r+\frac{a^2}{r}\right), \quad Y_2 = \sin\vartheta\left(r+\frac{a^2}{r}\right)$$

这里 $(y_1,y_2)=r(\cos\vartheta,\sin\vartheta)$。因此，通过引入 $\boldsymbol{x}$ 的极坐标：

$$\boldsymbol{x} = |\boldsymbol{x}|(\cos\theta,\sin\theta)$$

可得

$$x_j \frac{\partial Y_j}{\partial r} = |\boldsymbol{x}|\left(1-\frac{a^2}{r}\right)\cos(\theta-\vartheta)$$

所以

$$x_j \frac{\partial Y_j}{\partial r}(\boldsymbol{x}_0(\tau)) = |\boldsymbol{x}|\left(1-\frac{a^2}{r_0^2}\right)\cos(\theta-\Omega\tau)$$

而式(6.2.5)变为

$$p(\boldsymbol{x},t) \approx \frac{\rho_0 \Gamma \Omega r_0}{2\pi(2c_0|\boldsymbol{x}|)^{1/2}}\left(1-\frac{a^2}{r_0^2}\right)\frac{\partial}{\partial t}\int_{-\infty}^{t-|\boldsymbol{x}|/c_0} \frac{\cos(\theta-\Omega\tau)\mathrm{d}\tau}{\sqrt{t-\tau-|\boldsymbol{x}|/c_0}}$$

因此，使用公式

$$\int_{-\infty}^{t-|\boldsymbol{x}|/c_0} \frac{\cos(\theta-\Omega\tau)\mathrm{d}\tau}{\sqrt{t-\tau-|\boldsymbol{x}|/c_0}} = \left(\frac{\pi}{|\Omega|}\right)^{1/2}\cos\left\{\theta-\Omega\left[t-\frac{|\boldsymbol{x}|}{c_0}\right]-\frac{\pi}{4}\right\}$$

压力变为

$$p(\boldsymbol{x},t)\approx\frac{\rho_0\Gamma|\Omega|^{3/2}r_0}{2(2\pi c_0|\boldsymbol{x}|)^{1/2}}\left(1-\frac{a^2}{r_0^2}\right)\sin\left\{\theta-\Omega\left[t-\frac{|\boldsymbol{x}|}{c_0}\right]-\frac{\pi}{4}\right\}$$
$$=\rho_0U^2\sqrt{M}\sqrt{\frac{\pi r_0}{2|\boldsymbol{x}|}}\left(\frac{r_0}{a}\right)^2\left(1-\frac{a^2}{r_0^2}\right)^2\sin\left\{\theta-\Omega\left[t-\frac{|\boldsymbol{x}|}{c_0}\right]-\frac{\pi}{4}\right\},\quad |\boldsymbol{x}|\to\infty \tag{6.2.6}$$

式中,$U=|\Omega|r_0$ 为旋涡速度。

声波随距离按 $1/\sqrt{|\boldsymbol{x}|}$ 衰减,这符合圆柱扩散波的二维能量扩散特性,且具有与 $\rho_0U^2\sqrt{M}$ 成正比的特征偶极子振幅。在三维情况中,压强与 ρ_0U^2M 成正比,当 $M\ll1$ 时,它缩小一个因子 $\sqrt{M}$。二维中振幅增大的原因是涡源在平行于圆柱方向上的无限延伸造成的。在任何特定的延迟时间 $t-|\boldsymbol{x}|/c_0$,声振幅具有图 1.7.1(b)所示的双波瓣指向性。因为 $\Omega<0$,这些波瓣峰在离圆柱体固定距离 $|\boldsymbol{x}|$ 处以顺时针方向旋转,角速度为 $|\Omega|$,沿着旋涡轨道,但相位滞后 $\pi/4$ 弧度。读者可以推断出圆柱施加在流体上的瞬时力位于圆柱中心与旋涡连接的矢量 $\boldsymbol{x}_0(t)$ 的方向上。因此,辐射峰值也滞后于延迟表面力峰值 $\pi/4$。

6.2.2　例 2:半平面附近涡运动产生的声音(Crighton 1972)

在低马赫数下理想运动时,强度为 Γ 的线涡与刚性半平面相互作用的轨迹如图 4.6.2 所示。用二维紧致格林函数(3.9.9)计算旋涡产生的声音,可以写成:

$$G_1(\boldsymbol{x},\boldsymbol{y},t-\tau)\approx\frac{\sin(\theta/2)\varphi^*(\boldsymbol{y})}{\pi\sqrt{|\boldsymbol{x}|}}\delta\left(t-\tau-\frac{|\boldsymbol{x}|}{c_0}\right),\ |\boldsymbol{x}|\to\infty,$$
$$\varphi^*(\boldsymbol{y})=\sqrt{r_0}\sin(\theta_0/2) \tag{6.2.7}$$

式中,$\boldsymbol{x}=|\boldsymbol{x}|(\cos\theta,\sin\theta)$,坐标如图 4.6.2 所示。当至$(y_1,y_2)=r_0(\cos\theta_0,\sin\theta_0)$处源边缘的距离 r_0 远小于声波波长时此式适用。对于在(r_0,θ_0)处的线涡,特征频率$\sim v/r_0$,这里 v 是涡的平动速度。因此波长有量阶:

$$\frac{r_0}{v}\times c_0=\frac{r_0}{M}\gg r_0,\quad 对于\ M=\frac{v}{c_0}\ll1$$

因此,低马赫数运动有助于确保声音的波长远大于旋涡至边缘的距离。

因此,采用式(6.2.3)的符号表示法,并在二维情况中应用式(6.1.1)(格林函数由式(6.2.7)给出),我们发现

$$p(\boldsymbol{x},t)\approx\frac{-\rho_0\Gamma\sin(\theta/2)}{\pi\sqrt{|\boldsymbol{x}|}}\int\boldsymbol{k}\wedge\frac{\mathrm{d}\boldsymbol{x}_0}{\mathrm{d}t}(\tau)\cdot\nabla\varphi^*(\boldsymbol{y})\delta(\boldsymbol{y}-\boldsymbol{x}_0(\tau))\times$$
$$\delta\left(t-\tau-\frac{|\boldsymbol{x}|}{c_0}\right)\mathrm{d}y_1\mathrm{d}y_2\mathrm{d}\tau$$

$$= \frac{-\rho_0 \Gamma \sin(\theta/2)}{\pi \sqrt{|\boldsymbol{x}|}} \left[\boldsymbol{k} \wedge \frac{\mathrm{d}\boldsymbol{x}_0}{\mathrm{d}t} \cdot \nabla \varphi^* \right], \quad |\boldsymbol{x}| \to \infty \tag{6.2.8}$$

在第三行，方括号中的项是在旋涡的延迟位置 $\boldsymbol{x}_0(t-|\boldsymbol{x}|/c_0)$ 计算的。

现在 φ^* 是一个理想流体的速度势，流体绕着半平面的边缘按逆时针方向运动（流线如图 6.2.3）。它是如下复势的实部：

$$w = \varphi^* + \mathrm{i}\psi^* = -\mathrm{i}\sqrt{z}, \quad z = y_1 + \mathrm{i}y_2$$

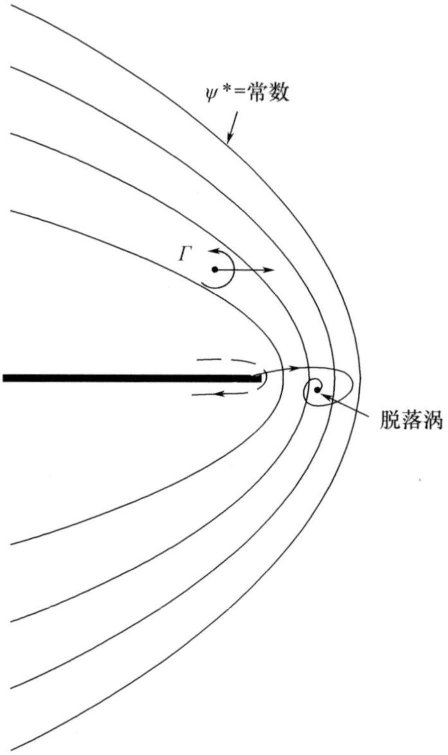

图　6.2.3

式中，φ^* 和流函数 ψ^* 满足 Cauchy－Riemann（柯西－黎曼）式（参见第 4.5 节）

$$\frac{\partial \varphi^*}{\partial y_1} = \frac{\partial \psi^*}{\partial y_2}, \quad \frac{\partial \varphi^*}{\partial y_2} = -\frac{\partial \psi^*}{\partial y_1}$$

一个简单的计算表明：

$$\boldsymbol{k} \wedge \nabla \varphi^* = \nabla \psi^*$$

因此

$$\boldsymbol{k} \wedge \frac{\mathrm{d}\boldsymbol{x}_0}{\mathrm{d}t} \cdot \nabla \varphi^* = -\frac{\mathrm{d}\boldsymbol{x}_0}{\mathrm{d}t} \wedge \boldsymbol{k} \cdot \nabla \varphi^* = -\frac{\mathrm{d}\boldsymbol{x}_0}{\mathrm{d}t} \cdot \boldsymbol{k} \wedge \nabla \varphi^* = -\frac{\mathrm{d}\boldsymbol{x}_0}{\mathrm{d}t} \cdot \nabla \psi^*$$

所以，声压可以用以下形式表示：

$$p(\boldsymbol{x},t) \approx \frac{\rho_0 \Gamma \sin(\theta/2)}{\pi\sqrt{|\boldsymbol{x}|}} \left[\frac{\mathrm{d}\boldsymbol{x}_0}{\mathrm{d}t} \cdot \nabla\psi^*\right] \equiv \frac{\rho_0 \Gamma \sin(\theta/2)}{\pi\sqrt{|\boldsymbol{x}|}} \left[\frac{\mathrm{D}\psi^*}{\mathrm{D}t}\right], \quad |\boldsymbol{x}| \to \infty \tag{6.2.9}$$

式中，$[\mathrm{D}\psi^*/\mathrm{D}t]$是指在涡的延迟位置进行计算。

理想流体流经边缘的抛物线型流线(图 6.2.3)由 φ^* 定义，在流线上流函数 ψ^* 是恒定的。沿着其中一条流线行进的旋涡将是无声的。实际边缘产生的声音取决于涡轨迹切割理想边缘流动流线的速度，如下所示：

$$\psi^* = -\sqrt{r_0}\cos\left(\frac{\theta_0}{2}\right)$$

因此

$$\frac{\mathrm{D}\psi^*}{\mathrm{D}t} = -\frac{1}{2\sqrt{r_0}}\frac{\mathrm{d}r_0}{\mathrm{d}t}\cos\left(\frac{\theta_0}{2}\right) + \frac{\sqrt{r_0}}{2}\sin\left(\frac{\theta_0}{2}\right)\frac{\mathrm{d}\theta_0}{\mathrm{d}t}$$

式中，r_0、θ_0 由式(4.6.7)给出(其中 r 由 r_0、θ 由 θ_0 代替)。进行计算时，我们发现(图 6.2.4)：

$$p(\boldsymbol{x},t) \approx \frac{\rho_0 \Gamma^2}{(4\pi\ell)^2}\left(\frac{\ell}{|\boldsymbol{x}|}\right)^{\frac{1}{2}}\sin\left(\frac{\theta}{2}\right)\left[\frac{\Gamma t/8\pi\ell^2}{[1+(\Gamma t/8\pi\ell^2)^2]^{5/4}}\right]_{t-|\boldsymbol{x}|/c_0}, \quad |\boldsymbol{x}| \to \infty$$

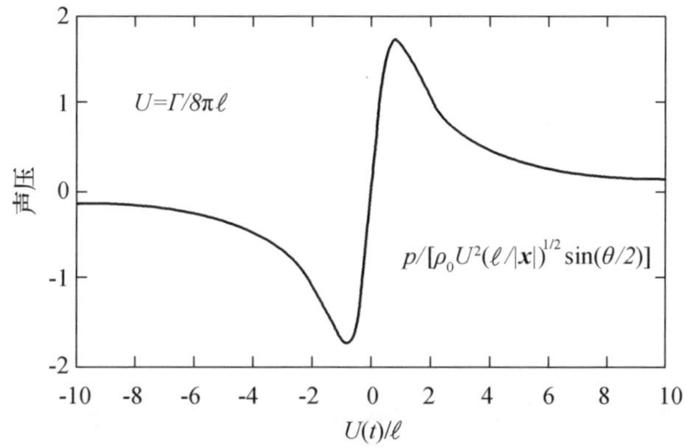

图 6.2.4

这里 ℓ 是旋涡至边缘最近的距离(在图 4.6.2 中，它是在时间 $t=0$ 穿过 x_1 轴的地方)。

6.3　旋涡脱落的影响

我们可以用式(6.2.9)来定性地描述旋涡脱落对声音产生的影响。令图 6.2.3 中旋涡环量为 Γ，在所示的逆时针方向，边缘附近的流体被诱导在边缘周围以顺时针方向流动，正如图中的虚线所指出的那样。当雷诺数较大时，惯性力实际上会使尾流与边界分离，从而使反向涡量从边界释放到尾流中。简单起见，让我们假设这个脱落的涡卷成一个强度为 Γ_s 的集中涡核。然后，式(6.2.9)对净声压提供了以下预报：

$$p(\boldsymbol{x},t) \approx \frac{\rho_0 \sin(\theta/2)}{\pi\sqrt{|\boldsymbol{x}|}}\left(\Gamma\left[\frac{\mathrm{D}\psi^*}{\mathrm{D}t}\right]_{\Gamma} + \Gamma_s\left[\frac{\mathrm{D}\psi^*}{\mathrm{D}t}\right]_{\Gamma_s}\right), |\boldsymbol{x}| \to \infty$$

式中，导数分别在 Γ 和 Γ_s 的延迟位置上进行计算。这些旋涡沿 ψ^* 减少的方向穿过 ψ^* 为常数的曲线，因此导数具有相同的符号。由此，Γ 和 Γ_s 具有相反的符号，由脱落旋涡产生的声音往往会抵消仅由入射旋涡 Γ 引起的边缘声音。

这一结论适用于流一固相互作用的广泛范围内。一个典型的相互作用涉及一个有界的涡量区域，称为"阵风"，以名义上稳定的平均流扫过。阵风的局部速度场由 Biot-Savart 公式(4.3.1)确定。在较高的平均流动速度下，当旋涡流经一个观测点时，有时可以忽略涡量分布相对形态的变化，然后可以说涡量是冻结的(至少是暂时的)，诱导速度在随阵风平移的坐标系内是稳定的。如果平均流动带着阵风经过静止物体表面 S，则由 Biot-Savart 积分确定的自由场诱导速度在 S 上产生上洗速度；实际速度包含上洗速度，是由于速度场要求在 S 上面满足流动无滑移条件而增加的(理想情况下，在 S 上仅有上洗速度的法向分量被抵消)。

当阵风通过静止翼型时，高雷诺数表面力(会引起声音)由下式提供(式(4.4.4))：

$$F_i = -\rho_0\int_V \nabla Y_i(\boldsymbol{y})\cdot(\boldsymbol{\omega}\wedge\boldsymbol{v})(\boldsymbol{y},t)\mathrm{d}^3\boldsymbol{y},\quad Y_i = y_i - \varphi_i^*(\boldsymbol{y}) \qquad (6.3.1)$$

矢量 ∇Y_i 是理想流体经过机翼的速度，它在离机翼很远距离的 i 方向上具有单位速度。它在机翼的边缘是奇异的(或非常大的)。这些奇点具有如下意义：当涡量长度尺度小于机翼弦长时，对积分的主要贡献来自奇点附近的涡量。例如，对于图 3.6.3 中的带状机翼：

$$Y_2 = Re(-\mathrm{i}\sqrt{z^2-a^2}),\qquad z = y_1 + \mathrm{i}y_2$$

且 ∇Y_2 在前缘和后缘 $z=\mp a$ 处变成无穷大。入射的小尺度阵风以平均速度 U 沿 y_1 方向对流，实际上会导致涡从后缘 $z=a$ 处脱落。当忽略这种脱落时，由式(6.3.1)计算得到的力有两个主分量，分别来自前缘和后缘附近的多个阵风单元。然而，在计算合力时，必须考虑脱落涡量的贡献，当尾迹涡量的长度尺度较小时，脱落涡量只影响尾缘附近的运动。在这种情况的线性化处理中(后面会详细讨论)，当阵风和尾迹涡都以相同的平均速度对流时，从非定常空气动力学可知尾迹产生的力分量与阵风在尾迹边缘产生的力分量大小相等符号相反(Sears 1941)。

这种抵消的影响可以近似，而不需要计算任何脱落涡的细节。这是通过在形式上将 ∇Y_2 的后缘奇异性剔除，然后忽略脱落涡对积分式(6.3.1)的贡献来实现的。为了理解这一点，我们可以观察到，由于积分的值是由边缘附近的涡主导的，所以只有 Y_2 在这些边缘附近的特征必须保留在被积函数中，因此 Y_2 可以用它关于边缘的展开式中的首阶项来代替。对于图 3.6.3 中的带状机翼，我们可以写成：

$$Y_2 = Re(-\mathrm{i}\sqrt{z-a}\sqrt{z+a}) \sim Re(\sqrt{2a}\sqrt{z+a}) + Re(-\mathrm{i}\sqrt{2a}\sqrt{z-a}) \tag{6.3.2}$$

式(6.3.2)最后一项在尾缘处为奇异的，将其舍弃且在忽略尾流涡量下，在式(6.3.1)中使用以下近似：

$$Y_2 \sim Re(\sqrt{2a}\sqrt{z+a}) \tag{6.3.3}$$

式中，$\sqrt{z+a}$ 的分支切割是沿着实轴从 $z=-a$ 到 $z=+\infty$ 的。

6.3.1　例：周期性阵风产生的表面力

为了说明这一过程，考虑平行于图 6.3.1 机翼的不可压缩流动，沿 x_1 方向的速度为 U，其中有一个时谐涡片，其涡量为

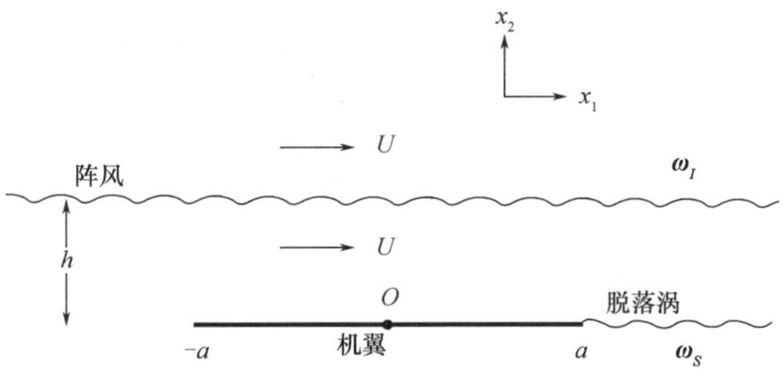

图 6.3.1

$$\boldsymbol{\omega}_I = \gamma \boldsymbol{k}\delta(x_2 - h)\mathrm{e}^{-\mathrm{i}\omega(t - x_1/U)},\ h > 0,\ \omega > 0$$

在垂直距离 h 处流过机翼，这里 γ 是涡片每单位长度的环量。涡片可以看作是机翼上游小直径圆柱后周期性尾流的基本模型。阵风上洗速度诱导引起机翼后缘涡量 $\boldsymbol{\omega}_S$ 的脱落。当折合频率 $\omega a/U$ 较大时，阵风和尾流的水动力波长 $2\pi U/\omega$ 远小于机翼弦长，表面力主要是由阵风与前缘在 $x_1=-a$ 处相互作用产生的。

因此，作用在流体上 x_2 方向上的净力 F_2（每单位展长）可以通过设置 $\boldsymbol{\omega}=\boldsymbol{\omega}_I$ 从式(6.3.1)计算，其中

$$\boldsymbol{\omega}_I \wedge \boldsymbol{v} = \gamma U \boldsymbol{j}\delta(x_2 - h)\mathrm{e}^{-\mathrm{i}\omega(t - x_1/U)}$$

（$\boldsymbol{j}$ 是 x_2 方向上的单位向量）并用式(6.3.3)的右手边代替 Y_2：

$$\begin{aligned} F_2 &= -\rho_0\gamma U\int_{-\infty}^{\infty}\frac{\partial Y_2}{\partial y_2}(\boldsymbol{y})\delta(y_2 - h)\mathrm{e}^{-\mathrm{i}\omega(t-y_1/U)}\mathrm{d}y_1\mathrm{d}y_2 \\ &\approx -\rho_0\gamma U\sqrt{2a}\int_{-\infty}^{\infty}Re\left(\frac{\mathrm{i}}{2\sqrt{y_1+\mathrm{i}h+a}}\right)\mathrm{e}^{-\mathrm{i}\omega(t-y_1/U)}\mathrm{d}y_1 \\ &= -\rho_0\gamma Ua\left(\frac{\pi U}{2\mathrm{i}\omega a}\right)^{\frac{1}{2}}\mathrm{e}^{-\omega h/U - \mathrm{i}\omega(t+a/U)} \end{aligned} \tag{6.3.4}$$

在正确考虑涡脱落的情况下，也可以用线性化薄翼理论精确计算受力。这是经典空气动力学中的阵风载荷问题(Sears，1941)。线性理论中尾流被视为边缘下游的涡片，其单元以平均流速 U 对流。涡片的强度是通过施加 Kutta 条件来确定的，即边缘处的压力(及速度)应为有限值(Crighton，1985)。对于折合频率 $\omega a/U$ 的任意值，存在

$$F_2=\pi \mathrm{i}\rho_0\gamma Ua\,\mathcal{S}\left(\frac{\omega a}{U}\right)\mathrm{e}^{-\omega h/U-\mathrm{i}\omega t} \tag{6.3.5}$$

式中，$\mathcal{S}(x)$是 Sears 函数，它是根据 Hankel 函数 $H_0^{(1)}$ 和 $H_1^{(1)}$ 进行定义的：

$$\mathcal{S}(x)=\frac{2}{\pi x\left[H_0^{(1)}(x)+\mathrm{i}H_1^{(1)}(x)\right]} \tag{6.3.6}$$

在高折合频率极限下

$$\mathcal{S}\left(\frac{\omega a}{U}\right)\sim\left(\frac{\mathrm{i}U}{2\pi\omega a}\right)^{\frac{1}{2}}\mathrm{e}^{-\mathrm{i}\omega a/U}$$

将其代入式(6.3.5)，得到由 Y_2 的前缘奇异性决定的预报值(6.3.4)。图 6.3.2 中，$\mathcal{S}(\omega a/U)$的实部和虚部及其渐近极限表明，表面力的近似值(6.3.4)和精确值(6.3.5)在 $\omega a/U>1$ 时是一致的。

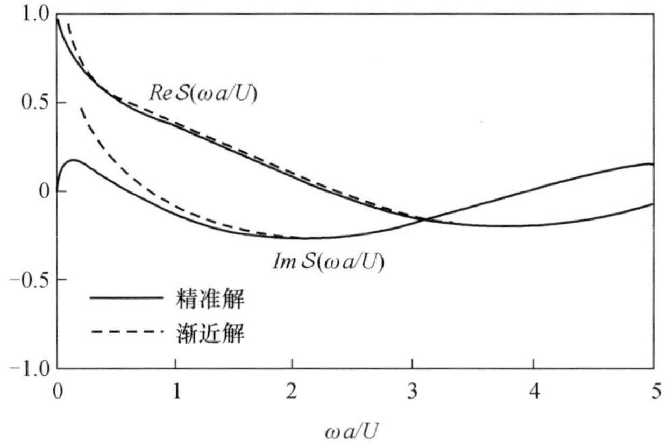

图 6.3.2

线性理论不允许前缘处的相应力分量被边缘处产生的涡量消除，因为它要求那里脱落的涡量要扫过翼型的刚性表面，而在刚性表面上它不能影响力，因为 $\boldsymbol{\omega}\wedge\boldsymbol{v}\cdot\nabla Y_2\equiv 0$。

6.4　二维叶片与旋涡相互作用的噪声

一个刚性的、弦长为 $2a$ 的二维机翼，位于 $-a<x_1<a$、$x_2=0$ 处，受到沿 x_1 正方向速度为 U 的均匀平均流作用。在翼型上方恒定距离 h 处，有一线涡强度 Γ，线涡在平行于翼展方向上以平均速度对流(图 6.4.1)。这是线性化薄型理论的近似，适用于

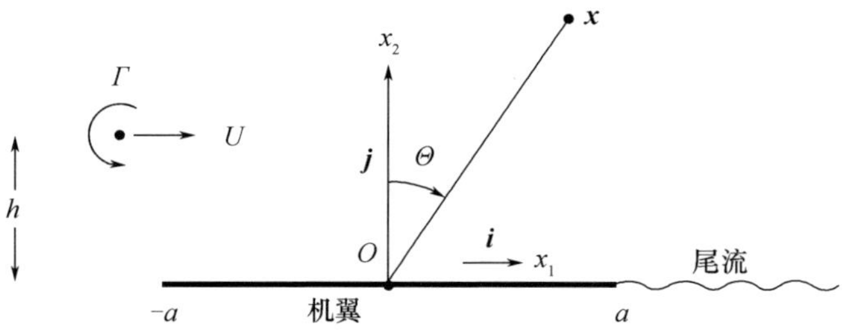

图 6.4.1

$$\frac{\Gamma}{h} \ll U$$

即当翼型体中镜像涡的诱导速度($\sim \Gamma/h$)对涡轨迹的影响可以忽略不计时。当涡通过机翼时,新的涡量从后缘脱落到机翼尾流中,假定尾流由沿 x_1 轴从 $x_1=a$ 向 $x_1=+\infty$ 延伸的涡片组成。

在不考虑旋涡脱落的情况下,让我们首先考虑旋涡和机翼的势流相互作用。假设旋涡在 $t=0$ 时刻经过翼型的中弦之上,那么

$$\boldsymbol{\omega} = \Gamma \boldsymbol{k} \delta(x_1 - Ut)\delta(x_2 - h), \quad \boldsymbol{v} = U\boldsymbol{i}$$

因此

$$\boldsymbol{\omega} \wedge \boldsymbol{v} = \Gamma U \boldsymbol{j} \delta(x_1 - Ut)\delta(x_2 - h)$$

式中,$\boldsymbol{i}$、$\boldsymbol{j}$ 是在 x_1 和 x_2 方向上的单位向量。当尾迹被忽略时生成的声压由式(6.2.1)给出,其中利用了下式:

$$Y_1 = y_1,\ Y_2 = Re(-\mathrm{i}\sqrt{z^2 - a^2}),\ z = y_1 + \mathrm{i}y_2$$

因此,$\nabla Y_1 = \boldsymbol{i}$ 且 $\boldsymbol{\omega} \wedge \boldsymbol{v} \cdot \nabla Y_1 \equiv 0$,由式(6.2.1)推导出

$$\begin{aligned} p(\boldsymbol{x},t) &\approx \frac{-\rho_0 \Gamma U x_2}{2\pi\sqrt{2c_0}\,|\boldsymbol{x}|^{3/2}} \frac{\partial}{\partial t}\int_{-\infty}^{t-|\boldsymbol{x}|/c_0} \frac{\partial Y_2}{\partial y_2}(U\tau, h)\frac{\mathrm{d}\tau}{\sqrt{t-\tau-|\boldsymbol{x}|/c_0}} \\ &= \frac{-\rho_0 \Gamma U \cos\Theta}{2\pi\sqrt{2c_0}\,|\boldsymbol{x}|^{1/2}} \frac{\partial}{\partial t}\int_{-\infty}^{t-|\boldsymbol{x}|/c_0} \frac{\partial Y_2}{\partial y_2}(U\tau, h)\frac{\mathrm{d}\tau}{\sqrt{t-\tau-|\boldsymbol{x}|/c_0}}, \quad |\boldsymbol{x}| \to \infty \end{aligned} \tag{6.4.2}$$

式中,$\Theta = \arccos(x_2/|\boldsymbol{x}|)$是辐射方向 $\boldsymbol{x}$ 与机翼法线(x_2 轴)之间的夹角。这种声音可以归因于一个在 x_2 轴方向的偶极子源。

当涡流非常靠近机翼时(因此 $h \ll a$)产生的声辐射可能特别强烈。主要的相互作用发生在旋涡通过边缘时,在那里运动的时间尺度$\sim h/U$。因此,特征频率

$$\omega \sim \frac{U}{h} \text{ 和折合频率} \frac{\omega a}{U} \sim \frac{a}{h} \gg 1$$

因此,我们可以把前缘和后缘看作独立的声源,并用局部近似法式(6.3.2)计算它们各自的贡献。对于声压 p_{LE},比方说,在前缘 $x_1=-a$ 产生的声压,我们取

$$Y_2 \sim Re(\sqrt{2a}\ \sqrt{z+a})$$

所以式(6.4.2)变为

$$p_{\mathrm{LE}} \approx \frac{-\rho_0 \Gamma U \cos\Theta}{2\pi\sqrt{2c_0}\ |\boldsymbol{x}|^{1/2}} \frac{\partial}{\partial t}\int_{-\infty}^{t-|\boldsymbol{x}|/c_0} Re\left(\frac{\mathrm{i}\sqrt{2a}}{2(U\tau+ih+a)^{1/2}}\right)\frac{\mathrm{d}\tau}{\sqrt{t-\tau-|\boldsymbol{x}|/c_0}}, \quad |\boldsymbol{x}|\to\infty$$

要计算积分，先进行替换 $\mu=\sqrt{t-\tau-|\boldsymbol{x}|/c_0}$ 并取关于时间的微分。那么

$$p_{\mathrm{LE}} \approx \frac{-\rho_0 \Gamma U \cos\Theta}{2\pi\sqrt{c_0}}\left(\frac{a}{|\boldsymbol{x}|}\right)^{\frac{1}{2}} \frac{\partial}{\partial t}\int_0^{\infty} Re\left[\frac{\mathrm{i}}{(U[t]+\mathrm{i}h+a-U\mu^2)^{1/2}}\right]\mathrm{d}\mu$$

$$=\frac{\rho_0 \Gamma U^2 \cos\Theta}{4\pi\sqrt{c_0}}\left(\frac{a}{|\boldsymbol{x}|}\right)^{\frac{1}{2}}\int_0^{\infty} Re\left[\frac{\mathrm{i}}{(U[t]+\mathrm{i}h+a-U\mu^2)^{3/2}}\right]\mathrm{d}\mu,$$

式中，$[t]=t-|\boldsymbol{x}|/c_0$

附加的替换 $\mu=1/\xi$ 将被积函数转换为精确的微分，最终得到

$$p_{\mathrm{LE}} \approx \frac{\rho_0 \Gamma U^2 \cos\Theta}{4\pi\sqrt{c_0}}\left(\frac{a}{|\boldsymbol{x}|}\right)^{\frac{1}{2}}\int_0^{\infty} Re\left[\frac{\mathrm{i}\xi}{[(U[t]+\mathrm{i}h+a)\xi^2-U]^{3/2}}\right)\mathrm{d}\xi$$

$$=\frac{\rho_0 \Gamma U\sqrt{M}\cos\Theta}{4\pi a}\left(\frac{a}{|\boldsymbol{x}|}\right)^{\frac{1}{2}} \frac{\left(\dfrac{U[t]}{a}+1\right)}{\left(\dfrac{U[t]}{a}+1\right)^2+\left(\dfrac{h}{a}\right)^2}, \quad |\boldsymbol{x}|\to\infty \tag{6.4.3}$$

式中，$M=U/c_0$。

相应的无量纲压力场特征为

$$p_{\mathrm{LE}}\Bigg/\frac{\rho_0 \Gamma U\sqrt{M}\cos\Theta}{4\pi a}\left(\frac{a}{|\boldsymbol{x}|}\right)^{\frac{1}{2}}$$

$h/a=0.2$ 时的结果见图 6.4.2 中实线。压力场主要是在延迟时间 $[t]=-a/U$ 时，旋涡通过机翼前缘产生的，具有特征频率 $\omega\sim U/h$。根据第 6.3 节，在高折合频率下，由旋涡与后缘势流相互作用产生的声压 p_{TE} 被尾迹涡量产生的声压抵消；因此，图 6.4.2 中的实线代表了叶片—涡流相互作用产生的全部辐射。

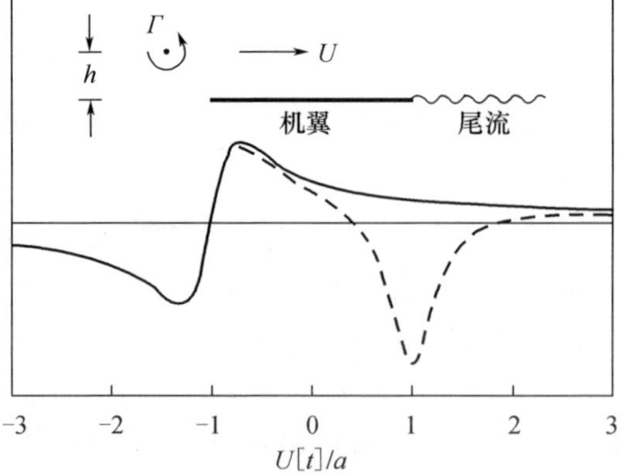

图 6.4.2

为了确定 p_{TE}，在式(6.4.2)中设置下式后，重复上述关于 p_{LE} 的计算

$$Y_2 = Re(-\mathrm{i}\sqrt{2a}\sqrt{z-a})$$

得到

$$p_{\mathrm{TE}} \approx \frac{-\rho_0 \Gamma U \cos\Theta}{4\pi\sqrt{c_0}}\left(\frac{a}{|\boldsymbol{x}|}\right)^{\frac{1}{2}} \frac{\partial}{\partial t}\int_{-\infty}^{t-|\boldsymbol{x}|/c_0} Re\left(\frac{1}{(U\tau+\mathrm{i}h-a)^{1/2}}\right)\frac{\mathrm{d}\tau}{\sqrt{t-\tau-|\boldsymbol{x}|/c_0}}$$

$$= \frac{-\rho_0 \Gamma U\sqrt{M}\cos\Theta}{4\pi a}\left(\frac{a}{|\boldsymbol{x}|}\right)^{\frac{1}{2}} \frac{\frac{h}{a}}{\left(\frac{U[t]}{a}-1\right)^2+\left(\frac{h}{a}\right)^2}, |\boldsymbol{x}| \to \infty \qquad (6.4.4)$$

在旋涡靠近尾缘的延迟时间，这一数值很大。因此，当忽略尾流的贡献(它等于 p_{TE} 但符号相反)时，总声压特征的无量纲化由下式给出：

$$(p_{\mathrm{LE}} + p_{\mathrm{TE}}) \Big/ \frac{\rho_0 \Gamma U\sqrt{M}\cos\Theta}{4\pi a}\left(\frac{a}{|\boldsymbol{x}|}\right)^{\frac{1}{2}}$$

如图 6.4.2 所示虚线。

前缘和后缘产生的分量 p_{LE} 和 p_{TE} 波形不同，即使它们是由旋涡与几何上相同的翼型边缘相互作用产生的。这是因为根据在所有较早延迟时间时旋涡和机翼之间的相互作用，式(6.4.2)中的积分确定了在延迟时间[t]时的声压；这是声源二维特性的进一步结果，根据这种特性，在来自声源最近点的声音首先抵达后，从声源较远的地方仍然在不确定的时间接收到其对声音的额外贡献。

习　题　6

1. 从下述公式出发

$$G \approx \frac{\bar{\boldsymbol{x}}\cdot\boldsymbol{Y}}{2\pi c_0}\frac{\partial}{\partial t}\int_0^{\infty}\delta\left(t-\tau-\frac{\sqrt{|\bar{\boldsymbol{x}}|^2+\xi^2}}{c_0}\right)\frac{\mathrm{d}\xi}{(|\bar{\boldsymbol{x}}|^2+\xi^2)}$$

利用下式并应用式(5.2.11)导出二维紧致格林函数偶极子分量的远场近似值(6.1.5)。

$$\delta\left(t-\tau-\frac{\sqrt{|\bar{\boldsymbol{x}}|^2+\xi^2}}{c_0}\right) = \frac{1}{2\pi}\int_{-\infty}^{\infty}\mathrm{e}^{-\mathrm{i}\omega\left(t-\tau-\frac{\sqrt{|\bar{\boldsymbol{x}}|^2+\xi^2}}{c_0}\right)}\mathrm{d}\omega$$

2. 研究一个强度为 Γ 的线涡的低马赫数运动产生的声音，该旋涡平行于半径为 a 的刚性圆柱体，该圆柱体的轴线与 x_3 坐标轴重合(参见等 4.6 节中例 2)。假设圆柱体周围没有净环流，并且有平均流经过圆柱体，此平均流在 $|x_1| \gg a$ 时在 x_1 方向的速度为 U。如果旋涡最初在圆柱体远上游距离 x_1 轴为 h 的地方，考察无量纲参数 Γ/Uh 不同取值下的声音产生。

3. 一个强度为 Γ 的线涡平行于一个刚性机翼，该机翼位于 $-a < x_1 < a$、$x_2 = 0$、$-\infty < x_3 < \infty$ 的空间，受到沿 x_1 正方向、速度为 U 的均匀平均流作用。旋涡最初在翼

型的上游很远的地方，在翼型平面上方的垂直距离 h 处。机翼周围没有净环流。如果运动发生在很小的马赫数下，计算无量纲速度比 Γ/Uh 不同取值下旋涡通过机翼时产生的声音。当 $U \gg \Gamma/h$ 时，在此基础上，估算机翼后缘旋涡脱落对声的影响。

4. 强度为 Γ 的线涡平行于刚性机翼，机翼位于

$$-a < x_1 < a, x_2 = 0, \quad -\infty < x_3 < \infty$$

在无穷远处流体是静止的。在机翼周围没有平均环流的情况下，在镜像涡的影响下，旋涡在翼型周围作周期性运动。计算在很小的运动马赫数下产生的声音，并证明它可以归因于两个取向于 x_1 和 x_2 方向的偶极子源。根据流体和机翼之间的非定常力的相应部分，解释这些声源的意义。

5. 强度为 Γ 的线涡沿如图所示的路径横移，线涡经过一个二维的、长度为 d 的刚性薄挡板，在 $x_2=0$ 处该挡板与平面壁成直角。在离挡板很远的地方，有一个低马赫数的平均势流，其速度为 U 且平行于壁面。当旋涡在挡板的远上游时，旋涡离壁面的距离为 h，计算 Γ/Uh 不同值下旋涡通过挡板时产生的声音。解释当 $\Gamma/h \ll U$ 时会发生的情况。讨论流体施加在挡板上的力，以及它们是如何对声辐射产生贡献的。

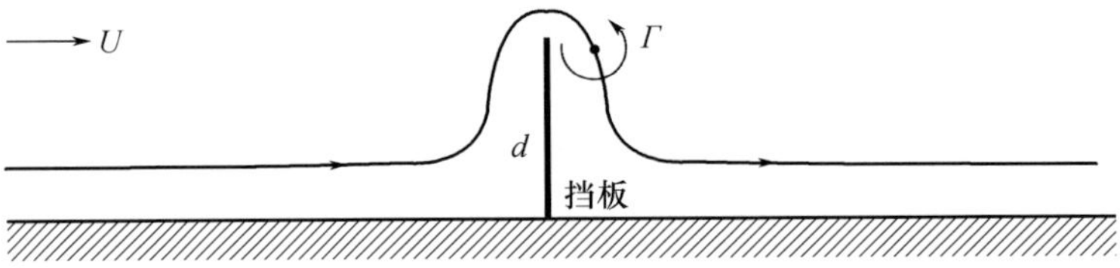

第 7 章

三 维 问 题

7.1 涡一翼相互作用噪声的线性理论

考虑一个非均匀涡量场(即一阵气流),在高雷诺数、等熵流动中流经固定刚性翼型的情景(图 7.1.1)。未扰动流动在 x_1 方向上有速度 U,其中原点在机翼内的一个适宜的点上,x_3 方向沿翼展,x_2 方向垂直向上。当马赫数 $M=U/c_0$ 足够小,可以不考虑流动对声音的对流,翼弦可以假定是声学紧致的。

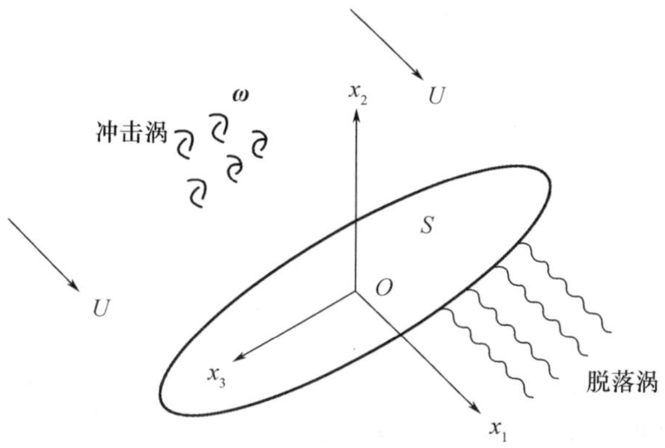

图 7.1.1

旋涡声源 div $(\boldsymbol{\omega}\wedge\boldsymbol{v})$包括阵风中的涡量和从机翼上脱落的任何涡量,这些涡量要么是阵风激励的响应,要么是作为维持平均升力的梢涡。该问题可以通过假设 $u \ll U$ 来线性化处理,其中 curl $\boldsymbol{u}=\boldsymbol{\omega}$,即要求阵风诱导的速度,以及机翼厚度、扭转、拱度和攻角引起的微扰速度较小。当 div $(\boldsymbol{\omega}\wedge\boldsymbol{v})$关于未扰动平均流展开时,只有阵风涡量和阵风遭遇机翼时的附加涡量对声辐射一阶量有贡献。换句话说,厚度、扭转、拱度和攻角可以忽略不计,机翼在 $x_2=0$ 平面内可以视为刚性薄板。在这种近似中,四极子被忽略,涡量在未扰动的平均流速 $\boldsymbol{U}=(U,0,0)$下以涡丝冻结模式对流。特别地,尾迹涡量被限制在尾缘下游的涡片上。

当忽略流体对声的对流时,涡声方程(5.2.5)的线性化形式变为

$$\left(\frac{1}{c_0^2}\frac{\partial^2}{\partial t^2}-\nabla^2\right)B=\operatorname{div}(\boldsymbol{\omega}\wedge\boldsymbol{U}) \tag{7.1.1}$$

其解为

$$B(\boldsymbol{x},t)=\frac{p(\boldsymbol{x},t)}{\rho_0}\approx-\int(\boldsymbol{\omega}\wedge\boldsymbol{U})(\boldsymbol{y},\tau)\cdot\frac{\partial G}{\partial y}(\boldsymbol{x},\boldsymbol{y},t-\tau)\mathrm{d}^3\boldsymbol{y}\mathrm{d}\tau,\quad |\boldsymbol{x}|\to\infty \tag{7.1.2}$$

其中在机翼平面在平面 y_1、y_3 上的投影的两侧($y_2=\pm0$)，有$\partial G/\partial y_2=0$。在足够小马赫数情况下，$G$ 可以用紧致弦机翼的格林函数近似。

因此，当局部的高雷诺数冻结阵风 $\boldsymbol{\omega}(\boldsymbol{x}-\boldsymbol{U}t)\equiv\boldsymbol{\omega}(x-Ut,x_2,x_3)$ 扫掠过图 7.1.1 所示的机翼时，其产生的声音由式(5.4.4)给出，其中对流速度 $\boldsymbol{v}$ 替换为 $\boldsymbol{U}$，Kirchhoff 矢量 $\boldsymbol{Y}$ 由下式表示：

$$Y_1=y_1,\ Y_2=y_2-\varphi_2^*(\boldsymbol{y}),Y_3=y_3$$

因为 $\int\boldsymbol{\omega}\mathrm{d}^3\boldsymbol{y}\equiv0$，因此等式(5.4.4)简化为

$$p(\boldsymbol{x},t)\approx\frac{-\rho_0U\cos\Theta}{4\pi c_0|\boldsymbol{x}|}\frac{\partial}{\partial t}\int\left[\omega_3\frac{\partial Y_2}{\partial y_2}-\omega_2\frac{\partial Y_2}{\partial y_3}\right]_{t-|\boldsymbol{x}|/c_0}\mathrm{d}^3\boldsymbol{y},\ |\boldsymbol{x}|\to\infty \tag{7.1.3}$$

式中，$\Theta=\arccos(x_2/|\boldsymbol{x}|)$，是辐射方向与机翼法向之间的夹角，原点取在相互作用区内的机翼中。

假设相互作用发生在内侧位置，此处弦长可视为不变，前缘和后缘都与平均流呈直角(这样$\partial Y_2/\partial y_3\ll\partial Y_2/\partial y_2$)。相互作用区域的俯视图与图 7.2.1 所示的二维机翼的局部区域相同，且 Y_2 可以在常数 $a\equiv a(y_3)$下按式(3.9.2)进行近似，这样 $2a$ 等于机翼的局部弦。那么，式(7.1.3)就变为

$$p(\boldsymbol{x},t)\approx\frac{-\rho_0U\cos\Theta}{4\pi c_0|\boldsymbol{x}|}\frac{\partial}{\partial t}\int\left[\omega_3\frac{\partial Y_2}{\partial y_2}\right]_{t-|\boldsymbol{x}|/c_0}\mathrm{d}^3\boldsymbol{y},\quad |\boldsymbol{x}|\to\infty \tag{7.1.4}$$

这表明只有涡量的展向分量才有助于声音的产生。

根据式(5.4.3)(其中对于静止机翼 $\mathrm{d}U_j/\mathrm{d}t=0$)，这个结果也可用以下形式表示：

$$\left.\begin{aligned}&p(\boldsymbol{x},t)\approx\frac{\cos\Theta}{4\pi c_0|\boldsymbol{x}|}\frac{\partial F_2}{\partial t}\left(t-\frac{|\boldsymbol{x}|}{c_0}\right),|\boldsymbol{x}|\to\infty\\&F_2(t)=-\rho_0U\int\omega_3(\boldsymbol{y},t)\frac{\partial Y_2}{\partial y_2}(y)\mathrm{d}^3\boldsymbol{y}\end{aligned}\right\} \tag{7.1.5}$$

当运动为不可压缩时，其中的$-F_2$ 是相互作用时的非定常机翼升力，涡量 ω_3 包括冲击阵风和任何脱落到涡片尾流中涡量的贡献。

7.2　三维叶片与旋涡的相互作用

对于直线涡形式的阵风，可以直接对其进行计算。假设旋涡有环量 Γ，并使其轴线

朝向单位矢量 $\boldsymbol{n}$ 的方向，如图 7.2.1 所示。平均流动速度非常大，可以假定涡被机翼前缘切割后仍保持其直线形状。在机翼中弦上选择原点，这样旋涡的轴线在时间 $t=0$ 时穿过原点。旋涡上的任何点 $\boldsymbol{x}$ 都可以用以下参数形式表示：

$$\boldsymbol{x}=(Ut,0,0)+s\boldsymbol{n},\quad -\infty<s<\infty \tag{7.2.1}$$

式中，s 是从旋涡与机翼平面的交点量起沿旋涡的距离。那么，如果 $s_{\perp}$ 表示从旋涡轴沿法线方向测量的矢量距离，则

$$\boldsymbol{\omega}=\Gamma\boldsymbol{n}\delta(\boldsymbol{s}_{\perp})$$

图 7.2.1 中的极角 θ、ϕ 表示以下单位向量的方向：

$$\boldsymbol{n}=(\sin\theta\cos\phi,\sin\theta\sin\phi,\cos\theta),\quad 0<\theta<\pi,0<\phi<2\pi$$

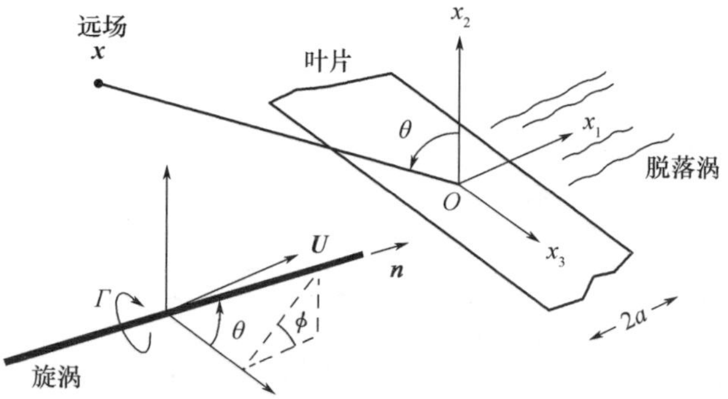

图 7.2.1

由于旋涡从后缘脱落，大部分声音是在旋涡被前缘切割时产生的。脱落涡的影响可以通过第 6.3 和 6.4 节中所述的步骤进行形式化处理，具体是对 Y_2 在前缘奇点处展开，即通过设定

$$Y_2\sim Re(\sqrt{2a}\sqrt{z+a}),\quad z=y_1+\mathrm{i}y_2$$

其中平方根的分支割线取为沿 z 轴从 $z=-a$ 到 $z=+\infty$ 的线段。因此，通过回顾关系式(7.2.1)，式(7.1.4)变为

$$\begin{aligned}
p(\boldsymbol{x},t)&\approx\frac{-n_3\rho_0\Gamma U\cos\Theta}{4\pi c_0|\boldsymbol{x}|}\frac{\partial}{\partial t}Re\int\left[\delta(\boldsymbol{s}_{\perp})\left(\frac{\mathrm{i}\sqrt{2a}}{2\sqrt{y_1+\mathrm{i}y_2+a}}\right)\right]_{t-|\boldsymbol{x}|/c_0}\mathrm{d}^2\boldsymbol{s}_{\perp}\,\mathrm{d}s\\
&=\frac{-n_3\rho_0\Gamma U\cos\Theta}{4\sqrt{2}\pi c_0|\boldsymbol{x}|}\frac{\partial}{\partial t}Re\int_{-\infty}^{\infty}\left(\frac{\mathrm{i}\sqrt{a}}{\sqrt{U[t]+s(n_1+\mathrm{i}n_2)+a}}\right)\mathrm{d}s\\
&=\frac{n_3\rho_0\Gamma U^2\cos\Theta}{8\sqrt{2}\pi c_0|\boldsymbol{x}|}Re\int_{-\infty}^{\infty}\left(\frac{\mathrm{i}\sqrt{a}}{(U[t]+s(n_1+\mathrm{i}n_2)+a)^{\frac{3}{2}}}\right)\mathrm{d}s\\
&=\frac{-n_3\rho_0\Gamma U^2\cos\Theta}{4\sqrt{2}\pi c_0|\boldsymbol{x}|}Re\left[\frac{\mathrm{i}\sqrt{a}}{(U[t]+s(n_1+\mathrm{i}n_2)+a)^{\frac{1}{2}}(n_1+\mathrm{i}n_2)}\right]_{-\infty}^{+\infty}
\end{aligned}\tag{7.2.2}$$

式中，$[t]=t-|\boldsymbol{x}|/c_0$ 是延迟时间。

通过参考图 7.2.2 可以看到，在当 $U[t]+a<0$ 时，旋涡被机翼前缘切割之前，式(7.2.2)的最后一行为零。在随后的时间里，沿旋涡轴在无限范围 $-\infty<s<\infty$ 内的积分必须分裂成两个部分 $-\infty<s<-0$ 和 $+0<s<\infty$，如图 7.2.2 所示，因为式(7.2.2)最后一行的平方根在机翼上是不连续的；例如，当 $n_2>0$，平方根在上表面($s=+0$)为实且正，在 $s=-0$ 为实且负。因此，声压变成：

$$p(\boldsymbol{x},t)\approx\frac{\rho_0\Gamma UM\cos\Theta}{2^{\frac{3}{2}}\pi|\boldsymbol{x}|}\frac{|\sin\varphi|}{\tan\theta}\frac{H\left(\frac{U[t]}{a}+1\right)}{\sqrt{\frac{U[t]}{a}+1}}\qquad(7.2.3)$$

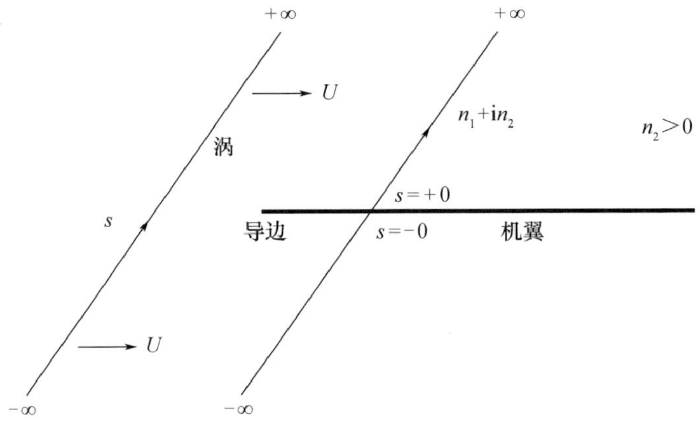

图 7.2.2

在延迟时间 $U[t]/a=-1$，旋涡被机翼前缘切断的瞬间，压力脉冲相应地以一个奇异峰值开始。波形如图 7.2.3 中的点状虚线所示，它是下式的绘图：

$$\frac{p(\boldsymbol{x},t)}{(\rho_0\Gamma UM\cos\Theta/|\boldsymbol{x}|)}=\frac{|\sin\phi|}{2^{\frac{3}{2}}\pi\tan\theta}\frac{H\left(\frac{U[t]}{a}+1\right)}{\sqrt{\frac{U[t]}{a}+1}},\text{对于 }\theta=85°\text{、}\phi=90°$$

例如，对于一个非零核半径 R 的旋涡，压力中的奇异性是不存在的。例如，假设涡量按高斯公式分布：

$$\boldsymbol{\omega}(\boldsymbol{x})=\frac{\Gamma\boldsymbol{n}\mathrm{e}^{-(s_\perp/R)^2}}{\pi R^2}$$

它是一个关于至旋涡轴线距离 $s_\perp$ 的函数，声压可以用下式给出(Howe,1998a)

$$\frac{p(\boldsymbol{x},t)}{(\rho_0\Gamma UM\cos\Theta/|\boldsymbol{x}|)}\approx\frac{|\sin\varphi|^{\frac{3}{2}}}{8\tan\theta}\left(\frac{a}{\pi R}\right)^{\frac{1}{2}}\mathfrak{J}(\alpha),\ |\boldsymbol{x}|\to\infty\ (\text{对于 }R\ll a)$$

(7.2.4)

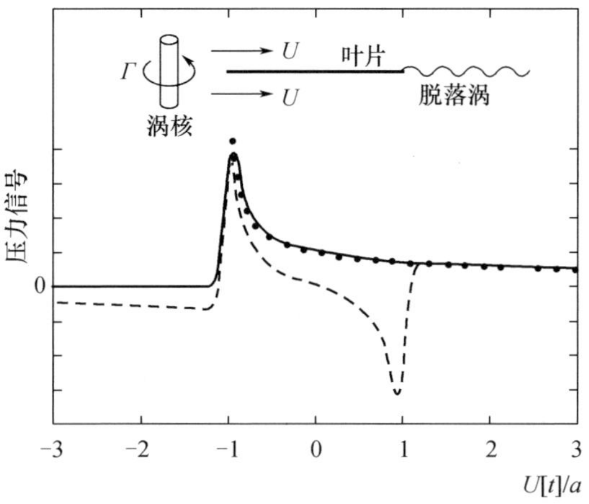

图 7.2.3

其中

$$\Im(\alpha)=|\alpha|^{\frac{1}{2}}\left\{I_{-1/4}\left(\frac{\alpha^2}{8}\right)+\operatorname{sgn}(\alpha)I_{1/4}\left(\frac{\alpha^2}{8}\right)\right\}e^{-\alpha^2/8},\qquad \alpha=\frac{2a\,|\sin\phi|}{R\left(\frac{U[t]}{a}+1\right)}$$

式中，$I_{\pm 1/4}$ 是第一类修正贝塞尔函数。由式(7.2.4)可以预报压力场特征，对于

$$R=0.1a,\quad \theta=85°,\quad \phi=90°$$

结果如图 7.2.3 中实线部分所示，与 $U[t]/a>-1$ 时线涡预报结果相差不大。

图 7.2.3 中的虚线表示由有限大涡核与机翼之间势流相互作用产生的压力场特征(亦即，当忽略涡脱落时)。这是关于延迟时间$[t]$的一个奇函数。当旋涡在 $U[t]/a=1$ 时穿过尾缘产生的大负峰被尾流产生的等值和符号相反的贡献所抵消。读者可以很容易地证明，当涡核的有限尺寸可忽略后，在势流中，后缘产生的压力脉冲由下式给出：

$$p(\boldsymbol{x},t)\approx-\frac{\rho_0\Gamma UM\cos\Theta}{2^{\frac{3}{2}}\pi|\boldsymbol{x}|}\frac{|\sin\phi|}{\tan\theta}\frac{H\left(1-\frac{U[t]}{a}\right)}{\sqrt{1-\frac{U[t]}{a}}}$$

7.3　近球体旋涡运动产生的声音

当一个名义上为直线的旋涡扫过一个紧致刚体时所产生的声音也可以用线性化的方式处理，假定涡核的每一个单元都是以局部平均速度沿定常无扰动平均流的流线对流。然而，除非针对可以用非定常空气动力学切片理论来处理的流线型形体，通常难以令人满意地考虑旋涡脱落的影响。

为了说明这一过程，考虑一个半径为 a 的刚性球面，其中心位于坐标原点，处于一

个低马赫数的无旋平均流中，流动在 $|\boldsymbol{x}|\gg a$ 处有 x_1 方向上的速度 U。因此可以写出 $\boldsymbol{x}$ 处的平均速度：

$$\boldsymbol{U}=U\,\nabla X_1(\boldsymbol{x}) \tag{7.3.1}$$

这里 $X_1(\boldsymbol{x})$是球面 Kirchhoff 向量的 x_1 分量，它具有一般形式（表 3.9.1）：

$$X_i=x_i\left(1+\frac{a^3}{2|\boldsymbol{x}|^3}\right) \tag{7.3.2}$$

假设一个强度为 Γ 的线涡最初在球的上游很远的地方，平行于 x_3 轴，在平面 $x_2=0$ 上方距离 h 处。旋涡通过平均流朝球体对流。旋涡靠近球体的部分必须明显变形以绕过球体；在整个相互作用过程中，距离旋涡更远的部分（在 $|x_3|\gg a$）不受影响，依旧保持与 x_3 方向平行。变形涡的形状相对于中平面 $x_3=0$ 将是对称的；当涡元沿平均流线对流通过球体时，最初在平面 $x_3=0$ 上的涡元仍留在该对称平面上，如图 7.3.1 所示，它显示了平面 $x_3=0$ 内的运动。

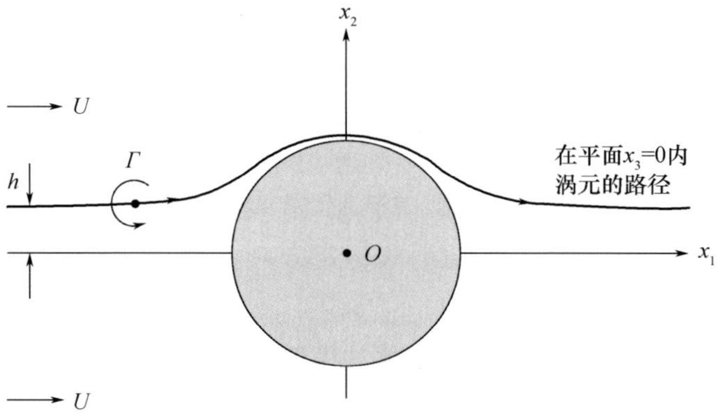

图 7.3.1

对于旋涡的每一个单元，旋涡在 t 时刻的形状由以下方程的解确定：

$$\frac{\mathrm{d}x_1}{\mathrm{d}t}=U\frac{\partial X_1}{\partial x_1}(\boldsymbol{x}),\quad \frac{\mathrm{d}x_2}{\mathrm{d}t}=U\frac{\partial X_1}{\partial x_2}(\boldsymbol{x}),\quad \frac{\mathrm{d}x_3}{\mathrm{d}t}=U\frac{\partial X_1}{\partial x_3}(\boldsymbol{x})$$

如果假定旋涡的非变形部分（在 $|x_3|\gg a$）在时间 $t=0$ 时对流穿过平面 $x_1=0$，则这些方程可根据初始条件积分：

$$x_1=Ut,\quad x_2=h,\quad x_3=x_3^0,\quad t\to-\infty$$

式中，x_3^0 是涡元的初始展向位置。

根据无量纲变量：

$$T=\frac{Ut}{a},\quad \bar{\boldsymbol{x}}=\frac{\boldsymbol{x}}{a}$$

旋涡上一点的运动方程为

$$\frac{\mathrm{d}\bar{x}_1}{\mathrm{d}T}=1+\frac{\bar{x}_2^2+\bar{x}_3^2-2\bar{x}_1^2}{2(\bar{x}_1^2+\bar{x}_2^2+\bar{x}_3^2)^{5/2}},\ \frac{\mathrm{d}\bar{x}_2}{\mathrm{d}T}=\frac{-3\bar{x}_1\bar{x}_2}{2(\bar{x}_1^2+\bar{x}_2^2+\bar{x}_3^2)^{5/2}},\ \frac{\mathrm{d}\bar{x}_3}{\mathrm{d}T}=\frac{-3\bar{x}_1\bar{x}_3}{2(\bar{x}_1^2+\bar{x}_2^2+2\bar{x}_3^2)^{5/2}}$$

这些可以通过在 $T=-10$ 开始积分加以求解(例如,使用第 4.6 节中描述的 Runge-Kutta 方法)。可以有把握地假定,球体对最初位于 $|\bar{x}_3|>10$ 的涡元没有可被觉察的影响。由于运动是关于 $\bar{x}_3=0$ 对称的,所以只需要对 $N+1$ 个涡元求解,相应的初始位置分别为

$$\bar{x}_1=T,\quad \bar{x}_2=\frac{h}{a},\quad \bar{x}_3=\bar{x}_3^n,\quad 在\ T=-10$$

式中,$\bar{x}_3^n=10n/N$, $0\leqslant n\leqslant N$,且 N 是一个适当大的整数。

图 7.3.2 说明了在 $h/a=0.2$ 的情况下,随着时间 $T=Ut/a$ 的增加,旋涡的连续计算位置。在大约 $T=-2$ 时,旋涡有了第一次明显变形。形成发夹环的原因是在球体紧前方和紧后方的驻点附近,靠近球体的涡元的平移速度较小;球体上表面的加速运动不足以抵消环的形成。当然,在现实中,大的自身诱导速度、球内的镜像涡,以及涡量从旋涡和球表面的黏性扩散都强烈地影响着运动,而这些在目前的计算中都没有考虑。

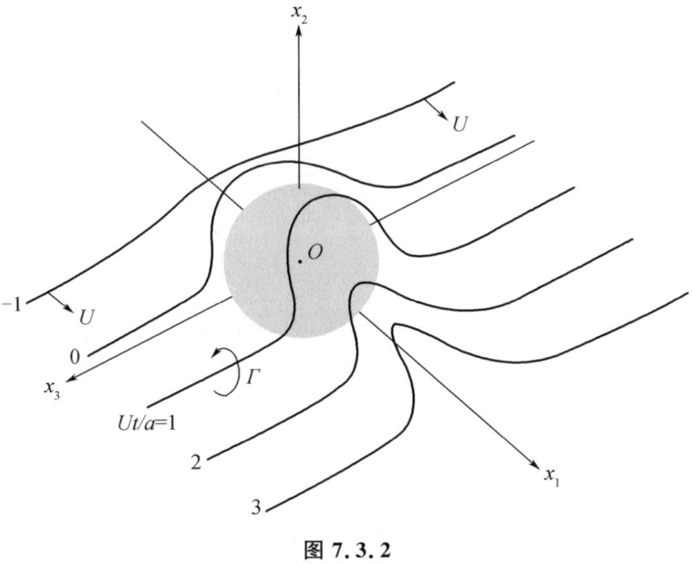

图 7.3.2

当球体是紧致的时,在这种势流相互作用中产生的声音可以使用式(5.4.4)计算:

$$p(\boldsymbol{x},t)\approx\frac{-\rho_0 x_j}{4\pi c_0|\boldsymbol{x}|^2}\frac{\partial}{\partial t}\int(\boldsymbol{\omega}\wedge\boldsymbol{v})\left(\boldsymbol{y},t-\frac{|\boldsymbol{x}|}{c_0}\right)\cdot\nabla Y_j(\boldsymbol{y})\mathrm{d}^3\boldsymbol{y},\quad |\boldsymbol{x}|\to\infty \tag{7.3.3}$$

其中

$$\boldsymbol{v}=U\nabla Y_1(\boldsymbol{y})$$

当 $j=1$ 时,因为 $\boldsymbol{\omega}\wedge\nabla Y_1\cdot\nabla Y_1\equiv0$,式(7.3.3)中不存在非定常阻力贡献。同样地,由于旋涡存在对称形式,球体上不可能有侧向合力,因此不会有来自 $j=3$ 的贡献。相应地,声音由取向于 x_2 方向的偶极子源产生。也就是说,相互作用在此方向上产生一个非定常升力,它会产生声音,其表达式如下:

$$p(\boldsymbol{x},t) \approx \frac{-\rho_0 U\cos\Theta}{4\pi c_0 |\boldsymbol{x}|}\frac{\partial}{\partial t}\int(\boldsymbol{\omega}\cdot\nabla Y_1 \wedge Y_2)\left(\boldsymbol{y},t-\frac{|\boldsymbol{x}|}{c_0}\right)\mathrm{d}^3\boldsymbol{y}, \quad |\boldsymbol{x}|\to\infty \tag{7.3.4}$$

式中，$\Theta = \arccos(x_2/|\boldsymbol{x}|)$是观察者方向 $\boldsymbol{x}$ 和 x_2 轴之间的夹角。

要计算积分，记有

$$\boldsymbol{\omega} = \Gamma\delta(\boldsymbol{s}_\perp)\hat{\boldsymbol{s}}, \quad \mathrm{d}^3\boldsymbol{y} = \mathrm{d}^2\boldsymbol{s}_\perp\ \mathrm{d}s$$

式中，$\hat{\boldsymbol{s}}$ 是一个局部平行于 $\boldsymbol{\omega}$ 的单位矢量，$\boldsymbol{s}_\perp$ 是从旋涡局部轴线量起的法向矢量距离，s 是沿旋涡在 $\boldsymbol{\omega}$ 方向测量的距离。则积分(7.3.4)可用以下无量纲形式重写，其适合数值计算：

$$\frac{p(\boldsymbol{x},t)}{\rho_0 \Gamma U M\cos\Theta/4\pi|\boldsymbol{x}|} = -\frac{\partial}{\partial T}\int_{-\infty}^{\infty}[\hat{\boldsymbol{s}}\cdot\nabla Y_1 \wedge Y_2]\mathrm{d}\bar{s}, \quad \bar{s}=\frac{s}{a}, \quad M=\frac{U}{c_0} \tag{7.3.5}$$

其中，被积函数在变形涡的延迟位置求值。

现在式(7.3.5)中的积分是发散的，因为当 $\bar{s}\to\pm\infty$时 $\hat{\boldsymbol{s}}\cdot\nabla Y_1\wedge\nabla Y_2\to 1$。然而，发散并不是真实的，而是在紧致格林函数的应用中形式化运算的结果。当涡流处于连续延迟位置时，大 $\bar{s}$ 值对积分产生的无穷贡献量彼此相等，并且在对时间 T 求导后会消失。因此，可以通过将积分范围限制在一个有限间隔内进行数值计算积分，例如 $-10<\bar{s}<10$，因为对于所有延迟时间，在较大值 $\bar{s}$ 下的贡献是相同的，当微分时对声音没有贡献。

h/a 取两个不同值，用式(7.3.5)计算得到的无量纲压力的典型曲线如图 7.3.3 所示。它们说明了当旋涡的初始偏移距离 h 相对球体半径 a 增大时，声级是如何减小的。

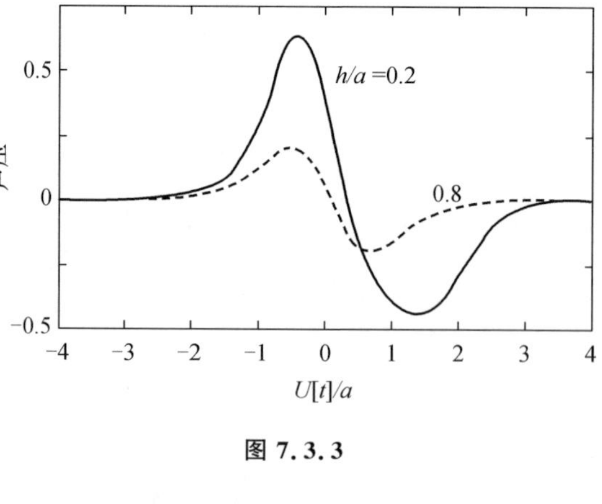

图 7.3.3

7.4　列车进入隧道时产生的压缩波

进入隧道的火车将静止的空气推到一边，其中大部分空气流经火车并且在隧道入口排出，但火车前方积聚的压力作为压缩波以音速传入隧道内。在长长的隧道中，压缩波阵面会经历非线性陡变，最终表现为从远处隧道出口辐射出响亮的、脉冲式的“砰砰声”或“破裂声”(称为微压波)。此外，当列车进出隧道时，听不见的低频压力脉动，称为次声(在频率上～10 至 20 Hz)会从隧道口向外部辐射。所有这些波都在图 7.4.1 中示意性地表示出来。当列车速度 U 超过约 200 km/h (125 mi/h)时，其产生的微压波和次声波尤其可能引发邻近建筑物的振动，以及令人不适的结构异响。

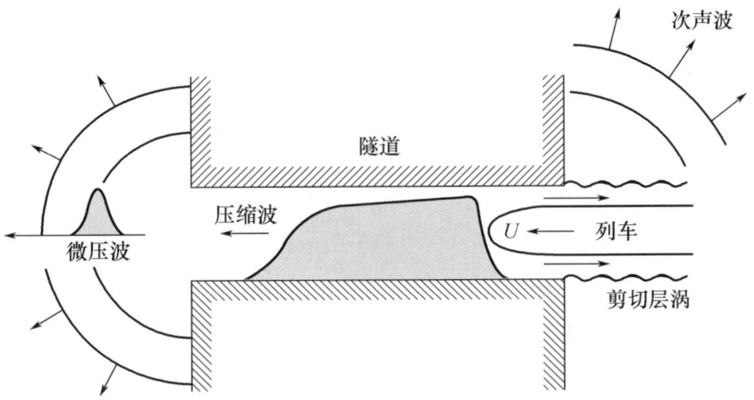

图 7.4.1

压缩波的形成可以用一个较简单的问题来研究，这个问题涉及轴对称列车进入轴对称的半径为 R 且横截面积为 $\mathcal{A}=\pi R^2$ 的半无限长圆柱形管道(图 7.4.2)。设列车在 x_1 负方向以匀速 U 行驶，原点 O 在隧道入口平面的中心，所以 x_1 轴与隧道轴重合。用 $\bar{p}$、ρ 和 c 分别表示空气中的压力、密度和声速。它们在隧道内随位置和时间而变化，其对应的未扰动值分别为 p_0、ρ_0 和 c_0。

假定列车的横截面在距列车机头 L 处变为恒定面积 $\mathcal{A}_0=\pi h^2$ 的均匀剖面，其中 h 为列车统一最大半径。机头的径长比 h/L 被认为是足够小的，列车外形是充分流线型的，以确保不会发生流动分离。在实践中，马赫数 $M=U/c_0$ 不超过 0.4，阻塞 $\mathcal{A}_0/\mathcal{A}\leqslant 0.2$。在波形成的初始阶段，如果忽略传热和摩擦损失，空气流可视为等熵，压缩波可用涡声方程(5.2.5)计算

$$\left(\frac{\mathrm{D}}{\mathrm{D}t}\left(\frac{1}{c^2}\frac{\mathrm{D}}{\mathrm{D}t}\right)-\frac{1}{\rho}\nabla\cdot(\rho\nabla)\right)B=\frac{1}{\rho}\mathrm{div}\,(\rho\boldsymbol{\omega}\wedge\boldsymbol{v})\tag{7.4.1}$$

列车前方压缩波区的空气可视为从其偏离平均状态的线性微扰动，且 $B\approx p/\rho_0\equiv(\bar{p}-p_0)/\rho_0$。在此简化模型中，除列车进入隧道时排出的空气出口流的外剪切层区域内，涡量 $\boldsymbol{\omega}$ 在其余位置均消失(参见图 7.4.2)。

令 $f\equiv f(x_1+Ut,x_2,x_3)=0$ 为一控制面 S，设它在流体内恰好贴体包围着行驶中的火车，$f<0$ 表示在 S 里面(在被火车占据的区域内)，$f>0$ 表示在外面。表面是相对

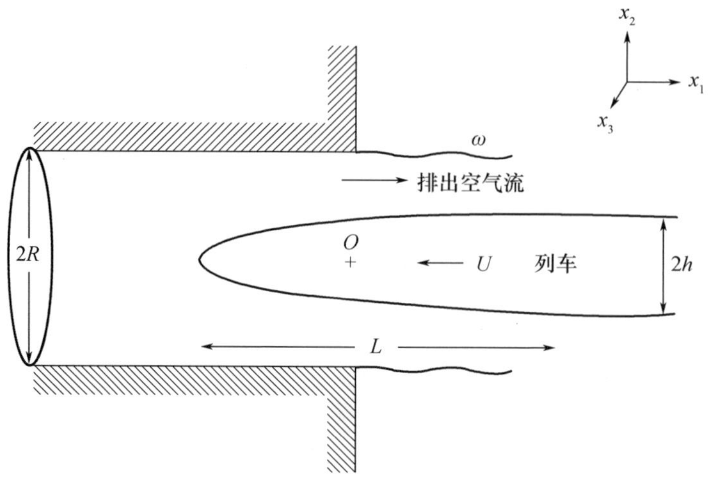

图 7.4.2

于列车固定的,列车对其周围环境的影响可以用 S 上单极子和偶极子源来表示。按照通常的方法,将式(7.4.1)乘以 $H \equiv H(f)$ 并重新整理(注意 $\mathrm{D}H/\mathrm{D}t=0$)可以得到

$$\left(\frac{\mathrm{D}}{\mathrm{D}t}\left(\frac{1}{c^2}\frac{\mathrm{D}}{\mathrm{D}t}\right)-\frac{1}{\rho}\nabla\cdot(\rho\nabla)\right)(HB)$$
$$=\frac{1}{\rho}\mathrm{div}\,(H\rho\boldsymbol{\omega}\wedge\boldsymbol{v})-(\nabla B+\boldsymbol{\omega}\wedge\boldsymbol{v})\cdot\nabla H-\frac{1}{\rho}\mathrm{div}\,(\rho B\,\nabla H) \tag{7.4.2}$$

上式是式(5.3.3)的推广,其右边涉及 ∇H 的两项分别表示运动表面 $f(x_1+Ut,x_2,x_3)=0$ 上分布的单极子源和偶极子源。

当忽略摩擦损失时,Crocco 方程(4.2.5)简化为 $\partial\boldsymbol{v}/\partial t=-\nabla B-\boldsymbol{\omega}\wedge\boldsymbol{v}$,这样源项便可以写为

$$\frac{\partial}{\partial t}(\boldsymbol{U}\cdot\nabla H)-\boldsymbol{v}\cdot\nabla\frac{\partial H}{\partial t}-\frac{1}{\rho}\mathrm{div}\,(\rho B\,\nabla H)+\frac{1}{\rho}\mathrm{div}\,(H\rho\boldsymbol{\omega}\wedge\boldsymbol{v})$$

式中,$\boldsymbol{U}=(-U,0,0)$。当 $M(\mathcal{A}_0/\mathcal{A})^2\ll 1$ 时,S 附近和隧道入口极低马赫数下外部流动内的空气压缩性可以忽略不计(Howe 等,2000),源进一步近似为

$$\frac{\partial}{\partial t}(\boldsymbol{U}\cdot\nabla H)+\mathrm{div}\,(\boldsymbol{v}\boldsymbol{U}\cdot\nabla H)-\mathrm{div}\left\{\left(\frac{p}{\rho_0}+\frac{1}{2}v^2\right)\nabla H\right\}+\mathrm{div}\,(H\boldsymbol{\omega}\wedge\boldsymbol{v})$$

这里使用了关系 $\partial H(f)/\partial t=-\boldsymbol{U}\cdot\nabla H(f)$。

因此,如果式(7.4.2)左边的非线性项(影响压缩波的传播)也被忽略,则该方程最终简化为

$$\left(\frac{1}{c_0^2}\frac{\partial^2}{\partial t^2}-\nabla^2\right)(HB)=\frac{\partial}{\partial t}(\boldsymbol{U}\cdot\nabla H)+\mathrm{div}\,(\boldsymbol{v}\boldsymbol{U}\cdot\nabla H)$$
$$-\mathrm{div}\left\{\left(\frac{p}{\rho_0}+\frac{1}{2}v^2\right)\nabla H\right\}+\mathrm{div}\,(H\boldsymbol{\omega}\wedge\boldsymbol{v}) \tag{7.4.3}$$

7.4.1　线性理论

当阻塞$\mathcal{A}_0/\mathcal{A}$较小时，只保留方程(7.4.3)右侧的第一项单极子源就足够了。当径长比 $h/L \ll 1$，引入细长体近似，可以将这个源简化。为此，考虑一个柱坐标系统，其中 $r=\sqrt{x_2^2+x_3^2}$ 是与列车轴线的垂直距离。控制面方程：

$$f(x_1+Ut, x_2, x_3)=0, \quad \text{可以写成 } r=\bar{f}(x_1+Ut)$$

这里$\mathcal{A}_T(s)=\pi\bar{f}^2(s)$是列车在距机头 s 处的横截面积，且假定机头在 $t=0$ 时穿过隧道入口平面($x_1=0$)。当列车移动时(图 7.4.3 的左面)，一段长度为 $\mathrm{d}x_1$ 的列车段排开空气的体积流量为

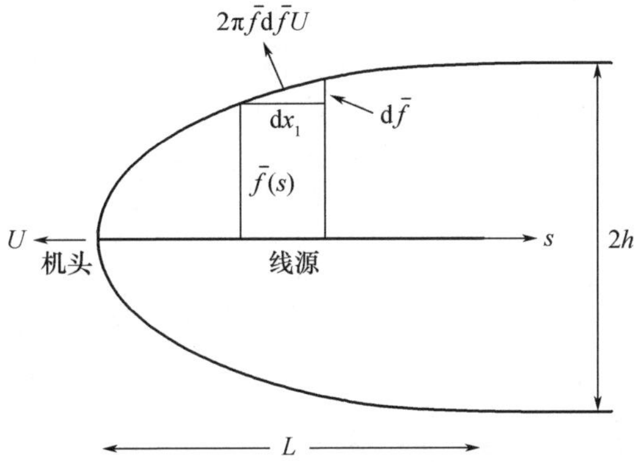

图 7.4.3

$$U2\pi\bar{f}(x_1+Ut)\mathrm{d}\bar{f}(x_1+Ut)=U2\pi\bar{f}(x_1+Ut)\frac{\partial\bar{f}}{\partial x_1}(x_1+Ut)\mathrm{d}x_1$$

$$\equiv U\frac{\partial\mathcal{A}_T}{\partial x_1}(x_1+Ut)\mathrm{d}x_1$$

因此

$$U\frac{\partial\mathcal{A}_T}{\partial x_1}(x_1+Ut)=\text{列车每单位长度的单极子源强度}$$

当 $h/L\ll1$，我们可以将列车表面上的单极子源分布汇聚为集中在其轴线上的线源，并将式(7.4.3)右侧的单极子近似为

$$\frac{\partial}{\partial t}(\boldsymbol{U}\cdot\nabla H)(\boldsymbol{x},t)\approx\frac{\partial}{\partial t}\left(U\frac{\partial\mathcal{A}_T}{\partial x_1}(x_1+Ut)\delta(x_2)\delta(x_3)\right)$$

源强与列车横截面积沿列车长度的变化率成正比，仅在列车机头(以及尾部)附近为非零值。

因此，式(7.4.3)的相应近似为

$$\left(\frac{1}{c_0^2}\frac{\partial^2}{\partial t^2}-\nabla^2\right)(HB)=\frac{\partial}{\partial t}\left(U\frac{\partial\mathcal{A}_T}{\partial x_1}(x_1+Ut)\delta(x_2)\delta(x_3)\right) \tag{7.4.4}$$

在列车前方的线性声学区域 $B \to p/\rho_0$。

在以列车的恒定亚音速 U 运动的参考系中，该方程中的单极子不随时间变化。因此，当在隧道内或远离隧道入口的自由空间中行进时，声源只产生非声近场（参见习题 1 的问题 4，当 $q_0(t)=$常数时）。当列车机头进入隧道时，源的近场与隧道入口相互作用，产生压缩波。这在时间段$\sim R/U$ 内发生，因此波阵面的特征厚度$\sim R/M \gg R$。因此，式(7.4.4)可以通过对管道入口使用紧致格林函数(3.9.13)来求解：

$$G(\boldsymbol{x},\boldsymbol{y};t-\tau) \approx \frac{c_0}{2\mathcal{A}}\left\{H\left(t-\tau-\frac{|\varphi^*(\boldsymbol{x})-\varphi^*(\boldsymbol{y})|}{c_0}\right)\right.$$
$$\left.-H\left(t-\tau+\frac{|\varphi^*(\boldsymbol{x})+\varphi^*(\boldsymbol{y})|}{c_0}\right)\right\}$$

式中，$\varphi^*(\boldsymbol{x})$是在隧道入口外的一个均匀、不可压缩流动的速度势，它在隧道内很深的地方具有单位速度（见式(3.9.14)）。

这样，在隧道内的 $\boldsymbol{x}$ 处（在火车前面且 $B=p/\rho_0$），我们有

$$p \equiv p\left(t+\frac{x_1}{c_0}\right) \approx \rho_0 \frac{\partial}{\partial t}\iint_{-\infty}^{\infty} U \frac{\partial \mathcal{A}_T}{\partial y_1}(y_1+U\tau)G(\boldsymbol{x},y_1,0,0;t-\tau)\mathrm{d}y_1\mathrm{d}\tau$$
$$=\frac{\rho_0 U c_0}{2\mathcal{A}}\int_{-\infty}^{\infty}\{\mathcal{A}'_T(y_1-M\varphi^*(y_1,0,0)+U[t])$$
$$-\mathcal{A}'_T(y_1+M\varphi^*(y_1,0,0)+U[t])\}\mathrm{d}y_1 \qquad (7.4.5)$$

式中，$\mathcal{A}_T$ 上的撇号表示相对于自变量的微分，$[t]=t+(x_1-\ell')/c_0$ 是有效延迟时间。由于非线性传播项被忽略，在非线性陡变开始之前，这种近似确定了压缩波的初始形式。因此，它适用于列车前方几个隧道直径的区域，即在火车进入隧道期间和刚刚进入隧道之后。

对积分式(7.4.5)的主要贡献来自列车的机头和尾部附近，那里的横截面积$\mathcal{A}_T$ 在变化。压缩波是在机头进入隧道时产生的，可以通过临时考虑半无限长度的列车来计算。在波的形成过程中，在马赫数小到可以忽略$\sim O(M^2)$的特殊情况下，式(7.4.5)中变量$\mathcal{A}'_T$中的$M\varphi^*$ 项很小，然后我们将 $M\varphi^*$ 展开到一阶并按分部积分法，发现

$$p \approx \rho_0 \frac{U^2}{\mathcal{A}}\int_{-\infty}^{\infty}\frac{\partial \mathcal{A}_T}{\partial y_1}(y_1+U[t])\frac{\partial \varphi^*}{\partial y_1}(y_1,0,0)\mathrm{d}y_1,\quad M^2 \ll 1 \qquad (7.4.6)$$

机头进入隧道后，在机头所占区域内$\partial\varphi^*/\partial y_1=1$，式(7.4.6)预报了总压力（线性理论）上升为 $\Delta p \approx \rho_0 U^2 \mathcal{A}_0/\mathcal{A}$。而线性理论也能准确计算出渐近压强上升，对马赫数没有限制，结果为

$$\Delta p = \frac{\rho_0 U^2 \mathcal{A}_0}{\mathcal{A}(1-M^2)}$$

因为这是在式(7.4.5)中 $\varphi^*(y_1,0,0) \approx y_1-\ell'$时获得的（见式(3.9.14)）。这意味着近似式(7.4.6)可以通过改写下式而外推到有限马赫数：

$$p \approx \frac{\rho_0 U^2}{\mathcal{A}(1-M^2)}\int_{-\infty}^{\infty} \frac{\partial \mathcal{A}_T}{\partial y_1}(y_1+U[t])\frac{\partial \varphi^*}{\partial y_1}(y_1,0,0)\mathrm{d}y_1 \tag{7.4.7}$$

线性理论外推到 M 的有限值，结果证明适用于 $M<0.4$（Howe 等，2000）。

图 7.4.4 示意性地说明了 Maeda 等(1993)为研究压缩波而使用的实验设置的正确性。钢丝导引的轴对称列车模型被射入管道并沿着管道轴线行进，管道是内径 0.147 m、长 7 m 的圆柱面。机头径长比为 $h/L=0.2$，阻塞$\mathcal{A}_0/\mathcal{A}=0.116$，入射速度 $U\approx 230$ km/h（$M\approx 0.188$）。列车机头包含圆锥体、旋转抛物面和椭球面，各自的横截面积由下式给出：

$$\frac{\mathcal{A}_T(s)}{\mathcal{A}_0}=\begin{cases}\dfrac{s^2}{L^2},\dfrac{s}{L},\dfrac{s}{L}\left(2-\dfrac{s}{L}\right), & 0<s<L\\ 1, & s\geqslant L\end{cases}$$

对这 3 个不同机头外形在入口 1 m 处的压力梯度 $\mathrm{d}p/\mathrm{d}t$ 进行测量（在标记为 T 的点处进行），图 7.4.4 中的点数据是测量结果。

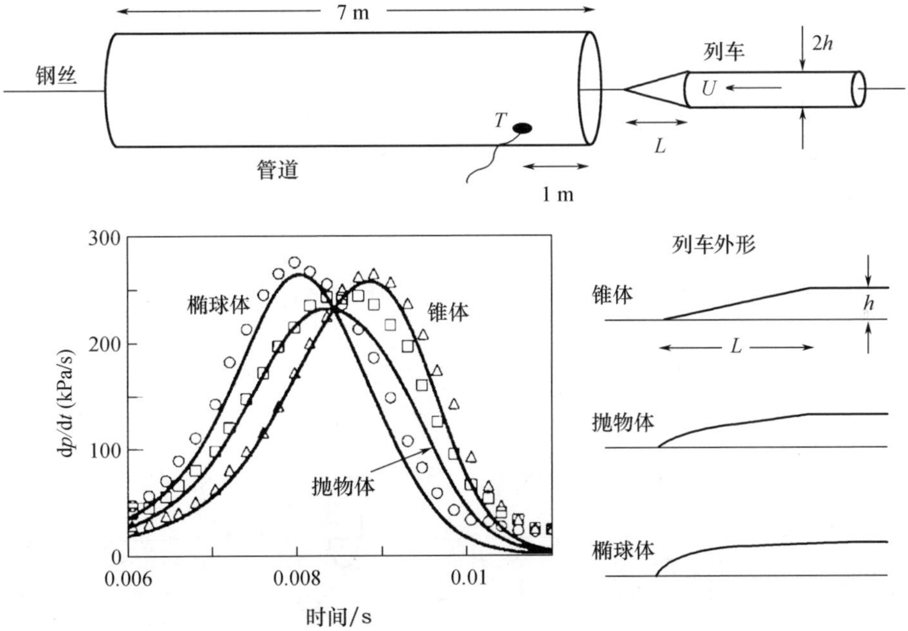

图 7.4.4

实线是式(7.4.7)的预报，使用以下关于$\partial\varphi^*/\partial y_1$ 的公式（Howe，1998b）进行计算：

$$\frac{\partial\varphi^*}{\partial y_1}(\mathbf{y})=\frac{1}{2}-\frac{1}{2\pi}\int_0^{\infty} I_0\left(\frac{\xi r}{R}\right)\left(\frac{2K_1(\xi)}{I_1(\xi)}\right)^{\frac{1}{2}}\sin\left\{\xi\left(\frac{y_1}{R}+Z(\xi)\right)\right\}\mathrm{d}\xi$$

$$Z(\xi)=\frac{1}{\pi}\int_0^{\infty}\ln\left(\frac{K_1(\mu)I_1(\mu)}{K_1(\xi)I_1(\xi)}\right)\frac{\mathrm{d}\mu}{\mu^2-\xi^2}$$

式中，$r=\sqrt{y_2^2+y_3^2}<R$，I_0、I_1 和 K_1 都是修正贝塞尔函数。

线性理论预报的最大压力梯度比实验观测值偏低约 8%。通过在式(7.4.3)中引入表面偶极子的贡献(根据压力跃升的线性理论，作用在列车机头的阻力决定了偶极子的一阶近似)，以及在较小程度上考虑隧道出口一流动涡量产生的涡声((7.4.3)右边的最后源项)，可以大大提高与实验的一致性。

习　题　7

1. 阵风与薄翼相互作用所产生声音的表示式(7.1.3)中的项 $\omega_2 \partial Y_2/\partial y_3$ 考虑了在相互作用区域机翼弦 $2a(y_3)$变化的影响。证明当

$$\frac{\mathrm{d}a}{\mathrm{d}y_3}(y_3) \ll 1$$

由线涡产生的声音公式(7.2.3)以一阶近似形式由以下公式给出：

$$p(\boldsymbol{x},t) \approx \frac{\rho_0 \Gamma U M \cos\Theta}{2^{\frac{3}{2}}\pi|\boldsymbol{x}|}\frac{|\sin\phi|}{\tan\theta}\left\{\cos\theta - \sin\theta\cos\phi\left(\frac{\mathrm{d}a}{\mathrm{d}y_3}\right)_0\right\}\frac{H\left(\frac{U[t]}{a}+1\right)}{\sqrt{\frac{U[t]}{a}+1}}$$

式中，$\mathrm{d}a/\mathrm{d}y_3$ 是在位置 $y_3=0$ 处计算，在这里旋涡被机翼切割。

证明：只要将式(7.1.4) 中 ω_3 解释为平行于机翼局部前缘的涡量分量，对流速度 U 用其垂直于局部前缘的分量代替，该结果与式(7.1.4)的结果是一致的。

2. 轴平行于 $+x_1$ 轴的涡环沿 x_1 方向以低马赫数平均速度 U 对流通过刚性半平面的边缘，半平面为 $x_1<0$、$x_2=0$、$-\infty<x_3<\infty$。使用紧致格林函数

$$G(\boldsymbol{x},\boldsymbol{y},t-\tau) = \frac{1}{2\pi^2\sqrt{2\pi i c_0}}\frac{\varphi^*(\boldsymbol{x})\varphi^*(\boldsymbol{y})}{|\boldsymbol{x}-y_3\boldsymbol{i}_3|^{3/2}}\int_{-\infty}^{\infty}\sqrt{\omega}\,\mathrm{e}^{-\mathrm{i}\omega(t-|\boldsymbol{x}-y_3\boldsymbol{i}_3|/c_0)}\mathrm{d}\omega$$

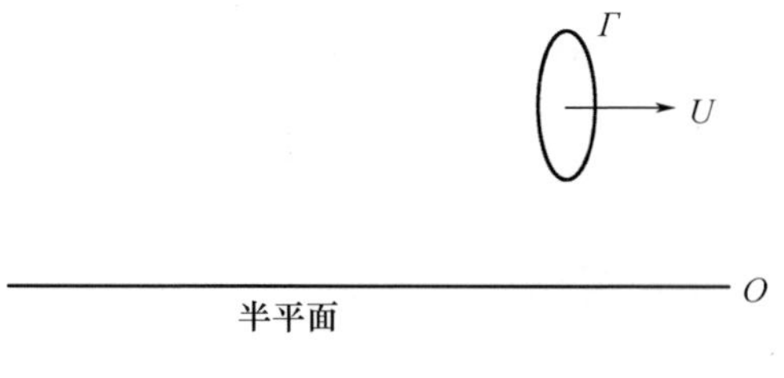

式中，φ^* 由式(3.9.6)定义，计算当半平面对涡环运动的影响被忽略时，旋涡通过边缘时产生的声音。

3. 计算半无限长刚性圆管内的涡环从开口端轴对称排出时在圆管内外产生的声音。忽略管壁对涡流运动的影响，忽略出口旋涡半径的任何变化。

4. 确定两个相等的涡环迎面碰撞产生的(四极子)声。估算涡环垂直入射到平面壁上时产生的声音。

5. 使用格林函数式(3.9.15)和式(7.4.4)来确定列车进入由图 3.9.6(b)所示管道时产生的次声，管道无凸缘且为圆柱形。假设列车沿管道轴线行驶，证明管道外远场测点 x 处的声压近似由下式给出

$$p(\boldsymbol{x},t)\approx\frac{\rho_0 U^2 M}{4\pi|\boldsymbol{x}|}\left(1-\frac{x_1}{|\boldsymbol{x}|}\right)\int_{-\infty}^{\infty}\frac{\partial\mathcal{A}_T}{\partial y_1}(y_1+U([t]))\frac{\partial^2\varphi^*}{\partial y_1^2}(y_1,0,0)\mathrm{d}y_1\quad |\boldsymbol{x}|\to\infty$$

式中，$[t]=t-|\boldsymbol{x}|/c_0$。

第 8 章

高阶实例

8.1 叶片与旋涡的二维相互作用

第 6.4 节讨论了低马赫数下二维线涡与机翼相互作用的线性理论，现在更详细地研究这种相互作用，包括运动中镜像旋涡的影响。本章所要考虑的一般问题如图 8.1.1 所示，图中显示了在刚性机翼附近移动的强度为 Γ 的旋涡，其中机翼弦长为 $2a$、位于 $-a<x_1<a$、$x_2=0$ 处，机翼周围没有平均环量。我们将考虑在 x_1 方向上有和没有平均流的情况，并考查旋涡从尾缘脱落的影响。

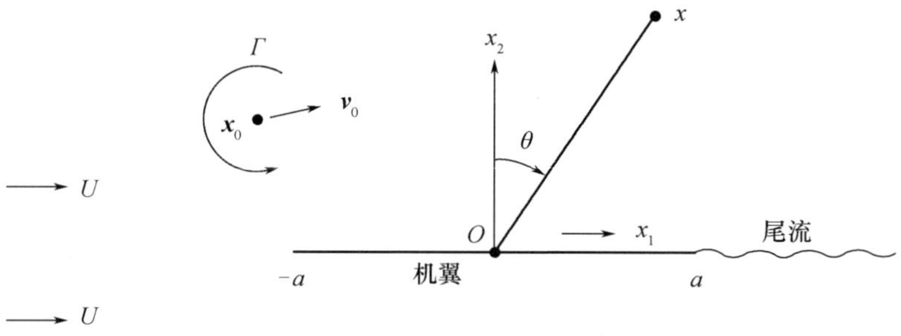

图 8.1.1

8.1.1 旋涡运动方程

在时间 t，让旋涡在

$$\boldsymbol{x} \equiv (x_1, x_2) = \boldsymbol{x}_0(t) \text{ 处，并以速度 } \boldsymbol{v}_0 = \frac{\mathrm{d}\boldsymbol{x}_0}{\mathrm{d}t}(t) \text{ 平移}$$

如果我们令 $z=x_1+\mathrm{i}x_2$、$z_0=x_{01}+\mathrm{i}x_{02}$，变换

$$\zeta = \frac{z}{a} + \sqrt{\frac{z^2}{a^2} - 1} \tag{8.1.1}$$

将机翼在 z 平面内的流体区域映射到 ζ 平面内的区域 $|\zeta|>1$。机翼的上下面($x_2=\pm 0$)分别转化为单位圆柱体 $|\zeta|=1$ 的上下两半，涡映射为在 $\zeta=\zeta_0$ 处的等价涡(图 8.1.2)。

在没有平均流动($U=0$)的情况下，当圆柱体(也就是机翼)周围没有平均环流时，通过在反演点 $\zeta=1/\zeta_0^*$ 处放置一个镜像涡 $-\Gamma$，同时在圆柱体中心放置 $+\Gamma$ 的旋涡，可以由此获得运动的复势。两个内部涡确保了绕圆柱体的总环量为零。那么

$$w(\zeta)=-\frac{\mathrm{i}\Gamma}{2\pi}\ln(\zeta-\zeta_0)+\frac{\mathrm{i}\Gamma}{2\pi}\ln\left(\zeta-\frac{1}{\zeta_0^*}\right)-\frac{\mathrm{i}\Gamma}{2\pi}\ln\zeta$$

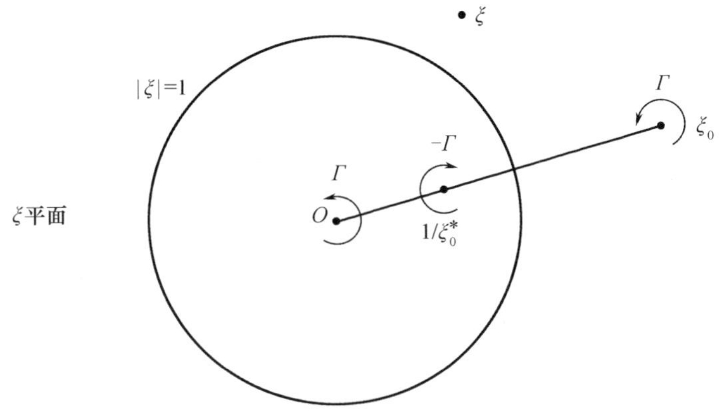

图 8.1.2

z 平面内运动的速度势通过设置 $\zeta=\zeta(z)$ 给出。因为 x_1 方向上的平均流不受机翼的影响，我们可以通过添加复势 Uz 来计入它的贡献。那么

$$w(z)=-\frac{\mathrm{i}\Gamma}{2\pi}\ln(\zeta(z)-\zeta(z_0))+F(z)$$

其中
$$F(z)=\frac{\mathrm{i}\Gamma}{2\pi}\ln\left(\zeta(z)-\frac{1}{\zeta(z_0)^*}\right)-\frac{\mathrm{i}\Gamma}{2\pi}\ln\zeta(z)+Uz$$

这是式(4.6.1)给出的形式，因此相应地在 z_0 处旋涡的运动方程，可以从式(4.6.3)中得到：

$$\frac{\mathrm{d}z_0^*}{\mathrm{d}t}\equiv\frac{\mathrm{d}x_{01}}{\mathrm{d}t}-\mathrm{i}\frac{\mathrm{d}x_{02}}{\mathrm{d}t}=-\frac{\mathrm{i}\Gamma\zeta''(z_0)}{4\pi\zeta'(z_0)}+F'(z_0)$$

即

$$\frac{\mathrm{d}z_0^*}{\mathrm{d}t}=\frac{\mathrm{i}\Gamma}{4\pi a\sqrt{Z^2-1}}\left\{\frac{Z}{\sqrt{Z^2-1}}-1+\frac{2}{|\zeta_0|^2-1}\right\}+U \tag{8.1.2}$$

式中，$Z=\frac{z_0}{a}$，$\zeta_0=Z+\sqrt{Z^2-1}$。

式(8.1.2)不考虑旋涡脱落的影响。在线性化计算中(忽略机翼中的镜像效应)，这可以通过假设脱落涡量位于 $x_1=a$ 处尾缘下游的薄涡片中来实现，如第 6.3 节所述。这将导出依据 Sears 函数式(6.3.6)的解，但我们不会这样做，因为它将讨论限制在线性化运动上了。相反，我们应用第 6.4 节中讨论的方法，其中通过从紧致格林函数中删除奇点来模拟旋涡脱落的影响。

8.1.2 声压公式

旋涡的低马赫数运动产生的声音由式(6.2.4)计算：

$$p(\boldsymbol{x},t)\approx\frac{-\rho_0\Gamma x_j}{2\pi\sqrt{2c_0}\,|\boldsymbol{x}|^{3/2}}\frac{\partial}{\partial t}\int_{-\infty}^{t-|\boldsymbol{x}|/c_0}\left\{\frac{\mathrm{d}x_{01}}{\mathrm{d}\tau}\frac{\partial Y_j}{\partial y_2}-\frac{\mathrm{d}x_{02}}{\mathrm{d}\tau}\frac{\partial Y_j}{\partial y_1}\right\}_{x_0(\tau)}\frac{\mathrm{d}\tau}{\sqrt{t-\tau-|\boldsymbol{x}|/c_0}}\tag{8.1.3}$$

其中带状机翼的 Kirchhoff 矢量具有分量(表 3.9.1)：

$$Y_1=y_1,Y_2=Re(-\mathrm{i}\sqrt{z^2-a^2}),z=y_1+\mathrm{i}y_2\tag{8.1.4}$$

如图 8.1.1 所示，定义 Θ 为在远场 $\boldsymbol{x}$ 处观察者的辐射角，我们可以写出：

$$\begin{aligned}p(\boldsymbol{x},t)\approx&\frac{\rho_0\Gamma\sin\Theta}{2\pi\sqrt{2c_0|\boldsymbol{x}|}}\frac{\partial}{\partial t}\int_{-\infty}^{t-|\boldsymbol{x}|/c_0}\frac{\mathrm{d}x_{02}}{\mathrm{d}\tau}(\tau)\frac{\mathrm{d}\tau}{\sqrt{t-\tau-|\boldsymbol{x}|/c_0}}-\frac{\rho_0\Gamma\cos\Theta}{2\pi\sqrt{2c_0|\boldsymbol{x}|}}\\&\times\frac{\partial}{\partial t}\int_{-\infty}^{t-|\boldsymbol{x}|/c_0}\left(\frac{\mathrm{d}x_{01}}{\mathrm{d}\tau}\frac{\partial Y_2}{\partial y_2}-\frac{\mathrm{d}x_{02}}{\mathrm{d}\tau}\frac{\partial Y_2}{\partial y_1}\right)_{x_0(\tau)}\frac{\mathrm{d}\tau}{\sqrt{t-\tau-|\boldsymbol{x}|/c_0}}\end{aligned}$$

上式中的两个积分表示偶极子源的声场。根据 Curle 理论(第 2.3 节)和式(6.2.2)，这些偶极子的强度是由机翼施加在流体上(每单位翼展)的非定常力(F_1，F_2)决定的。第一项沿着机翼弦方向(平均流方向)，表示前缘和后缘吸力的影响(Batchelor，1967)；第二个分量 F_2 与相互作用过程中机翼所受到的非定常升力相等且符号相反。

通常，积分必须用运动方程的解(8.1.2)进行数值计算。引入在旋涡处求值的简写符号：

$$\mathcal{W}=\frac{\mathrm{d}}{\mathrm{d}z}(-i\sqrt{z^2-a^2})=\frac{-\mathrm{i}Z}{\sqrt{Z^2-1}}\tag{8.1.5}$$

那么

$$\left(\frac{\mathrm{d}x_{01}}{\mathrm{d}\tau}\frac{\partial Y_2}{\partial y_2}-\frac{\mathrm{d}x_{02}}{\mathrm{d}\tau}\frac{\partial Y_2}{\partial y_1}\right)_{x_0(\tau)}\equiv-a\,\mathrm{Im}\left(\mathcal{W}(Z)\frac{\mathrm{d}Z}{\mathrm{d}\tau}\right)$$

声压变成

$$\begin{aligned}p(\boldsymbol{x},t)\approx&\frac{\rho_0\Gamma a}{2\pi\sqrt{2c_0|\boldsymbol{x}|}}\frac{\partial}{\partial t}\left\{\sin\Theta\int_{-\infty}^{[t]}\mathrm{Im}\left(\frac{\mathrm{d}Z}{\mathrm{d}\tau}\right)\frac{\mathrm{d}\tau}{\sqrt{[t]-\tau}}\right.\\&\left.+\cos\Theta\int_{-\infty}^{[t]}\mathrm{Im}\left(\mathcal{W}(Z)\frac{\mathrm{d}Z}{\mathrm{d}\tau}\right)\frac{\mathrm{d}\tau}{\sqrt{[t]-\tau}}\right\}\end{aligned}\tag{8.1.6}$$

式中，$[t]=t-|\boldsymbol{x}|/c_0$ 是延迟时间，且默认情况下 $Z=Z(\tau)$。

关于旋涡运动和声压的式(8.1.2)和式(8.1.6)，将应用于几种不同的特殊情况。

8.1.3　线性理论

在线性化近似下，涡沿平行于 x_1 方向的轨迹以精确的恒定平均流速度 U 扫过机翼，这就是图 6.4.1 所示的情况。在第 6.4 节中提出，当偏移距离 $h\ll a$ 时，从格林函数中剔除边缘处的奇点，忽略脱落涡量，就可以估算出尾缘涡脱落的影响。只有式(8.1.6)中的第二个积分对声音有贡献(因为 $\mathrm{d}Z/\mathrm{d}\tau=U/a$ 是实数且 $F_1\equiv 0$)，尾缘奇异性对应于$\mathcal{W}(Z)$在 $Z=1$ 的奇点。$\mathcal{W}(Z)$在前缘和后缘($Z=\pm 1$)都是奇异的，因此，在其他条件相同的情况下，它们是最明显的高频声源，这是因为式(8.1.6)中的第二个积分是由各奇点邻域的贡献决定的。通过舍弃后缘的贡献，我们断定所有的声音都是由旋涡与前缘的相互作用产生的。在前缘附近：

$$\mathcal{W}(Z)\approx\frac{1}{\sqrt{2}\sqrt{Z+1}} \tag{8.1.7}$$

对$\sqrt{Z+1}$分支切割是沿着实轴从 $Z=-1$ 到 $Z=+\infty$。在式(8.1.6)中进行这个替换，测量时间从涡流穿过机翼中弦 $x_1=0$ 的那一刻起，这样 $Z=U\tau/a+\mathrm{i}h/a$，将积分变量变为 $\xi=1/\sqrt{t-\tau-|\boldsymbol{x}|/c_0}$，然后我们复原结果(6.4.3)，它可以写成：

$$\frac{p(\boldsymbol{x},t)}{\rho_0\Gamma U\sqrt{M}\cos\Theta(a/|\boldsymbol{x}|)^{\frac{1}{2}}/4\pi a}\approx\frac{\left(\frac{U[t]}{a}+1\right)}{\left(\frac{U[t]}{a}+1\right)^2+\left(\frac{h}{a}\right)^2},\quad |\boldsymbol{x}|\to\infty \tag{8.1.8}$$

将 $h/a=0.2$、0.5、1.0 时的无量纲声压特征(式(8.1.8)右侧)绘制为图 8.1.3 中的实线。

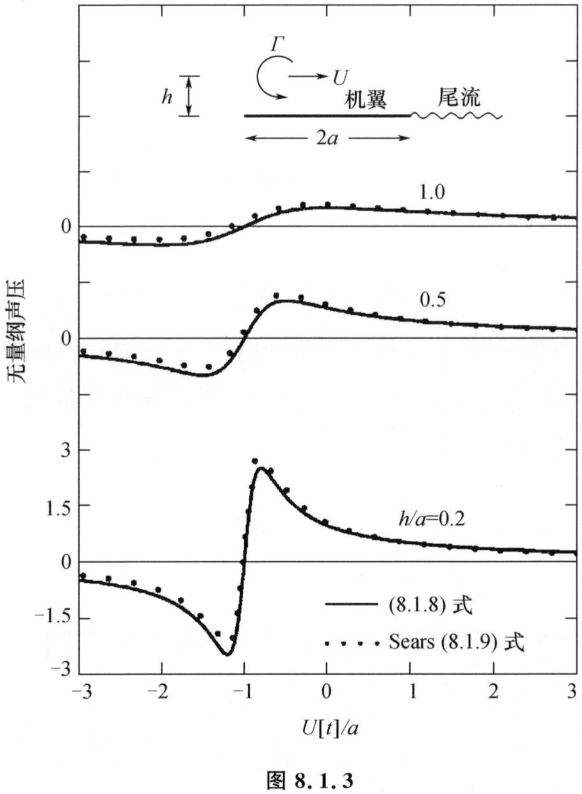

图 8.1.3

在第 6.3 节中指出，当不可压缩正弦阵风通过机翼时，对于确定施加在机翼上的非定常力 F_2 的线性化问题，在充分考虑涡脱落的情况下，可以用 Sears 函数(6.3.6)精确地解决。该力还可通过式(6.2.2)确定低马赫数声辐射(因为 $F_1 \equiv 0$)，在当前的情况下，可以证明预报值为

$$\frac{p(\boldsymbol{x},t)}{\rho_0 \Gamma U\sqrt{M}\cos\Theta(a/|\boldsymbol{x}|)^{\frac{1}{2}}/4\pi a} \approx \sqrt{2\pi}\,Re\int_0^{\infty}(\mathrm{i}\lambda)^{1/2}\,\mathcal{S}(\lambda)\mathrm{e}^{-\lambda\{h/a+iU[t]/a\}}\mathrm{d}\lambda, \quad |\boldsymbol{x}| \to \infty \tag{8.1.9}$$

相应的压力场特征在图 8.1.3 中已用点状虚线绘出。即便当 h/a 大至 1，且运动的特征折合频率 $\lambda=\omega a/U$ 相对较小时(而这一情况本可预期会超出方程(8.1.8)的有效范围)，该结果仍与方程(8.1.8)的近似理论吻合得非常好。

8.1.4 非线性理论

当考虑机翼中的镜像涡时，机翼附近的涡轨迹不再平行于平均流动方向，必须通过式(8.1.2)的数值积分来确定。为了做到这一点，引入一个无量纲的速度比 ϵ 和时间 T 是很方便的，其定义为

$$\epsilon=\frac{\Gamma}{4\pi aU}, \quad T=\frac{Ut}{a}$$

这样式(8.1.2)变为

$$\frac{\mathrm{d}Z^*}{\mathrm{d}T}=\frac{\mathrm{i}\epsilon}{\sqrt{Z^2-1}}\left\{\frac{Z}{\sqrt{Z^2-1}}-1+\frac{2}{|\zeta_0|^2-1}\right\}+1 \tag{8.1.10}$$

可以用 Runge-Kutta 积分求解 Z(第 4.6 节)。

如果在 $x_1=-\infty$ 处初始偏移距离为 h，在机翼中弦上游一个很大的距离 L 处开始积分，比方说 $L=10a$(通过规定涡的初始位置是在 $Z=-L/a+\mathrm{i}h/a$)。图 8.1.4 的上半部分显示了针对 $\epsilon=0.2$，$\frac{h}{a}=0.2$ 计算出的轨迹，这里时间是从旋涡通过机翼中弦的那一刻起计算的。镜像涡量的非线性影响使得涡的初始直线轨迹沿涡力方向 $\boldsymbol{\omega}\wedge\boldsymbol{U}$ ($\boldsymbol{U}=U\boldsymbol{i}$)偏离机翼。当 $Ut/a=0$ 时，在 $x_{02}\sim0.28a$ 处旋涡最接近机翼，镜像对流使旋涡的平移速度从 U 大约增加到

$$U+\frac{\Gamma}{4\pi x_{02}}=U+\frac{\epsilon U}{x_{02}/a}\sim U\left(1+\frac{0.2}{0.28}\right)=1.71U$$

旋涡通过机翼时产生的声音由式(8.1.6)给出。用$\mathcal{W}(Z)$的近似式(8.1.7)计算涡脱落至尾迹中的影响。积分必须采用数值计算，这是通过定义旋涡无量纲对流速度($u(\hat{T})$，$v(\hat{T})$)而实现的

$$\frac{\mathrm{d}Z}{\mathrm{d}\hat{T}}=U(\hat{T})+iv(\hat{T}), \quad 其中\ \hat{T}=\frac{U\tau}{a}$$

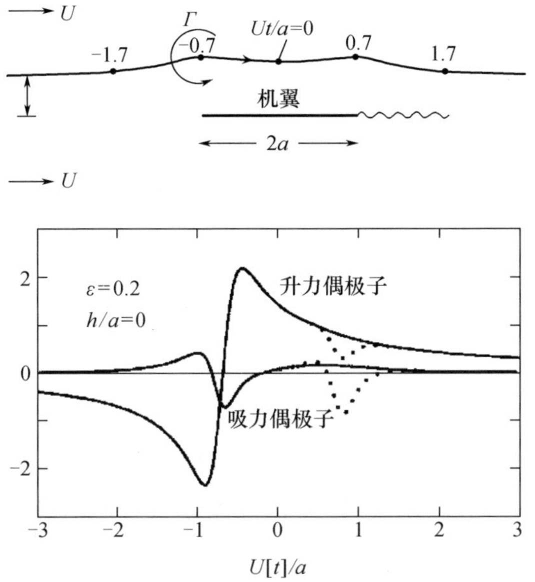

图 8.1.4

那么

$$
\begin{aligned}
\frac{p(\boldsymbol{x},t)}{\rho_0 \Gamma U\sqrt{M}(a/|\boldsymbol{x}|)^{\frac{1}{2}}/4\pi a} &\approx 2^{1/2}\frac{\mathrm{d}}{\mathrm{d}T}\{\sin\Theta\int_{-\infty}^{[T]}\frac{v(\hat{T})\mathrm{d}\hat{T}}{\sqrt{[T]-\hat{T}}} \\
&\quad + \cos\Theta\int_{-\infty}^{[T]}\frac{\mathrm{Im}(\mathcal{W}(Z)(u+iv))(\hat{T})\mathrm{d}\hat{T}}{\sqrt{[T]-\hat{T}}} \\
&= 2^{3/2}\sin\Theta\frac{\mathrm{d}}{\mathrm{d}T}\int_0^{\infty}v([T]-\lambda^2)\mathrm{d}\lambda \\
&\quad + 2^{3/2}\cos\Theta\frac{\mathrm{d}}{\mathrm{d}T}\int_0^{\infty}\mathrm{Im}(\mathcal{W}(Z)(u+\mathrm{i}v))([T]-\lambda^2)\mathrm{d}\lambda \\
&\approx \frac{p_1(\boldsymbol{x},t)}{\rho_0 \Gamma U\sqrt{M}(a/|\boldsymbol{x}|)^{\frac{1}{2}}/4\pi a} \\
&\quad + \frac{p_2(\boldsymbol{x},t)}{\rho_0 \Gamma U\sqrt{M}(a/|\boldsymbol{x}|)^{\frac{1}{2}}/4\pi a}
\end{aligned}
\tag{8.1.11}
$$

式中，$T=Ut/a$，$[T]=U[t]/a$，积分变量 $\hat{T}$ 用 $\lambda=\sqrt{[T]-\hat{T}}$ 替换。当旋涡路径确定后，最终的积分很容易用数值方法计算。积分上限实际上是有限的，因为只要$[T]-\lambda^2$降至开始计算旋涡路径的无量纲时间时(旋涡在上游很远的地方，它与机翼的相互作用实际上不会产生声音)，源项就必须设置为等于零。

式 (8.1.11)的分量 $p_1(\boldsymbol{x},t)$、$p_2(\boldsymbol{x},t)$分别对应于非定常吸力和升力产生的偶极子

声，它们的无量纲形式

$$\frac{p_1(\boldsymbol{x},t)}{\rho_0 \Gamma U \sqrt{M}\sin\Theta(a/|\boldsymbol{x}|)^{\frac{1}{2}}/4\pi a} \quad 和 \quad \frac{p_2(\boldsymbol{x},t)}{\rho_0 \Gamma U \sqrt{M}\cos\Theta(a/|\boldsymbol{x}|)^{\frac{1}{2}}/4\pi a}$$

绘制在图 8.1.4 中。当旋涡接近尾缘时，旋涡脱落会使压力信号在延迟时间变得平滑。但是计算的压力在图中出现尖峰信号，如点状虚线所示。这是因为，虽然我们在计算偶极子源强度时考虑了旋涡脱落（通过近似式(8.1.7)），但在计算旋涡轨迹时没有考虑旋涡脱落的影响。然而，在锐利边缘处涡脱落的平滑作用是去除尖峰信号，压力场特征具有类似于图中实线所描述的特征，通过在尖峰信号两侧计算的压力之间平滑插值而获得。

当旋涡的初始偏移距离为 $h=0$ 时，会发生一个有趣的非线性相互作用（图 8.1.5）。在线性化近似下，旋涡将在 $U[t]/a=-1$ 处撞击机翼前缘，此时线性理论声压式(8.1.8)是无穷大的。这种奇异性现象不会发生，因为旋涡轨迹是由镜像涡量影响而绕机翼偏转（对于圆头，可忽略从前缘附加的旋涡脱落可能性）。在速度比取前述相同值，即 $\epsilon=\Gamma/4\pi a U=0.2$ 时，图 8.1.5 的上半部分说明了这种现象。旋涡的最大对流速度（在 $Ut/a=0$ 处）现在是平均气流速度的两倍多：

$$U+\frac{\Gamma}{4\pi(0.15a)}=U\left(1+\frac{0.2}{0.15}\right)=2.3U$$

图 8.1.5 中所示的相应的吸力和升力偶极子声压 p_1 和 p_2 也大大增加。

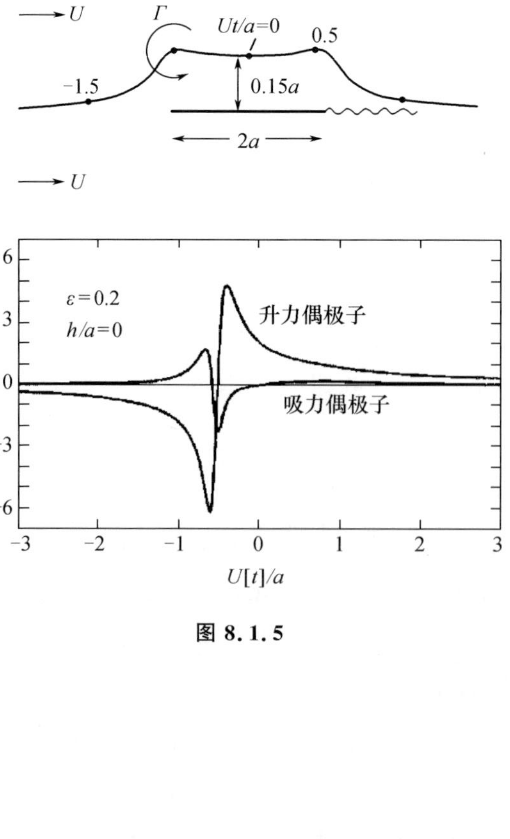

图 8.1.5

8.1.5　周期性涡运动

当没有平均流($U=0$)时，特征速度和无量纲时间变为

$$V=\frac{\Gamma}{4\pi a},\quad T=\frac{Vt}{a}$$

将旋涡运动方程(8.1.2)简化为

$$\frac{\mathrm{d}Z^*}{\mathrm{d}T}=\frac{\mathrm{i}}{\sqrt{Z^2-1}}\left\{\frac{Z}{\sqrt{Z^2-1}}-1+\frac{2}{|\zeta_0|^2-1}\right\}$$

上式的解是绕机翼周期性运行的闭合轨迹。在图 8.1.6 的上半部分绘制了一条 $\Gamma>0$ 时的典型轨迹，轨迹通过标号为 0 的点，在此处 $x_{01}=-2a$、$x_{02}=0$。计算的周期 $T_0\equiv Vt_0/a\approx35.84$。

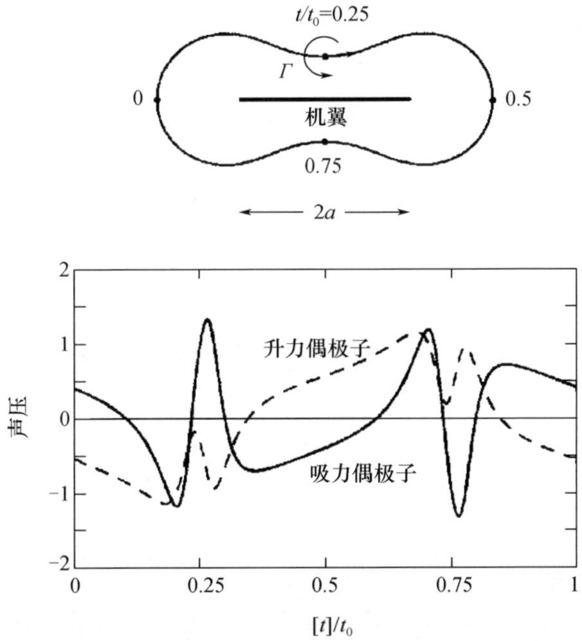

图 8.1.6

这种绕轨道而行的旋涡运动在实践中是不可能实现的(因为涡核的扩散和附加涡量不断从机翼脱落)，但计算这种运动产生的声音仍然是有指导意义的。在声压一般形式(式(8.1.6))中通过记：

$$\hat{T}=\frac{V\tau}{a}\quad 和\quad \frac{\mathrm{d}Z}{\mathrm{d}\hat{T}}=u(\hat{T})+\mathrm{i}v(\hat{T})$$

则无量纲吸力和升力声压可由式 (8.1.11)的修正形式给出：

$$\frac{p_1(\boldsymbol{x},t)}{\rho_0 V^2\sqrt{M}(a/|\boldsymbol{x}|)^{\frac{1}{2}}}+\frac{p_2(\boldsymbol{x},t)}{\rho_0 V^2\sqrt{M}(a/|\boldsymbol{x}|)^{\frac{1}{2}}}$$

$$\approx 2^{1/2}\frac{\mathrm{d}}{\mathrm{d}T}\left\{\sin\Theta\int_{-\infty}^{[T]}\frac{v(\hat{T})\mathrm{d}\hat{T}}{\sqrt{[T]-\hat{T}}}+\cos\Theta\int_{-\infty}^{[T]}\frac{\mathrm{Im}(\mathcal{W}(Z)(u+\mathrm{i}v))(\hat{T})\mathrm{d}\hat{T}}{\sqrt{[T]-\hat{T}}}\right\}$$

(8.1.12)

式中，$M=V/c_0$。

在没有旋涡脱落的情况下，被积函数中的$\mathcal{W}(Z)$由式(8.1.5)给出。由观察和数值解可知，当 T 从 $Z=-2$ 开始测量时，如图 8.1.6 所示，吸力和偶极子源强度具有周期 T_0，并具有如下形式的傅里叶级数展开式

$$v(T)=\sum_{n=1}^{\infty}a_n\cos\left(\frac{2\pi nT}{T_0}\right),$$

$$\mathrm{Im}(\mathcal{W}(Z)(u+\mathrm{i}v))(T)=\sum_{n=1}^{\infty}b_n\sin\left(\frac{2\pi nT}{T_0}\right)$$

式中，系数 a_n、b_n 值可以通过使用针对轨道的数值解来计算，即

$$a_n=\frac{2}{T_0}\int_0^{T_0}v(T)\cos\left(\frac{2\pi nT}{T_0}\right)\mathrm{d}T$$

$$b_n=\frac{2}{T_0}\int_0^{T_0}\mathrm{Im}(\mathcal{W}(Z)(u+iv))(T)\sin\left(\frac{2\pi nT}{T_0}\right)\mathrm{d}T$$

通过改变积分变量 $\lambda=\sqrt{[T]-\hat{T}}/\sqrt{T_0}$，式(8.1.12)的右边现在变为

$$\frac{4\sqrt{2}\pi}{\sqrt{T_0}}\sum_{n=1}^{\infty}\left\{-a_n n\sin\Theta\int_0^{\infty}\sin\left[2\pi n\left(\frac{[T]}{T_0}-\lambda^2\right)\right]\mathrm{d}\lambda\right.$$
$$\left.+b_n n\cos\Theta\int_0^{\infty}\cos\left[2\pi n\left(\frac{[T]}{T_0}-\lambda^2\right)\right]\mathrm{d}\lambda\right\}$$

积分是由下式的实部和虚部求得的：

$$\int_0^{\infty}\mathrm{e}^{2\pi\mathrm{i}n\{[T]/T_0-\lambda^2\}}\mathrm{d}\lambda=\frac{1}{2\sqrt{2n}}\mathrm{e}^{\left\{2n[T]/T_0-\frac{1}{4}\right\}\pi\mathrm{i}}$$

因此，吸力偶极子和升力偶极子分别由下式给出：

$$\frac{p_1(\boldsymbol{x},t)}{\rho_0V^2\sqrt{M}\sin\Theta(a/|\boldsymbol{x}|)^{\frac{1}{2}}}\approx-\frac{2\pi}{\sqrt{T_0}}\sum_{n=1}^{\infty}a_n\sqrt{n}\sin\left[\frac{2n\pi t}{t_0}-\frac{\pi}{4}\right]$$

$$\frac{p_2(\boldsymbol{x},t)}{\rho_0V^2\sqrt{M}\cos\Theta(a/|\boldsymbol{x}|)^{\frac{1}{2}}}\approx\frac{2\pi}{\sqrt{T_0}}\sum_{n=1}^{\infty}b_n\sqrt{n}\cos\left[\frac{2n\pi t}{t_0}-\frac{\pi}{4}\right],\quad|\boldsymbol{x}|\to\infty$$

式中，[]表示在延迟时间 $t-|\boldsymbol{x}|/c_0$ 进行计算。相应的无量纲压力如图 8.1.6 所示(取该级数中的前 26 项)；两者都有相似的数量级，在旋涡位于机翼正上方和正下方的延迟时间，呈现出快速的变化。

8.2　平行叶片与旋涡的三维相互作用

对于上一节的简单二维方法,我们现在考察其在多大程度上可以适用于图 8.2.1 所示的变弦长有限翼展问题。当机翼弦长可视为紧致时,在第 7.1 节中讨论了涡流—机翼相互作用产生声音的一般表征。一般解适用于任意翼展的机翼,但这里仅考虑翼展紧致的情况;对非紧致翼展的预报将介于此处讨论结果与第 8.1 节所述结果之间。

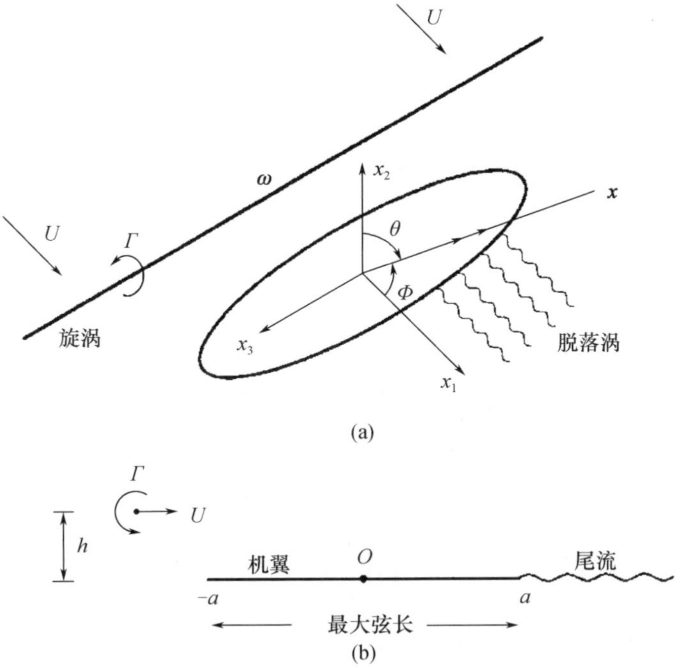

图 8.2.1

考虑一个矩形或椭圆形的平面机翼,如图 8.2.1 所示,其与 x_1 方向上速度为 U 的平均流之间呈零攻角。如图 8.2.1(b)的侧视图所示,展向线涡初始偏移距离为 h,位于机翼上方,强度为 Γ,扫过机翼。当 $h=0$ 时,需要考虑涡与机翼的非线性相互作用。

对于弦长和翼展紧致的机翼,相互作用所产生的声压由式(5.4.4)给出:

$$p(\boldsymbol{x},t) \approx \frac{-\rho_0 x_j}{4\pi c_0 |\boldsymbol{x}|^2} \frac{\partial}{\partial t}\int (\boldsymbol{\omega} \wedge \boldsymbol{v})\left(\boldsymbol{y}, t-\frac{|\boldsymbol{x}|}{c_0}\right) \cdot \nabla Y_j(\boldsymbol{y}) \mathrm{d}^3 \boldsymbol{y}, \quad |\boldsymbol{x}| \to \infty \tag{8.2.1}$$

假定与机翼相互作用的线涡段保持为直线形,其涡量表示如下:

$$\boldsymbol{\omega} = \Gamma \boldsymbol{k} \delta(x_1 - x_{01}(t))\delta(x_2 - x_{02}(t)), \quad 其中\ \boldsymbol{x}_0 = (x_{01}, x_{02}, 0)$$

对于翼展为 L $\left(位于 -\frac{1}{2}L < x_3 < \frac{1}{2}L\right)$ 的椭圆机翼,Kirchhoff 向量 $\boldsymbol{Y}$ 具有以下分量:

$$Y_1 = y_1$$

$$Y_2 = \begin{cases} Re(-\mathrm{i}\sqrt{z^2 - \hat{a}(y_3)^2}), & |y_3| < \frac{1}{2}L \\ y_2, & |y_3| > \frac{1}{2}L \end{cases}, \quad Y_3 = y_3, \quad z = y_1 + \mathrm{i}y_2$$

其中，$2\hat{a}(y_3)$为展向位置 y_3 处的机翼弦长。对于矩形机翼 $\hat{a}(y_3) \equiv a =$ 常数；对于椭圆机翼，假定 $\hat{a}(y_3)$在 $y_3 = 0$ 处有最大值 a，则写为

$$\frac{\hat{a}(y_3)}{a} = \sqrt{1 - \frac{4y_3^2}{L^2}}, |y_3| < \frac{1}{2}L \tag{8.2.2}$$

根据非定常空气动力学的 Kutta 条件，涡量脱落进入机翼尾迹中。这使尾缘处的情况变得平滑，这样声音主要是在旋涡通过机翼前缘时产生的。和以前一样，这可以用一阶近似来处理，即忽略脱落涡量和删除尾缘格林函数奇点，对 $\boldsymbol{Y}$ 的 x_2 分量使用下面的修正：

$$Y_2 = Re(\sqrt{2\hat{a}(y_3)}\sqrt{z + \hat{a}(y_3)}), \quad |y_3| < \frac{1}{2}L$$

然后，式(8.2.1)变为

$$\begin{aligned} p(\boldsymbol{x}, t) &\equiv p_1(\boldsymbol{x}, t) + p_2(\boldsymbol{x}, t) \\ &\approx \frac{\rho_0 \Gamma \cos \Phi}{4\pi c_0 |\boldsymbol{x}|} \frac{\partial}{\partial t} \int_{-\frac{L}{2}}^{\frac{L}{2}} \left[\frac{\mathrm{d}x_{02}}{\mathrm{d}t}\right] \mathrm{d}y_3 \\ &\quad + \frac{\rho_0 \Gamma \cos \Theta}{4\sqrt{2}\pi c_0 |\boldsymbol{x}|} \frac{\partial}{\partial t} \int_{-\frac{L}{2}}^{\frac{L}{2}} \left[\mathrm{Im}\left(\frac{\mathrm{d}z_0}{\mathrm{d}t} \frac{\sqrt{\hat{a}(y_3)}}{\sqrt{z_0(t) + \hat{a}(y_3)}}\right)\right] \mathrm{d}y_3, \quad |\boldsymbol{x}| \to \infty \end{aligned} \tag{8.2.3}$$

式中，Φ、Θ 分别是图 8.2.1(a)所示的 x_1、x_2 方向与辐射方向之间的夹角，$z_0(t) = x_{01}(t) + \mathrm{i}x_{02}(t)$，方括号中的量是在延迟时间$[t] = t - |\boldsymbol{x}|/c_0$ 上计算的。

式(8.2.3)右边的第一项是吸力偶极子，沿机翼弦长布置，其强度由旋涡对流速度的 x_2 分量确定。由于与机翼的非线性相互作用，仅在旋涡段$-\frac{1}{2}L < y_3 < \frac{1}{2}L$ 上(此处 $\mathrm{d}x_{02}/\mathrm{d}t \neq 0$)，假定其为非零的。式(8.2.3)第二项是传统的升力偶极子辐射。请注意，从$|y_3| > L/2$ 至"无穷大"对积分的贡献是常数，因为对于$|y_3| > L/2$，$\boldsymbol{\omega} \wedge \boldsymbol{v}$ 是常数，并且已经被舍弃(参见第 7.3 节)。

8.2.1 线性理论

当机翼对旋涡没有反向作用时，旋涡的对流速度等于平均流速：

$$\frac{\mathrm{d}x_{01}}{\mathrm{d}t} = U, \quad \frac{\mathrm{d}x_{02}}{\mathrm{d}t} = 0$$

辐射完全由升力偶极子产生，如果旋涡在 $t=0$ 时刻穿过机翼的中弦，则式(8.2.3)简化为

$$\frac{p_2(\boldsymbol{x},t)}{\rho_0 \Gamma U M \cos \Theta (L/|\boldsymbol{x}|)/4\pi a} \approx -\frac{1}{2^{\frac{3}{2}}}\int_{-\frac{1}{2}}^{\frac{1}{2}} \mathrm{Im}\left(\frac{\sqrt{\frac{\hat{a}}{a}}}{\left(\frac{U[t]}{a}+\frac{\hat{a}}{a}+\mathrm{i}\frac{h}{a}\right)^{\frac{3}{2}}}\right)\mathrm{d}\hat{y}_3 \tag{8.2.4}$$

式中，$\hat{y}_3=y_3/L$；对于矩形机翼，$\hat{a}/a=1$，并由椭圆机翼式(8.2.2)给出。对于矩形机翼，积分计算结果为

$$\mathrm{Im}\left\{\left(\frac{U[t]}{a}+1+\mathrm{i}\frac{h}{a}\right)^{-\frac{3}{2}}\right\}$$

在涡的基准间距 $h=0.2a$ 时，矩形和椭圆形机翼的声压场特征(式(8.2.4)左边)如图 8.2.2 所示。尽管在三维情况下，随着涡与前缘延迟距离的增加，声压幅值减小得更快，但其曲线与图 8.1.3 所示的无限展长机翼的对应曲线定性相似。矩形机翼的峰值振幅较大，而声脉冲的持续时间 $\sim h/U$ 较短，这是由于在整个相互作用时间 $\sim a/U>h/U$ 中，不同涡段与椭圆机翼前缘的相互作用时间不同。

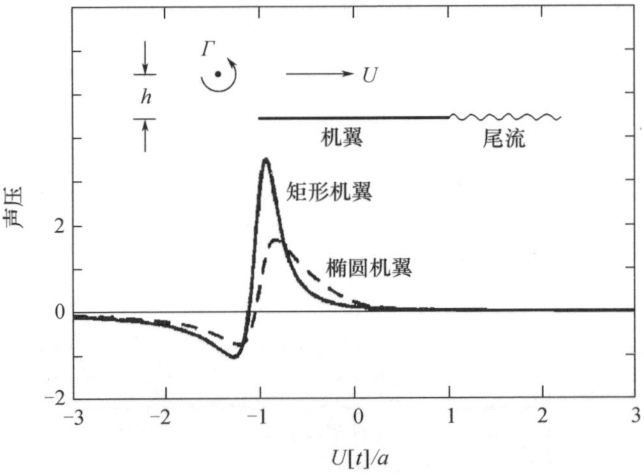

图 8.2.2

8.2.2　非线性理论

当间距 $h=0$，机翼中的镜像涡量阻止了涡撞向机翼前缘，使其运动轨迹局部偏离到机翼上方(对于 $\Gamma>0$)。如果机翼的前缘适当地导圆化(这样就不会发生额外的涡脱落)，对于矩形机翼，这种情况可以通过假定只有在翼展 $-\frac{1}{2}L<x_3<\frac{1}{2}L$ 内的涡段受此

影响来处理，并且变形的路径可以用局部二维流动来近似处理。

令

$$\epsilon=\frac{\Gamma}{4\pi aU},\quad T=\frac{Ut}{a},\quad Z=\frac{z_0}{a},\quad \frac{\mathrm{d}Z}{\mathrm{d}T}=u(T)+\mathrm{i}v(T),\quad \mathcal{W}(Z)=\frac{1}{\sqrt{2}\sqrt{Z+1}}$$

然后，机翼翼展$\left(-\frac{1}{2}L<x_3<\frac{1}{2}L\right)$内旋涡段的运动由式(8.1.10)控制($\zeta_0$ 用 z_0 来定义，如同式(8.1.1))，吸力和升力偶极子辐射声压由下式给出：

$$\left.\begin{aligned}\frac{p_1(\boldsymbol{x},t)}{\rho_0\Gamma UM\cos\Phi(L/|\boldsymbol{x}|)/4\pi a}&\approx\left[\frac{\mathrm{d}v}{\mathrm{d}T}\right]\\ \frac{p_2(\boldsymbol{x},t)}{\rho_0\Gamma UM\cos\Theta(L/|\boldsymbol{x}|)/4\pi a}&\approx\frac{\partial}{\partial T}[\mathrm{Im}(\mathcal{W}(Z)(u+\mathrm{i}v))]\end{aligned}\right\},\quad |\boldsymbol{x}|\to\infty$$

式中，[]表示在延迟时间 $t-|\boldsymbol{x}|/c_0$ 上进行计算。

当旋涡自上游(其中 $h=0$)移动过来时，速度比 $\epsilon=0.2$ 时的无量纲压力如图 8.2.3 所示。图 8.2.3 的上半部分显示了机翼梢部内侧那些涡段所经的路径；它与图 8.1.5 所示的有限展长机翼相同。在图 8.1.5 中，旋涡通过后缘期间错误预报的小尖音信号已经被消除(参见图 8.1.4)。三维声脉冲比二维声脉冲窄。

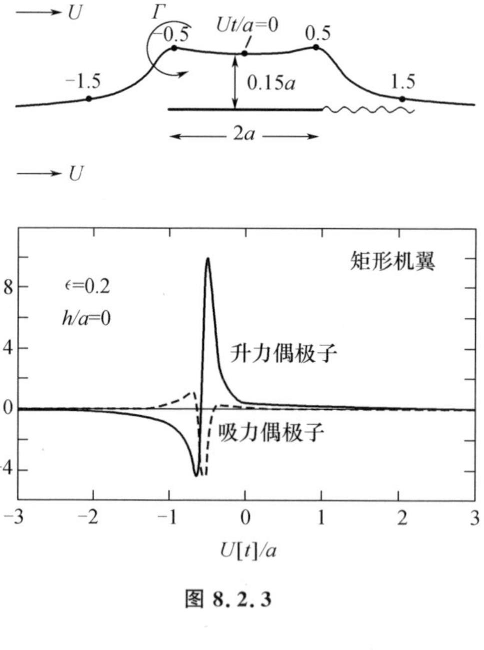

图 8.2.3

8.3　旋涡掠过阻流板

在低马赫数下，涡量与标称刚性壁面上的表面不规则物相互作用时会产生声音，声音是由沿壁面方向的偶极子产生的，即非定常壁面阻力。图 8.3.1 显示了一个简单的典型相互作用(Kasoev，1976)，涉及一个细的垂直阻流板附近的线涡。壁面与平面 $x_2=0$ 重合，对于 $-\infty<x_3<\infty$，阻流板沿 x_2 轴线从 $x_2=0$ 延伸到 $x_2=a>0$。对于

$$\boldsymbol{\omega}=\Gamma\boldsymbol{k}\delta(\boldsymbol{x}-\boldsymbol{x}_0(t))，\text{其中 } \boldsymbol{x}_0=(x_{01},x_{02},0)$$

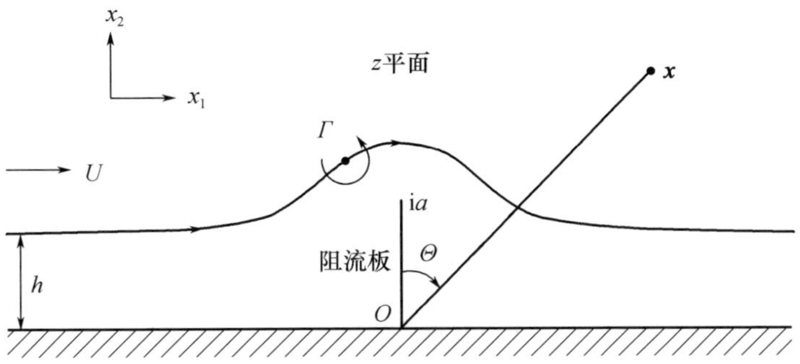

图 8.3.1

此旋涡是平行于阻流板的，并且假定在阻流板上以低马赫数对流，无旋平均流在 x_1 方向上具有等速 U。

定义 $z=x_1+\mathrm{i}x_2$，$z_0=x_{01}+\mathrm{i}x_{02}$。令

$$\zeta=\sqrt{\frac{z^2}{a^2}+1} \tag{8.3.1}$$

上述变换将流体区域映射到 ζ 平面的上半部分 $\mathrm{Im}\,\zeta>0$ 上。阻流板($x_1=\mp0$)的左右面分别映射为实 ζ 轴的区间 $-1<\zeta<0$ 和 $0<\zeta<1$，旋涡映射为在 $\zeta=\zeta_0$ 处的等价涡。平均流与 ζ 平面上的实轴平行，具有复势 $Ua\zeta$。通过在复共轭点 $\zeta=\zeta_0^*$ 处置入一个强度为 $-\Gamma$ 的镜像涡，得到了 ζ 平面内整个流动的复势，见下式

$$w(\zeta)=-\frac{\mathrm{i}\Gamma}{2\pi}\ln(\zeta-\zeta_0)+\frac{\mathrm{i}\Gamma}{2\pi}\ln(\zeta-\zeta_0^*)+Ua\zeta$$

因此，设置 $\zeta=\zeta(z)$，在 z 平面内的运动定义为

$$w(z)=-\frac{\mathrm{i}\Gamma}{2\pi}\ln(\zeta(z)-\zeta(z_0))+F(z)$$

式中 $F(z)=\frac{\mathrm{i}\Gamma}{2\pi}\ln(\zeta(z)-\zeta(z_0)^*)+Ua\zeta(z)$，其形式如式(4.6.1)。因此，旋涡在 z_0 处的运动方程(见式(4.6.3))为

$$\frac{\mathrm{d}z_0^*}{\mathrm{d}t}\equiv\frac{\mathrm{d}x_{01}}{\mathrm{d}t}-\mathrm{i}\frac{\mathrm{d}x_{02}}{\mathrm{d}t}=-\frac{\mathrm{i}\Gamma\zeta''(z_0)}{4\pi\zeta'(z_0)}+F'(z_0)$$

也就是

$$\frac{\mathrm{d}Z^*}{\mathrm{d}T}=-\mathrm{i}\left\{\frac{1}{Z(Z^2+1)}-\frac{2Z}{Z^2+1-|Z^2+1|}\right\}+\frac{\epsilon Z}{\sqrt{Z^2+1}} \tag{8.3.2}$$

式中，$Z=\frac{z_0}{a}$，$T=\frac{Vt}{a}$，$V=\frac{\Gamma}{4\pi a}$，$\epsilon=\frac{U}{V}$。

这个问题的紧致格林函数(适用于声波波长≫a[①]时)由式(6.1.6)给出，因此，类比式(6.2.4)可得远场声压的表达式

$$p(\boldsymbol{x},t)\approx\frac{-\rho_0\Gamma x_1}{\pi\sqrt{2c_0}\,|\boldsymbol{x}|^{\frac{3}{2}}}\frac{\partial}{\partial t}\int_{-\infty}^{t-|\boldsymbol{x}|/c_0}\left(\boldsymbol{k}\wedge\frac{\mathrm{d}\boldsymbol{x}_0}{\mathrm{d}t}(\tau)\cdot\nabla Y_1(\boldsymbol{x}_0(\tau))\right)\frac{\mathrm{d}\tau}{\sqrt{t-\tau-|\boldsymbol{x}|/c_0}}$$
$$=\frac{-\rho_0\Gamma x_1}{\pi\sqrt{2c_0}\,|\boldsymbol{x}|^{\frac{3}{2}}}\frac{\partial}{\partial t}\int_{-\infty}^{t-|\boldsymbol{x}|/c_0}\left\{\frac{\mathrm{d}x_{01}}{\mathrm{d}\tau}\frac{\partial Y_1}{\partial y_2}-\frac{\mathrm{d}x_{02}}{\mathrm{d}\tau}\frac{\partial Y_1}{\partial y_1}\right\}_{x_0(\tau)}\frac{\mathrm{d}\tau}{\sqrt{t-\tau-|\boldsymbol{x}|/c_0}}$$

(8.3.3)

其中 Kirchhoff 向量为

$$Y_1=Re(a\zeta)=aRe(\sqrt{Z^2+1}),\quad 在\ z=z_0 \tag{8.3.4}$$

辐射是由阻流板施加在流体上的非定常阻力 F_1 产生的，表示为(每单位展长)

$$F_1=-\rho_0\int\boldsymbol{\omega}\wedge\boldsymbol{v}\cdot\nabla Y_1\mathrm{d}y_1\mathrm{d}y_2=-\rho_0\Gamma\boldsymbol{k}\wedge\frac{\mathrm{d}\boldsymbol{x}_0}{\mathrm{d}t}\cdot\nabla Y_1(\boldsymbol{x}_0)$$

在假设旋涡以局部平均流速平移的线性近似中，这个力消失了，因此其不产生声音，因为在这种情况下：

$$\frac{\mathrm{d}\boldsymbol{x}_0}{\mathrm{d}t}=U\nabla Y_1(\boldsymbol{x}_0)\quad 且\quad \boldsymbol{k}\wedge\nabla Y_1\cdot\nabla Y_1\equiv 0$$

按照 8.1 节的步骤，引入符号，即

$$\frac{\mathrm{d}Z}{\mathrm{d}T}=u(T)+\mathrm{i}v(T),\quad \mathcal{W}=\frac{\mathrm{d}}{\mathrm{d}z}(\sqrt{z^2+a^2})=\frac{Z}{\sqrt{Z^2+1}} \tag{8.3.5}$$

在旋涡处进行计算，且在式(8.3.3)中进行代换 $\hat{T}=V\tau/a$，得到如下形式的声压：

$$p(\boldsymbol{x},t)\approx\frac{\rho_0\Gamma V\sqrt{M}\sin\Theta}{a\pi\sqrt{2}}\left(\frac{a}{|\boldsymbol{x}|}\right)^{\frac{1}{2}}\frac{\partial}{\partial T}\int_{-\infty}^{[T]}\mathrm{Im}(\mathcal{W}(Z)\frac{\mathrm{d}Z}{\mathrm{d}\hat{T}}\frac{\mathrm{d}\hat{T}}{\sqrt{[T]-\hat{T}}}$$

也就是

$$\frac{p(\boldsymbol{x},t)}{\rho_0V^2\sqrt{M}\sin\Theta(a/|\boldsymbol{x}|)^{\frac{1}{2}}}\approx 2^{\frac{5}{2}}\frac{\partial}{\partial T}\int_0^{\infty}\mathrm{Im}(\mathcal{W}(Z)(u+\mathrm{i}v))([T]-\lambda^2)\mathrm{d}\lambda$$

(8.3.6)

式中，$[T]=V[t]/a$ 为无量纲延迟时间且 $M=V/c_0$。

将旋涡的初始位置取为上游几个阻流板高度 a 的距离，此时旋涡的运动不受阻流板的影响，采用数值计算方法计算旋涡路径式(8.3.2)和声压积分式(8.3.6)。当涡与壁面的初始距离为 $h=0.75a$ 时，图 8.3.2 的上半部分显示了在两种情况：无平均流

① 原书中为∂，应为 a。

$U=0$、$U=V\equiv\Gamma/4\pi a$ 下的旋涡轨迹；相应的无量纲声压式(8.3.6)绘制在图 8.3.2 的下半部分，是从旋涡通过阻流板的瞬间开始计时的。平均流的作用是当旋涡通过阻流板的梢部(相互作用最强的地方)时，将轨迹稍微拉近阻流板。该点的对流速度也由 $U=0$ 时的 $1.98V$ 增加到 $U=V$ 时的 $3.95V$，这是声音振幅和有效频率增加一倍以上的原因。

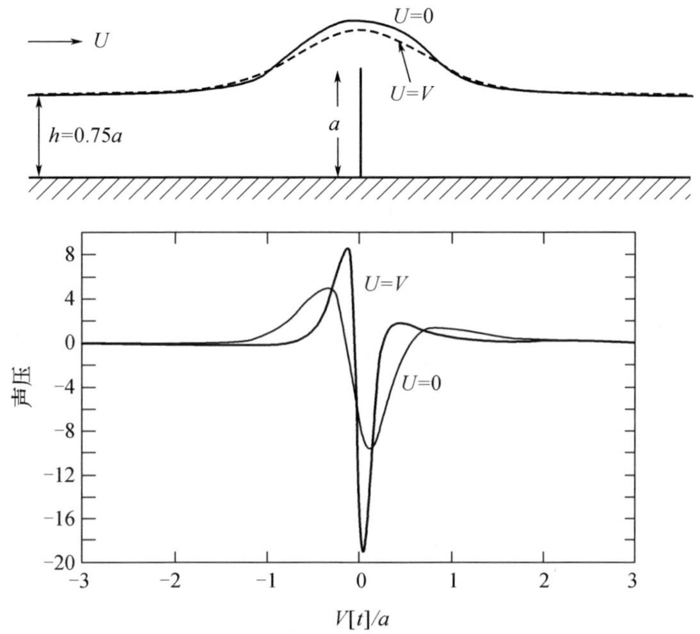

图 8.3.2

8.4　钝体相互作用：圆柱体

在低马赫数下，线涡与圆柱体的二维相互作用与前面讨论的锐利边缘问题形成了有趣的对比。设圆柱体半径为 a，与 x_3 轴同轴，在 x_1 方向上有一个无旋转的平均流以速度 U 通过圆柱体，且圆柱体周围没有平均环流。

设定 $z=x_1+\mathrm{i}x_2$ 并让强度为 Γ 的旋涡在时间 t 时具有复位置 $z_0=x_{01}+\mathrm{i}x_{02}$。复势 $w(z)$ 是通过在圆柱体内的反向点 $z=a/z_0^*$ 放置一个镜像涡 $-\Gamma$、在圆柱体中心放置一个 $+\Gamma$ 涡以使环量消失，并通过添加均匀平均流通过圆柱体的势而得到的(参见第 8.1 节)：

$$w(z)=-\frac{\mathrm{i}\Gamma}{2\pi}\ln(z-z_0)+\frac{\mathrm{i}\Gamma}{2\pi}\ln\left(z-\frac{a^2}{z_0^*}\right)-\frac{\mathrm{i}\Gamma}{2\pi}\ln z+U\left(z+\frac{a^2}{z}\right)\quad(8.4.1)$$

通过删除如下自势，得到了控制 z_0 处旋涡运动的速度势：

$$-\frac{\mathrm{i}\Gamma}{2\pi}\ln(z-z_0)$$

因此我们得到了运动方程：

$$\frac{\mathrm{d}Z^*}{\mathrm{d}T}=\frac{\mathrm{i}}{Z(|Z|^2-1)}+\epsilon\left(1-\frac{1}{Z^2}\right) \tag{8.4.2}$$

式中，$Z=\frac{z_0}{a}$，$V=\frac{\Gamma}{2\pi a}$，$T=\frac{Vt}{a}$，$\epsilon=\frac{U}{V}$，且$\frac{\mathrm{d}z_0}{\mathrm{d}t}=V\frac{\mathrm{d}Z}{\mathrm{d}T}\equiv V(u+\mathrm{i}v)$。

8.4.1 声　压

旋涡产生的远场声可由式(6.2.4)计算：

$$p(\boldsymbol{x},t)\approx\frac{-\rho_0\Gamma x_j}{2\pi\sqrt{2c_0}\,|\boldsymbol{x}|^{3/2}}\frac{\partial}{\partial t}\int_{-\infty}^{t-|\boldsymbol{x}|/c_0}\left\{\frac{\mathrm{d}x_{01}}{\mathrm{d}\tau}\frac{\partial Y_j}{\partial y_2}-\frac{\mathrm{d}x_{02}}{\mathrm{d}\tau}\frac{\partial Y_j}{\partial y_1}\right\}_{x_0(\tau)}\frac{\mathrm{d}\tau}{\sqrt{t-\tau-|\boldsymbol{x}|/c_0}} \tag{8.4.3}$$

式中，Kirchhoff 向量的分量可以写成(参见第 4.5 节)：

$$Y_1=Re\left(z+\frac{a^2}{z}\right),\quad Y_2=Re\left\{-\mathrm{i}\left(z-\frac{a^2}{z}\right)\right\},\quad z=y_1+\mathrm{i}y_2 \tag{8.4.4}$$

通过定义

$$\mathcal{W}_1=\frac{\mathrm{d}}{\mathrm{d}z}\left(z+\frac{a^2}{z}\right)\equiv1-\frac{1}{Z^2},\quad \mathcal{W}_2=\frac{\mathrm{d}}{\mathrm{d}z}\left\{-\mathrm{i}\left(z-\frac{a^2}{z}\right)\right\}\equiv-\mathrm{i}\left(1+\frac{1}{Z^2}\right)$$

在 z_0 处求值，并使积分变量变为 $\hat{T}=V\tau/a$，式(8.4.3)可以写成

$$p(\boldsymbol{x},t)\approx\frac{\rho_0\Gamma V\sqrt{M}x_j}{2\pi\sqrt{2a}\,|\boldsymbol{x}|^{3/2}}\frac{\partial}{\partial t}\int_{-\infty}^{[T]}\mathrm{Im}(\mathcal{W}_j(u+\mathrm{i}v))(\hat{T})\frac{\mathrm{d}\hat{T}}{\sqrt{[T]-\hat{T}}}$$

式中，$M=\frac{V}{c_0}$、$[T]=\frac{V}{a}\left(t-\frac{|\boldsymbol{x}|}{c_0}\right)$。

上式中的下标 $j=1$、2 分别对应于声压 p_1、p_2，它们是由阻力偶极子和升力偶极子所产生的，这两个偶极子的强度由圆柱施加在流体(每单位展长)上的力(F_1、F_2)决定。

为得到旋涡路径，积分必须用运动方程(8.4.2)的数值解进行计算。这是通过将积分变量进一步变为 $\lambda=\sqrt{[T]-\hat{T}}$ 来完成的，在这种情况下：

$$\frac{p_1(\boldsymbol{x},t)}{\rho_0V^2\sqrt{M}\sin\Theta(a/|\boldsymbol{x}|)^{\frac{1}{2}}}\approx2^{\frac{1}{2}}\frac{\partial}{\partial T}\int_0^{\infty}\mathrm{Im}(\mathcal{W}_1(u+\mathrm{i}v))([T]-\lambda^2)\mathrm{d}\lambda$$

$$\frac{p_2(\boldsymbol{x},t)}{\rho_0V^2\sqrt{M}\cos\Theta(a/|\boldsymbol{x}|)^{\frac{1}{2}}}\approx2^{\frac{1}{2}}\frac{\partial}{\partial T}\int_0^{\infty}\mathrm{Im}(\mathcal{W}_2(u+\mathrm{i}v))([T]-\lambda^2)\mathrm{d}\lambda$$

计算开始于某一时刻 T'，比方说，将旋涡的初始位置取在圆柱体上游很远的地方 $z_0=-L+\mathrm{i}h$，这里 $L\gg a$，L 足够大以至于对于 $T<T'$ 的情况源强可以忽略不计(图 8.4.1)。

因此，积分的上限是有限的，因为一旦$[T]-\lambda^2<T'$时一些源项很快就消失了。

图 8.4.1 说明了当$V\equiv\Gamma/2\pi a=2U$且$h/a=\pm 0.7$时产生的典型无量纲波形，时间是从旋涡穿过$x_1=0$的瞬间开始测量的。随着旋涡与圆柱体之间最近距离的增大，声压幅值迅速减小。在圆柱体附近，由于平均流速度较大，以及镜像涡量的影响增大，涡的平移速度增大。在$U\gg V$的情况下，由于镜像涡的对流可以在一阶近似中忽略，升力偶极子将倾向于占主导地位，而阻力$\sim(\boldsymbol{\omega}\wedge U\,\nabla Y_1)\cdot\nabla Y_1\equiv 0$。

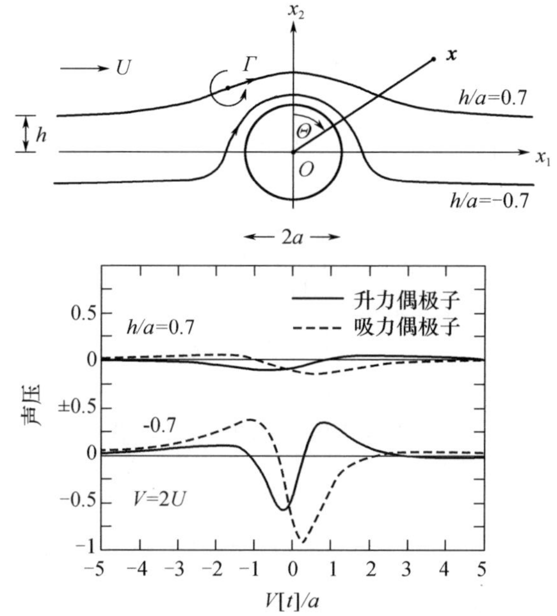

图 8.4.1

8.4.2　安放在壁面上的圆柱体

旋涡在刚性壁面上的半圆形圆柱凸体（图 8.4.2）上的理想运动可以用第 8.3 节中针对阻流板的方法处理。该问题等价于一个涡对对称入射到圆柱体上的问题，该涡对由一个在z_0处强度为Γ的旋涡伴随一个在z_0^*处的强度为$-\Gamma$的镜像涡组成。在这种情况下，升力偶极子恒等于零。

通过增加以下各项构造的复势式(8.4.1)，可以给出非定常运动的速度势：

$$\frac{\mathrm{i}\Gamma}{2\pi}\ln\,(z-z_0^*)-\frac{\mathrm{i}\Gamma}{2\pi}\ln\left(z-\frac{a^2}{z_0}\right)+\frac{\mathrm{i}\Gamma}{2\pi}\ln z$$

这些项对应于镜像涡产生的净势。则运动方程变成

$$\frac{\mathrm{d}Z^*}{\mathrm{d}T}=\mathrm{i}\left\{\frac{1}{Z-Z^*}+\frac{Z-Z^*}{(|Z|^2-1)(Z^2-1)}\right\}+\epsilon\left(1-\frac{1}{Z^2}\right)\qquad(8.4.5)$$

式中，$Z=\dfrac{z_0}{a}$，$V=\dfrac{\Gamma}{2\pi a}$，$T=\dfrac{Vt}{a}$，$\epsilon=\dfrac{U}{V}$。

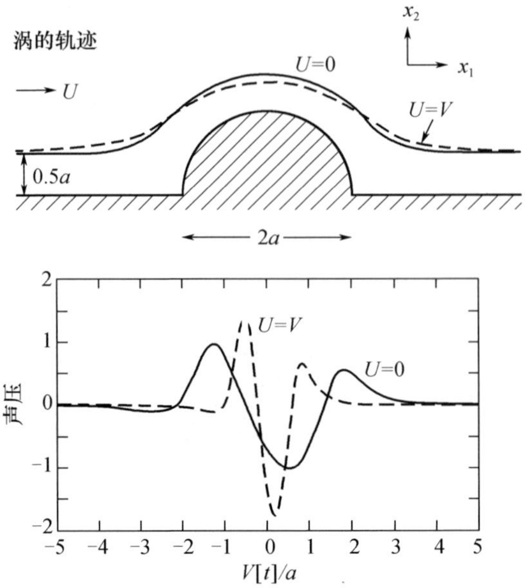

图 8.4.2

紧致格林函数由式(6.1.6)给出，远场声压由下式给出：

$$
\begin{aligned}
&p(\boldsymbol{x},t)\\
&\approx \frac{-\rho_0 \Gamma x_1}{\pi\sqrt{2c_0}\,|\boldsymbol{x}|^{3/2}}\frac{\partial}{\partial t}\int_{-\infty}^{t-|\boldsymbol{x}|/c_0}\left(\boldsymbol{k}\wedge\frac{\mathrm{d}\boldsymbol{x}_0}{\mathrm{d}\tau}(\tau)\cdot\nabla Y_1)(\boldsymbol{x}_0(\tau))\right)\frac{\mathrm{d}\tau}{\sqrt{t-\tau-|\boldsymbol{x}|/c_0}}\\
&=\frac{-\rho_0 \Gamma x_1}{\pi\sqrt{2c_0}\,|\boldsymbol{x}|^{3/2}}\frac{\partial}{\partial t}\int_{-\infty}^{t-|\boldsymbol{x}|/c_0}\left\{\frac{\mathrm{d}x_{01}}{\mathrm{d}\tau}\frac{\partial Y_1}{\partial y_2}-\frac{\mathrm{d}x_{02}}{\mathrm{d}\tau}\frac{\partial Y_1}{\partial y_1}\right\}_{x_0(\tau)}\frac{\mathrm{d}\tau}{\sqrt{t-\tau-|\boldsymbol{x}|/c_0}}
\end{aligned}
\tag{8.4.6}
$$

其中 Kirchhoff 向量为

$$
Y_1 = Re\left(z+\frac{a^2}{z}\right) \tag{8.4.7}
$$

当旋涡以无扰动平均流的局部速度被动对流时，圆柱体施加在流体上的非定常阻力产生辐射，其在线性化近似下消失。和以前一样，令

$$
\frac{\mathrm{d}Z}{\mathrm{d}T}=u(T)+\mathrm{i}v(T),\quad \mathcal{W}_1=\frac{\mathrm{d}}{\mathrm{d}z}\left(z+\frac{a^2}{z}\right)=1-\frac{1}{Z^2} \tag{8.4.8}
$$

在旋涡处取值。那么

$$
\frac{p(\boldsymbol{x},t)}{\rho_0 V^2\sqrt{M}\sin\Theta(a/|\boldsymbol{x}|)^{\frac{1}{2}}}\approx 2^{\frac{3}{2}}\frac{\partial}{\partial T}\int_0^{\infty}\mathrm{Im}(W_1(u+\mathrm{i}v))([T]-\lambda^2)\mathrm{d}\lambda \tag{8.4.9}
$$

式中，Θ 按图 8.4.1 所示定义，$[T]=V[t]/a$ 是无量纲延迟时间（当 $T=0$ 时，旋涡在 $x_1=0$），并且 $M=V/c_0$。

涡径方程(8.4.5)和声压积分式(8.4.9)必须采用数值计算,取旋涡的初始位置为上游几个圆柱体半径 a 处,在此位置旋涡的运动不受圆柱体的影响。

图 8.4.2 的上半部分显示了两种情况下涡与壁面的偏移距离为 $h=0.5a$ 时的旋涡轨迹,两种情况分别为:无平均流,$U=0$;$U=V$。在 $y_1=0$ 时,旋涡对流速度由 $U=0$ 时的 $1.23V$ 左右增加到 $U=V$ 时的 $3.07V$ 左右;这是声振幅增加和有效频率加倍的主要原因。波形和这些一般结论与第 8.3 节中所讨论的锐利边缘阻流板情况定性相似。

8.5 涡环和球

易于分析的最简单的低马赫数、无黏三维涡一面相互作用也许就是圆环涡在球面上的轴对称运动。设一个半径为 a 的球面,其中心在原点处,在 x_1 方向上有一个均匀平均流。半径为 $r_0(t)$ 和环量为 Γ 的涡环与 x_1 轴同轴,并在平均流、自诱导和球内镜像涡的影响下沿正 x_1 方向平移(图 8.5.1)。我们假定涡核是圆形的(并且在整个相互作用过程中保持圆形),其半径 $\sigma(t)\ll r_0$。环的自感速度(在无黏流中)与 x_1 轴平行,速度为 u_Γ,u_Γ 可由 Kelvin 公式近似给出(Batchelor,1967):

$$u_\Gamma(r_0,\sigma)=\frac{\Gamma}{4\pi r_0}\left\{\ln\left(\frac{8r_0}{\sigma}\right)-\frac{1}{4}\right\} \tag{8.5.1}$$

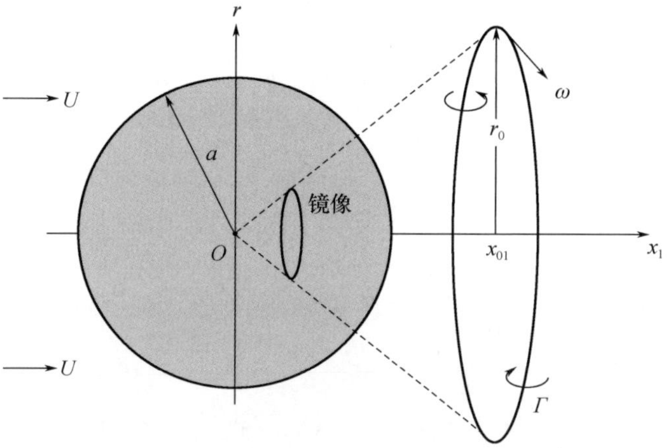

图 8.5.1

镜像涡量由一个同轴环形涡组成,其环流 Γ'、半径 r_0'和轴向位置 x_{01}'由下式给出:

$$\Gamma'=-\frac{\Gamma(r_0^2+x_{01}^2)^{\frac{1}{2}}}{a},\ r_0'=\frac{a^2r_0}{r_0^2+x_{01}^2},\ x_{01}'=\frac{a^2x_{01}}{r_0^2+x_{01}^2} \tag{8.5.2}$$

式中,环涡及其镜像的对称平面分别在 $x_{01}(t)$、$x_{01}'(t)$处与 x_1 轴相交。由镜像和平均流联合诱导产生的旋涡运动可以用 Stokes 流函数 $\psi(\dot{r},x_1)$来表示(Batchelor,1967;Ting

和 Klein,1991)：

$$\psi(r,x_1)=\frac{Ur^2}{2}\left(1-\frac{a^3}{(r^2+x_1^2)^{\frac{3}{2}}}\right)+\frac{\Gamma'}{2\pi}(\Re_{+}+\Re_{-})\{K(\Lambda)-E(\Lambda)\} \quad (8.5.3)$$

式中，$\Re_{\pm}=\sqrt{(r\mp r_0')^2+(x_1-x_{01}')^2}$，$\Lambda=\dfrac{\Re_{-}-\Re_{+}}{\Re_{-}+\Re_{+}}$。

$$K(\Lambda)=\int_0^{\frac{\pi}{2}}\frac{\mathrm{d}\mu}{\sqrt{1-\Lambda^2\sin^2\mu}},\quad E(\Lambda)=\int_0^{\frac{\pi}{2}}\sqrt{1-\Lambda^2\sin^2\mu}\,\mathrm{d}\mu$$

式中，r 表示至 x_1 轴的垂直距离，$K(\Lambda)$、$E(\Lambda)$分别是第一类完全椭圆积分和第二类完全椭圆积分。

然后由运动方程确定环涡的半径 $r_0(t)$和轴向位置 $x_{01}(t)$：

$$\frac{\mathrm{d}r_0}{\mathrm{d}t}=-\frac{1}{r_0}\frac{\partial\psi}{\partial x_1}(r_0,x_{01}),\quad \frac{\mathrm{d}x_{01}}{\mathrm{d}t}=u_\Gamma(r_0,\sigma)+\frac{1}{r_0}\frac{\partial\psi}{\partial r}(r_0,x_{01}) \quad (8.5.4)$$

由于涡线随流体质点移动，所以涡核半径 σ 随 r_0 的增大而减小。如果 $r_0=h$ 和 $\sigma=\sigma_0$ 是涡环远离球体时的初值，则在任何时刻 t：

$$(2\pi r_0)\pi\sigma^2=(2\pi h)\pi\sigma_0^2,\text{ 即 }\sigma(t)=\sigma_0\sqrt{\frac{h}{r_0(t)}}$$

所以自诱导速度式(8.5.1)变为

$$u_\Gamma=\frac{\Gamma}{4\pi r_0}\left\{\ln\left(\frac{8h}{\sigma_0}\left[\frac{r_0(t)}{h}\right]^{\frac{3}{2}}\right)-\frac{1}{4}\right\} \quad (8.5.5)$$

旋涡的运动方程是通过定义以下无量纲量来构造：

$$X=\frac{x_{01}}{a},\quad R=\frac{r_0}{a},\quad V=\frac{\Gamma}{2\pi a},\quad T=\frac{Vt}{a},\quad \epsilon=\frac{U}{V}$$

则有

$$\frac{\mathrm{d}R}{\mathrm{d}T}=-\frac{1}{R}\frac{\partial\Psi}{\partial X}(R,X),\quad \frac{\mathrm{d}X}{\mathrm{d}T}=\frac{1}{R}\frac{\partial\Psi}{\partial R}(R,X)+\frac{1}{2R}\left\{\ln\left(\frac{8h}{\sigma_0}\left[\frac{aR}{h}\right]^{\frac{3}{2}}\right)-\frac{1}{4}\right\} \quad (8.5.6)$$

式中，$\Psi=\dfrac{\epsilon R^2}{2}\left(1-\dfrac{1}{(R^2+X^2)^{\frac{3}{2}}}\right)-(R^2+X^2)^{\frac{1}{2}}\times(\hat{\Re}_{+}+\hat{\Re}_{-})\{K(\Lambda)-E(\Lambda)\}$

$$\hat{\Re}_{\pm}=\sqrt{(R\mp R')^2+(X-X')^2},\quad \Lambda=\frac{\hat{\Re}_{-}-\hat{\Re}_{+}}{\hat{\Re}_{-}+\hat{\Re}_{+}}$$

$$R'=\frac{R}{R^2+X^2},\quad X'=\frac{X}{R^2+X^2}$$

图 8.5.2 显示了由式(8.5.6)预报的两个典型旋涡轨迹在球体垂直对称面中的截线。在这两种情况下，积分都是从上游 5 倍球体直径处开始的，且涡环半径和涡核半径的初始值如下：

$$h = 0.8a,\quad \sigma_0 = 0.05h \tag{8.5.7}$$

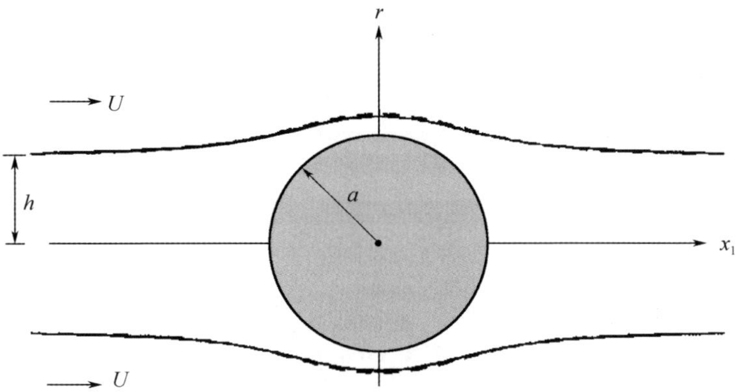

图 8.5.2

图 8.5.2 中的实线和破折线曲线分别对应于 $\epsilon=0$（没有平均流）和 $\epsilon=3$。选择后一个值是为了使平均流速度 U 与离球体很远的自诱导速度 u_Γ 大致相同。这对轨迹的影响相对较小，尽管涡环经过球体的对流速度大大增加。

8.5.1　声压

当球在声学上是紧致的时，方程(5.4.4)给出

$$p(\boldsymbol{x},t) \approx \frac{-\rho_0 x_j}{4\pi c_0 |\boldsymbol{x}|^2}\frac{\partial}{\partial t}\int\left(\boldsymbol{\omega}\wedge\boldsymbol{v}\right)\left(\boldsymbol{y},t-\frac{|\boldsymbol{x}|}{c_0}\right)\cdot\nabla Y_j(\boldsymbol{y})\mathrm{d}^3\boldsymbol{y},\quad |\boldsymbol{x}|\to\infty \tag{8.5.8}$$

为了计算积分，我们可以忽略旋涡的有限核尺寸，并设置

$$\boldsymbol{\omega} = \Gamma\hat{\boldsymbol{\theta}}\delta(r-r_0(t))\delta(x_1-x_{01}(t)) \tag{8.5.9}$$

式中，$\hat{\boldsymbol{\theta}}$ 是一个单位方位角向量，其局部与涡量 $\boldsymbol{\omega}$ 相切，当从上游观察涡环时，它沿顺时针方向，如图 8.5.1 所示。

球面上的作用力是沿涡平均流方向的，有效声源是非定常阻力，而且只有 Kirchhoff 向量的分量(见下式)对式(8.5.8)有重要贡献。

$$Y_1 = y_1\left(1+\frac{a^3}{2|\boldsymbol{y}|^3}\right) \equiv y_1\left(1+\frac{a^3}{2(r^2+y_1^2)^{\frac{3}{2}}}\right)\qquad(\text{见表 } 3.9.1)$$

因此，声音的产生是一个非线性现象——声源只明确涉及自诱导速度和由镜像涡诱导的速度；没有平均流速度 $\boldsymbol{U}=U\,\nabla Y_1$，这是因为

$$(\boldsymbol{\omega}\wedge U\,\nabla Y_1)\left(\boldsymbol{y},t-\frac{|\boldsymbol{x}|}{c_0}\right)\cdot\nabla Y_1(\boldsymbol{y}) \equiv 0$$

而声振幅和特征频率均随 U 的增大而增大。

将式(8.5.9)代入式(8.5.8)并求出积分,我们得到:

$$p(\boldsymbol{x},t)\approx\frac{-\rho_0\Gamma\cos\Theta}{2c_0\,|\boldsymbol{x}|}\frac{\partial}{\partial t}\left[r_0\left(\frac{\mathrm{d}x_{01}}{\mathrm{d}t}\frac{\partial Y_1}{\partial t}-\frac{\mathrm{d}r_0}{\mathrm{d}t}\frac{\partial Y_1}{\partial y_1}\right)_{(r_0,x_{01})}\right],\quad |\boldsymbol{x}|\rightarrow\infty$$

式中,方括号中的量是在涡环的延迟位置上计算的,Θ 是图 8.5.3 上半部分所示的辐射方向与轴线 x_1 之间的夹角。用无量纲形式表示这个结果,我们有:

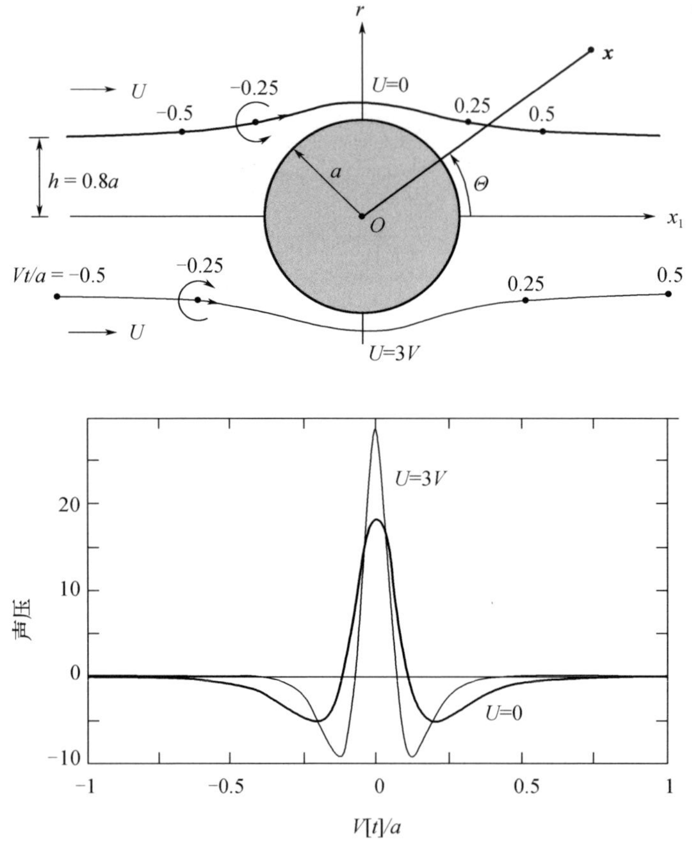

图 8.5.3

$$\frac{p(\boldsymbol{x},t)}{\rho_0V^2M\cos\Theta(a/|\boldsymbol{x}|)}\approx\pi\frac{\partial}{\partial T}\left[\frac{3R^2X}{2(R^2+X^2)^{\frac{5}{2}}}\frac{\mathrm{d}X}{\mathrm{d}T}+\left(1+\frac{R^2-2X^2}{2(R^2+X^2)^{\frac{5}{2}}}\right)R\frac{\mathrm{d}R}{\mathrm{d}T}\right]$$

式中,$M=V/c_0$,R 和 X 是涡运动方程(8.5.6)的解。

图 8.5.3 中绘制的无量纲声压场特征曲线采用了与图 8.5.2 中的涡环轨迹分析相同的初始条件(式(8.5.7))。粗实线是在没有平均流($U=0$)的情况下的压力曲线。在这种情况下,在几个不同的延迟时间 $V[t]/a$ 的涡环位置标在图 8.5.3 上部的粗实线上(时间是从涡环穿过球心的瞬时开始测量的)。类似地,在离球体较远处自诱导速度 $u_\Gamma\approx U$,图中的细实线给出了 $U=3V$ 下压力场特征和延迟位置。由于旋涡通过球体的对流速度增加,声音的振幅和频率都增加了。

8.6　入射到壁孔上的涡对

宽大薄壁中孔附近的水动力运动通常会产生通过孔的非定常体积通量，当孔较为紧致时，该效应在声学上等效于单极子源。图 8.6.1 的上半部分描绘了这样一个源的简单模型。刚性壁与平面 $x_1=0$ 重合，并开有宽度为 $2a$ 的二维狭缝孔，该狭缝孔的中心线沿着轴线 x_3 方向。沿 x_3 轴布置的涡对，由以下两个复位置上强度为 $\pm\Gamma$ 的旋涡组成：

$$z_0=x_{01}+\mathrm{i}x_{02}\quad \text{和}\quad z_0^*=x_{01}-\mathrm{i}x_{02}$$

旋涡从左边（$x_1=-\infty$）入射到缝隙上。

运动相对于 x_1 轴明显对称，取变换

$$\zeta=\frac{z}{\sqrt{z^2+a^2}}(z=x_1+\mathrm{i}x_2)$$

将沿壁面的上段 $x_2>a$ 切割的区域 Im $z>0$ 映射到平面 ζ 的上半部分。通过常用的方法，我们相应得到了（Karweit，1975）如下形式的涡对运动方程：

$$\frac{\mathrm{d}Z^*}{\mathrm{d}T}=\frac{3\mathrm{i}Z}{Z^2+1}+\frac{2\mathrm{i}}{(Z^2+1)^{\frac{3}{2}}\{Z/\sqrt{Z^2+1}-(Z/\sqrt{Z^2+1})^*\}}\tag{8.6.1}$$

式中，$Z=\dfrac{z_0}{a}$，$T=\dfrac{Vt}{a}$，$V=\dfrac{\Gamma}{2\pi a}$，且$\dfrac{\mathrm{d}z_0}{\mathrm{d}t}=V\dfrac{\mathrm{d}Z}{\mathrm{d}T}\equiv V(u+\mathrm{i}v)$。

设涡在 $x_1=-\infty$处的初始间距为 $2h$。为了积分方程，我们可以在一个方便的（但为任意的）初始时间 $T=T'$设置 $z_0=-L+\mathrm{i}h$，其中 $L\gg a$。当 h/a 小于 $2/3^{\frac{3}{2}}\approx 0.385$ 时，对于 $h/a=0.35$，涡对以图 8.6.1 所示的方式通过孔。对于较大数值的 h/a，两个涡的轨迹分离；旋涡沿平行于孔两侧壁面的对称路径行进，如 $h/a=0.6$ 所示。

远场中的声压由下式给出：

$$p(\boldsymbol{x},t)\approx-\rho_0\int\boldsymbol{\omega}\wedge\boldsymbol{v}\cdot\frac{\partial G}{\partial\boldsymbol{y}}\mathrm{d}^2\boldsymbol{y}\,\mathrm{d}\tau\tag{8.6.2}$$

式中，G 为壁孔的紧致格林函数（3.9.10）：

$$G(\boldsymbol{x},\boldsymbol{y},t-\tau)\approx-\frac{\sqrt{c_0}\,\mathrm{sgn}(x_1)}{\pi\sqrt{2\pi|\boldsymbol{x}|}}\frac{\chi(t-\tau-|\boldsymbol{x}|/c_0)}{\sqrt{t-\tau-|\boldsymbol{x}|/c_0}}Re\left\{\ln\left(\frac{\tilde{z}}{a}+\sqrt{\frac{\tilde{z}^2}{a^2}-1}\right)\right\},$$

$$\tilde{z}=y_2+\mathrm{i}y_1\tag{8.6.3}$$

和

$$\chi(t)=H(t)\int_0^\infty\frac{\ln(\varpi a\xi^2/4c_0t)\mathrm{e}^{-\xi^2}\mathrm{d}\xi}{[\ln(\varpi a\xi^2/4c_0t)]^2+\pi^2},\quad \varpi=1.781\,072$$

在式（8.6.3）中对源位置 $\boldsymbol{y}$ 的依赖关系完全包含在对数项中，它代表了由在壁面均匀压降作用下（流体自左向右）通过孔口产生的理想流动速度势。

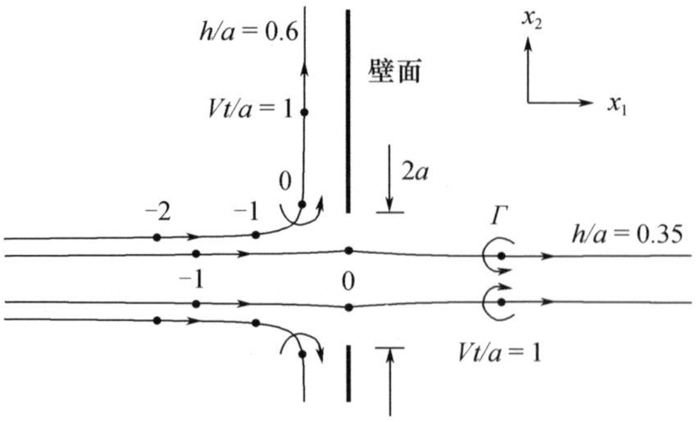

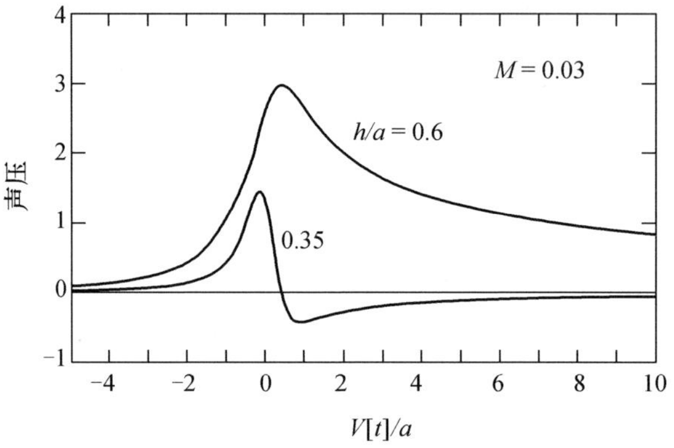

图 8.6.1

当忽略开口边缘的旋涡脱落时：

$$\boldsymbol{\omega}=\Gamma\boldsymbol{k}\delta(y_1-x_{01})\delta(y_2-x_{02})-\Gamma\boldsymbol{k}\delta(y_1-x_{01})\delta(y_2+x_{02})$$

式中，$\boldsymbol{k}$ 是 x_3 方向的单位向量（在图 8.6.1 所在纸的平面向外）。

如果我们定义

$$\widetilde{\mathcal{W}}(Z)=\left(\frac{1}{\sqrt{\widetilde{Z}^2-1}}\right)_{\widetilde{Z}=iZ^*},\quad \hat{\chi}(T)=\chi(t),\quad M=\frac{V}{c_0}$$

并且在式(8.6.2)的积分中令 $\hat{T}=\frac{V\tau}{a}$，我们得到

$$p(\boldsymbol{x},t)\approx\frac{2^{\frac{5}{2}}\rho_0V^2\operatorname{sgn}(x_1)}{\sqrt{\pi M}}\left(\frac{a}{|\boldsymbol{x}|}\right)^{\frac{1}{2}}\int_{-\infty}^{[T]}Re(\widetilde{\mathcal{W}}^*(Z)(u+\mathrm{i}v))(\hat{T})$$

$$\times\frac{\hat{\chi}([T]-\hat{T})\mathrm{d}\hat{T}}{\sqrt{[T]-\hat{T}}},\quad [T]=\frac{V[t]}{a}$$

因此，通过设置 $\lambda=\sqrt{[T]-\hat{T}}$ 我们可得

$$\frac{p(\boldsymbol{x},t)}{\rho_0 V^2 \operatorname{sgn}(x_1)(a/|\boldsymbol{x}|)^{\frac{1}{2}}} \approx \frac{2^{\frac{7}{2}}}{\sqrt{\pi M}}\int_0^{\infty} Re(\widetilde{\mathcal{W}}^*(Z)(u+\mathrm{i}v))([\hat{T}]-\lambda^2)\hat{\chi}(\lambda^2)\mathrm{d}\lambda,$$

$$|\boldsymbol{x}| \to \infty \tag{8.6.4}$$

式中

$$\hat{\chi}(\lambda^2)=\int_0^{\infty}\frac{\ln(\varpi M\xi^2/4\lambda^2)\mathrm{e}^{-\xi^2}\mathrm{d}\xi}{[\ln(\varpi M\xi^2/4\lambda^2)]^2+\pi^2}$$

和以前一样,式(8.6.4)中积分上限实际上为 $\lambda=\sqrt{[T]-T'}$,其中 T' 为无量纲初始时间,从此刻开始计算涡对的运动。

积分值弱依赖于特征马赫数

$$M=\frac{V}{c_0}\equiv\frac{\Gamma}{4\pi a c_0}$$

这正是涡对间距 $2a$ 时的自诱导对流马赫数。对于图 8.6.1 所示的远场声压信号,我们取 $M=0.03$;在空气中,这意味着 $V\sim 10$ m/s。

涡对靠近壁面时诱导产生的流动在两个旋涡之间形成一个局部的二维射流,方向指向壁面。壁面对这个流动的阻力导致壁孔左侧的压力升高,从而迫使流体穿过小孔进入 $x_1>0$ 的区域。因此,辐射在 $x_1>0$ 时具有声学单极子源的特性,在 $x_1<0$ 时具有声学单极子汇的特性。$h/a=0.35$ 和 0.6 时的数值结果在图中给出。在每一种情况下,时间原点都被调整为与辐射声压的峰值大致对应的时刻,该峰值发生在旋涡靠近孔边缘时。当 $h/a=0.6$ 时,旋涡没有穿过孔,而是被壁面偏转;与 $h/a=0.35$ 旋涡通过孔相比,这种情况产生了一个相对较大的压力跃升。最大声压振幅出现在 h/a 恰好超过临界值($\sim$0.385)时,此时旋涡轨迹非常接近孔边缘。进一步增加 h/a,当其超过 0.6 时,声音的振幅逐渐减小,并且声脉冲的宽度相应地增加(即声音的特征频率减小)。

参考文献

[1]Batchelor, G. K. 1967. An Introduction to Fluid Dynamics. Cambridge: University Press.

[2]Cannell, P. and Ffowcs Williams, J. E. 1973. Radiation from line vortex filaments exhausting from a two—dimensional semi—infinite duct. Journal of Fluid Mechanics 58: 65—80.

[3]Crighton, D. G. 1972. Radiation from vortex filament motion near a half plane. Journal of Fluid Mechanics 51: 357—362.

[4]Crighton, D. G. 1975. Basic principles of aerodynamic noise generation. Progress in Aerospace Sciences 16: 31—96.

[5]Crighton, D. G. 1985. The Kutta condition in unsteady flow. Annual Reviews of Fluid Mechanics 17: 411— 445.

[6]Crighton, D. G. , Dowling, A. P. , Ffowcs Williams, J. E. , Heckl, M. , and Leppington,F. G. 1992. Modern Methods in Analytical Acoustics (Lecture Notes). London: Springer—Verlag.

[7]Curle, N. 1955. The influence of solid boundaries upon aerodynamic sound. Proceedings of the Royal Society of London A231: 505—514.

[8]Dhanak, M. R. 1981. Interaction between a vortex filament and an approaching rigid sphere. Journal of Fluid Mechanics 110: 129—147.

[9]Dowling, A. P. and Ffowcs Williams, J. E. 1983. Sound and Sources of Sound. Chichester: Ellis Horwood.

[10]Ffowcs Williams, J. E. 1963. The noise from turbulence convected at high speed. Philosophical Transactions of the Royal Society of London A255: 469—503.

[11]Ffowcs Williams, J. E. and Hawkings, D. L. 1969. Sound generation by turbulence and surfaces in arbitrary motion. Philosophical Transactions of the Royal Society of London A264: 321—342.

[12]Ffowcs Williams, J. E. and Hall, L. H. 1970. Aerodynamic sound generation by turbulent flow in the vicinity of a scattering half—plane. Journal of Fluid Mechanics 40: 657— 670.

[13]Ffowcs Williams, J. E. 1974. Sound production at the edge of a steady flow. Journal of Fluid Mechanics 66: 791—816.

[14]Goldstein, M. E. 1976. Aeroacoustics. New York: McGraw—Hill. Goldstein, S. 1960. Lectures on Fluid Mechanics. New York: Interscience.

[15]Howe, M. S. 1975a. Contributions to the theory of aerodynamic sound with application to excess jet noise and the theory of the flute. Journal of Fluid Mechanics 71: 625— 673.

[16]Howe, M. S. 1975b. The generation of sound by aerodynamic sources in an inhomogeneous steady flow. Journal of Fluid Mechanics 67: 579— 610.

[17]Howe, M. S. 1989. On unsteady surface forces, and sound produced by the normal chopping of a rectilinear vortex. Journal of Fluid Mechanics 206: 131—153.

[18]Howe, M. S. 1998a. Acoustics of Fluid—Structure Interactions. Cambridge: Cambridge University Press.

[19]Howe, M. S. 1998b. The compression wave produced by a high—speed train entering a tunnel. Proceedings of the Royal Society A454: 1523—1534.

[20]Howe, M. S. 2001. Vorticity and the theory of aerodynamic sound. Journal of Engineering Mathematics 41: 367— 400.

[21]Howe, M. S. , Iida, M. , Fukuda, T. , and Maeda, T. 2000. Theoretical and experimental investigation of the compression wave generated by a train entering a tunnel with a flared portal. Journal of Fluid Mechanics 425: 111—132.

[22]Karweit, M. 1975. Motion of a vortex pair approaching an opening in a boundary. Physics of Fluids 18: 1604—1606.

[23]Kasoev, S. G. 1976. Sound radiation from a linear vortex over a plane with a projecting edge. Soviet Physics Acoustics 22: 71—72.

[24]Kelvin, Lord. 1867. On vortex motion. Transactions of the Royal Society of Edinburgh 25: 217—260.

[25]Knio, O. M. , Ting, L. , and Klein, R. 1998. Interaction of a slender vortex with a rigid sphere: Dynamics and far field sound. Journal of the Acoustical Society of America 103: 83—98.

[26]Lamb, Horace. 1932. Hydrodynamics. 6th ed. Cambridge: Cambridge University Press.

[27]Landau, L. D. and Lifshitz, E. M. 1987. Fluid Mechanics. 2nd ed. Oxford: Pergamon.

[28]Lighthill, M. J. 1952. On sound generated aerodynamically. Part I: General theory. Proceedings of the Royal Society of London A211: 564—587.

[29]Lighthill, M. J. 1956. The image system of a vortex element in a rigid sphere. Proceedings of the Cambridge Philosophical Society 52: 317—321.

[30]Lighthill, M. J. 1958. An Introduction to Fourier Analysis and Generalised Functions. Cambridge: Cambridge University Press.

[31]Lighthill, M. J. 1963. Laminar Boundary Layers. Edited by L. Rosenhead. Chs. 1, 2. Oxford: University Press.

[32] Lighthill, James. 1978. Waves in Fluids. Cambridge: Cambridge University Press. Lighthill, J. 1986. An Informal Introduction to Theoretical Fluid Mechanics. Oxford: Clarendon Press.

[33]Maeda, T., Matsumura, T., Iida, M., Nakatani, K., and Uchida, K. 1993. Effect of shape of train nose on compression wave generated by train entering tunnel. Proceedings of the International Conference on Speedup Technology for Railway and Maglev Vehicles. Japan Society of Mechanical Engineers (Yokohama, Japan 22—26 November) pp. 315—319.

[34]Milne—Thomson, L. M. 1968. Theoretical Hydrodynamics. 5th ed. London: Macmillan.

[35]Moore, D. W. 1980. The velocity of a vortex ring with a thin core of elliptical cross—section. Proceedings of the Royal Society of London A370: 407— 415.

[36]Möhring, W. 1978. On vortex sound at low Mach number. Journal of Fluid Mechanics 85: 685—691.

[37]Möhring, W. 1980. Modelling low Mach number noise. Mechanics of Sound Generation in Flows. Edited by E. —A. Müller, pp. 85—96. Berlin: Springer—Verlag.

[38]Powell, A. 1960. Aerodynamic noise and the plane boundary. Journal of the Acoustical Society of America 32: 962—990.

[29]Powell, A. 1963. Mechanisms of Aerodynamic Sound Production. AGARD Report No. 466.

[40]Powell, A. 1964. Theory of vortex sound. Journal of the Acoustical Society of America 36: 177—195.

[41]Rayleigh, Lord. 1945. Theory of Sound. 2 vols. New York: Dover.

[42]Saffman, P. G. 1993. Vortex Dynamics. Cambridge: University Press.

[43]Sears, W. R. 1941. Some aspects of non—stationary airfoil theory and its practical applications. Journal of the Aeronautical Sciences 8: 104—108.

[44]Ting, L. and Klein, R. 1991. Viscous vortical flows. Lecture Notes in Physics, Vol. 374. New York: Springer—Verlag.

中英文术语和关键词对照表[①]

B

鲍威尔	Powell
比热，比	specific heats，ratio
毕奥—萨伐尔，应用于蠕变流	Biot-Savart，application to creeping flow
用于计算声源	used to calculate sound source
公式	formula
带附着涡量	with bound vorticity
壁面阻力	wall drag
边界，固体	boundary，solid
表面，紧致的	surface，compact
非紧致的	noncompact
阻抗	impedance
波动方程	wave equation
对于压力	for pressure
非齐次的	inhomogeneous
古典声学	classical acoustics
径向对称	radially symmetric
在无旋平均流中	in irrotational mean flow
波数	wave number
波长	wavelength
流体动力的	hydrodynamic
声学的	acoustic
在 1 kHz 时	at 1 kHz

① 原文为索引，每个英文单词或短语后有页码。译为中文后，仅保留中英文对照。

续表

不可压缩流体	incompressible fluid
测试函数	test function
次声	infrasound
D	
δ 函数	delta function
……的傅里叶积分	Fourier integral for
三维的	in three dimensions
单极子	monopole
在柯尔方程中	in Curle's equation
前缘，库塔条件	leading edge，Kutta condition
吸	suction
等熵	homentropic
低马赫数时的涡声	vortex sound，at low Mach numbers
从壁孔	from wall aperture
对于柱状物体	for cylindrical bodies
对于非振动体	for nonvibrating body
根据表面力	in terms of surface force
来自自旋涡	from spinning vortices
来自扰流器	from spoiler
来自与圆柱相互作用的涡	from vortex interacting with cylinder
来自半平面附近的旋涡	from vortex near half-plane
来自球体附近的旋涡	from vortex near sphere
点源，定义	point source，definition
单极子	monopole
脉冲	impulsive
在亥姆霍兹方程中	in Helmholtz equation
动量方程	momentum equation
动量流量张量	momentum flux tensor
克罗科形式	Crocco's form
雷诺形式	Reynolds' form
线性化的	linearized
动能	kinetic energy

续表

根据涡量	in terms of vorticity
开尔文定理	Kelvin's theorem on
钝体	bluff body
F	
福克斯·威廉姆斯	Ffowcs Williams
夫琅禾费近似	Fraunhofer approximation
海维赛德单位函数,定义	Heaviside unit function, definition
亥姆霍兹方程	Helmholtz, equation
非齐次方程	inhomogeneous equation
格林函数	Green's function
分贝	decibel
辐射条件	radiation condition
附加质量张量	added mass tensor
对表面力的贡献	contribution to surface force
球	sphere
与附着涡的关系	relation to bound vorticity
附着涡量	bound vorticity
复势	complex potential
半平面	half-plane
旋涡	vortex
圆柱体	circular cylinder
源	source
复速度	complex velocity
G	
格林函数,参见紧致格林函数	Green's function, see also compact Green's function
定义	definition
对于亥姆霍兹方程	for Helmholtz equation
自由空间	free-space
功率,声学的	power, acoustic
共形变换	conformal transformation
半平面	half-plane
条带	strip

续表

H	
焓,参见总焓熵	enthalpy, see total enthalpy entropy
互易,定理	reciprocal, theorem
紧致格林函数的问题	problem for compact Green's function
环量,定义	circulation, definition
开尔文定理	Kelvin's theorem
每单位尾流长度	per unit length of wake

J	
机翼理论,线性化	airfoil theory, linearized
机翼,椭圆	airfoil, elliptic
矩形的	rectangular
积分,用海维赛德函数变换	integrals, transformation usin g Heaviside function
紧致的,声学的	compact, acoustically
紧致格林函数,原始定义	compact Green's function, preliminary definition
亥姆霍兹方程定义	definition for Helmholtz equation
半平面	half-plane
壁孔	wall aperture
壁腔	wall cavity
壁面投影	wall projection
变弦长机翼	airfoil of variable chord
波动方程定义	definition for wave equation
带颈导管	duct with neck
对于不可压缩流	for incompressible flow
对称的	symmetric
二维的	two-dimensional
刚性条带	rigid strip
管道(隧道)入口	duct (tunnel) entrance
均匀导管	uniform duct
球体	sphere
一般形式	general form
圆柱体	circular cylinder
柱状物体	cylindrical bodies

续表

湍流涡	turbulence eddies
物体	body
近场,流体动力的	near field, hydrodynamic
K	
卡维特	Karweit
卡索耶夫	Kasoev
克希霍夫矢量,定义	Kirchhoff vector, definition
刚性条带	rigid strip
……的奇点	singularities of
球体	sphere
特殊情况	special cases
圆柱体	circular cylinder
柯西霍夫自旋涡	Kirchhoff spinning vortex
克赖希南一菲利普斯定理	Kraichnan-Phillips theorem
库塔条件	Kutta condition
另见奇点	see also singularities
开尔文,环量定理	Kelvin, circulation theorem
动能定理	theorem on kinetic energy
涡环速度公式	formula for vortex ring speed
涡量的定义	definition of vorticity
可压缩应力	compressive stress
克里顿	Crighton
克罗科方程	Crocco's equation
科尔,理论	Curle, theory
积分方程	integral equation
微分方程	differential equation
控制面,定义	control surface, definition
扩散,涡量的	diffusion, of vorticity
L	
兰姆向量	Lamb vector
拉普拉斯方程	Laplace equation
二维	two dimensions

续表

极坐标形式	polar form
轴对称的	axisymmetric
莱特希尔	Lighthill
八次幂定律	eighth power law
方程	equation
声学类比	acoustic analogy
应力张量	stress tensor
用涡量重新表述的方程	equation reformulated in terms of vorticity
蜡烛,吹灭	candle, blowing out
雷诺数,定义	Reynolds number, definition
雷诺应力,定义	Reynolds stress, definition
线性	linear
在莱特希尔张量中	in Lighthill tensor
类比,声学的	analogy, acoustic
理想声学介质	ideal acoustic medium
力,冲量公式	force, impulse formula
西尔斯公式	Sears' formula
附加质量贡献	added mass contribution
附着涡量的作用	role of bound vorticity
升力	lift
移动物体的公式	formula for translating body
阵风产生的	produced by gust
连续性方程	continuity equation
线性化的	linearized
有源	with source
龙格—库塔积分	Runge-Kutta integration
M	
前田	Maeda
莫林,涡声公式	Möhring, vortex sound formula
纳维—斯托克斯方程	Navier-Stokes equation
西尔斯函数	Sears function
马赫数	Mach number

续表

脉冲，定义	impulse，definition
涡声理论	theory of vortex sound
密度	density
空气和水的数值	values for air and water
末端修正	end correction
N	
能量，方程	energy，equation
动力的	kinetic
流量	flux
黏性	viscos ity
O	
偶极子，定义	dipole，definition
近紧致球面	near compact sphere
近边缘	near edge
流体体积	fluid volume
升力	lift
远场形式	far field form
在柯尔方程中	in Curle's equation
在亥姆霍兹方程中	in Helmholtz equation
指向性	directivity
阻力	drag
P	
喷嘴湍流	turbulent nozzle flow
平面波	plane wave
Q	
奇点，从格林函数中剔除	singularities，deleting from Green's function
气动力声，定义	aerodynamic sound，definition
气泡，在声场中	bubble，in sound field
强度，声学的	intensity，acoustic
球体，附加质量	sphere，added mass
点源建模	modelled by point source
脉动	pulsating

续表

与旋涡相互作用	interacting with a vortex
振动的	vibrating
R	
热力学,第二定律	thermodynamics, Second Law
蠕动流	creeping flow
瑞利	Rayleigh
末端校正	end correction
S	
西尔斯	Sears
升力	lift
升力偶极子	lift dipole
声波数	acoustic wave number
声速,定义	speed of sound, definition
空气和水中的值	values for air and water
声学类比	acoustic analogy
势,速度	potential, velocity
向量	vector
势流相互作用	potential flow interaction
水动力的,压力	hydrodynamic, pressure
波长	wavelength
远场	far field
斯托克斯,阻力	Stokes, drag
流函数	stream function
斯托克斯流体	Stokesian fluid
四极子,定义	quadrupole, definition
莱特希尔的	Lighthill's
平壁面中的镜像	image in plane wall
远场形式	far field form
在亥姆霍兹方程中	in Helmholtz equation

续表

速度，声粒子	velocity, acoustic particle
根据脉冲	in terms of impulse
势	potential
隧道(槽中)中非线性陡变	nonlinear steepening in tunnel
隧道	tunnel
T	
体积源	volume source
偶极子	dipole
W	
微压波	micro-pressure wave
尾迹，柱体	wake, cylinder
涡片	vortex sheet
稳定相	stationary phase
涡—翼相互作用，线性理论	vortex-airfoil interaction, linear theory
涡，同轴环	vortex, coaxial rings
复势	complex potential
管子	tube
环	ring
近半平面运动	motion near half-plane
脱落	shedding
线	line
有限核心	finite core
圆柱外	outside cylinder
运动方程	equation of motion
自势	self potential
涡对	vortex pair
自旋的	spinning
二维的	two-dimensional
非线性的	nonlinear
涡量，附着	vorticity, bound
斯托克斯流体方程	equation for Stokesian fluid

续表

方程	equation
分子扩散	molecular diffusion
开尔文定义	Kelvin's definition
在力公式中	in force formulae
声源	source of sound
涡面相互作用噪声	vortex-surface interaction noise
安放在壁面上的柱体	wall mounted cylinder
高雷诺数形式	high Reynolds number form
近球涡	vortex near sphere
阻流板附近的涡	vortex near spoiler
通用公式	general formula
旋涡脱落影响	influence of vortex shedding
涡片	vortex sheet
尾流	wake
三维	three-dimensional
涡声方程	vortex sound equation
低马赫数近似	low Mach number approximation
线性化的	linearized
周期的	periodic
无滑移条件	no slip condition
无旋流动,在……中的声波	irrotational flow, sound waves in
X	
吸力	suction force
偶极子	dipole
细长体近似	slender body approximation
线性,声学	linear, acoustics
莱特希尔方程	Lighthill's equation
动量方程	momentum equation
效率,声学的	efficiency, acoustic
表面偶极子的	of surface dipoles
四极子辐射的	of quadrupole radiation
自旋涡对	spinning vortex pair

续表

Y

压缩波,列车产生	compression wave, generated by train
延迟势,定义	retarded potential, definition
延迟时间,定义	retarded time, definition
叶片一旋涡相互作用,二维	blade-vortex interactions, two-dimensions
非线性	nonlinear
三维	three-dimensions
线性理论	linear theory
因果关系	causality
应变率张量	rate of strain tensor
应力张量	stress tensor
莱特希尔的	Lighthill's
黏性的	viscous
远场,定义	far field, definition
根据冲量	in terms of impulse
……的计算	calculation of
声学的	acoustic
水动力的	hydrodynamic

Z

折合频率,定义	Reduced frequency, definition
阵风,时谐	gust, time harmonic
旋涡	vortex
振动体	vibrating body
振动球	vibrating sphere
低频辐射来自于	low frequency radiation from
空气和水的数值	values for air and water
运动学的	kinematic
自势,旋涡	self potential, vortex
总焓,等熵流定义	total enthalpy, definition for homentropic flow
根据速度势	in terms of velocity potential
声学变量	acoustic variable
与压力的关系	Relation to pressure

续表

阻抗	impedance
阻力	drag
阻塞	blockage